国家出版基金项目
NATIONAL PUBLICATION FOUNDATION

"十三五"
国家重点出版物出版规划项目

陆战装备科学与技术·坦克装甲车辆系统丛书

装甲车辆
液力缓速制动技术

Hydrodynamic Endurance Braking Technology
for Armored Vehicle

魏巍 闫清东 刘城 著

北京理工大学出版社
BEIJING INSTITUTE OF TECHNOLOGY PRESS

内 容 简 介

本书以装甲车辆液力缓速制动系统为研究对象，介绍了两相流动缓速制动特性预测、空转功率损失抑制、叶栅系统设计优化、充放油液压系统设计、充液调节系统特性与液力缓速制动性能评价与控制等关键技术研究，在液力元件三维流动设计优化等相关技术研究和应用的基础之上，探索复杂微观两相流动状态对液力缓速制动转矩的瞬态精确控制的影响，并构建适用于装甲车辆等重型车辆和装备用液力缓速制动系统的设计方法。

本书可作为装甲车辆等各类运载装备总体、传动及制动专业工程技术人员参考用书，也可作为车辆工程、工程机械、流体传动与控制等专业研究生的教学参考书。

图书在版编目（CIP）数据

装甲车辆液力缓速制动技术 / 魏巍，闫清东，刘城著. —北京：北京理工大学出版社，2020.3

（陆战装备科学与技术·坦克装甲车辆系统丛书）

国家出版基金项目　"十三五"国家重点出版物出版规划项目　国之重器出版工程

ISBN 978 - 7 - 5682 - 8324 - 3

Ⅰ.①装…　Ⅱ.①魏…　②闫…　③刘…　Ⅲ.①装甲车 - 液力制动 - 车辆减速器　Ⅳ.①TJ811

中国版本图书馆 CIP 数据核字（2020）第 054252 号

出　　版 / 北京理工大学出版社有限责任公司	
社　　址 / 北京市海淀区中关村南大街 5 号	
邮　　编 / 100081	
电　　话 / （010）68914775（总编室）	
（010）82562903（教材售后服务热线）	
（010）68948351（其他图书服务热线）	
网　　址 / http://www.bitpress.com.cn	
经　　销 / 全国各地新华书店	
印　　刷 / 北京捷迅佳彩印刷有限公司	
开　　本 / 710 毫米 × 1000 毫米　1/16	
印　　张 / 21.5	责任编辑 / 封　雪
字　　数 / 372 千字	文案编辑 / 封　雪
版　　次 / 2020 年 3 月第 1 版　2020 年 3 月第 1 次印刷	责任校对 / 周瑞红
定　　价 / 108.00 元	责任印制 / 王美丽

《国之重器出版工程》
编 辑 委 员 会

专家委员会委员（按姓氏笔画排列）：

于　全　　中国工程院院士

王　越　　中国科学院院士、中国工程院院士

王小谟　　中国工程院院士

王少萍　　"长江学者奖励计划"特聘教授

王建民　　清华大学软件学院院长

王哲荣　　中国工程院院士

尤肖虎　　"长江学者奖励计划"特聘教授

邓玉林　　国际宇航科学院院士

邓宗全　　中国工程院院士

甘晓华　　中国工程院院士

叶培建　　人民科学家、中国科学院院士

朱英富　　中国工程院院士

朵英贤　　中国工程院院士

邬贺铨　　中国工程院院士

刘大响　　中国工程院院士

刘辛军　　"长江学者奖励计划"特聘教授

刘怡昕　　中国工程院院士

刘韵洁　　中国工程院院士

孙逢春　　中国工程院院士

苏东林　　中国工程院院士

苏彦庆　　"长江学者奖励计划"特聘教授

苏哲子　　中国工程院院士

李寿平　　国际宇航科学院院士

李伯虎　中国工程院院士

李应红　中国科学院院士

李春明　中国兵器工业集团首席专家

李莹辉　国际宇航科学院院士

李得天　国际宇航科学院院士

李新亚　国家制造强国建设战略咨询委员会委员、
　　　　中国机械工业联合会副会长

杨绍卿　中国工程院院士

杨德森　中国工程院院士

吴伟仁　中国工程院院士

宋爱国　国家杰出青年科学基金获得者

张　彦　电气电子工程师学会会士、英国工程技术
　　　　学会会士

张宏科　北京交通大学下一代互联网互联设备国家
　　　　工程实验室主任

陆　军　中国工程院院士

陆建勋　中国工程院院士

陆燕荪　国家制造强国建设战略咨询委员会委员、
　　　　原机械工业部副部长

陈　谋　国家杰出青年科学基金获得者

陈一坚　中国工程院院士

陈懋章　中国工程院院士

金东寒　中国工程院院士

周立伟　中国工程院院士

郑纬民　　中国工程院院士

郑建华　　中国科学院院士

屈贤明　　国家制造强国建设战略咨询委员会委员、工业
　　　　　和信息化部智能制造专家咨询委员会副主任

项昌乐　　中国工程院院士

赵沁平　　中国工程院院士

郝　跃　　中国科学院院士

柳百成　　中国工程院院士

段海滨　　"长江学者奖励计划"特聘教授

侯增广　　国家杰出青年科学基金获得者

闻雪友　　中国工程院院士

姜会林　　中国工程院院士

徐德民　　中国工程院院士

唐长红　　中国工程院院士

黄　维　　中国科学院院士

黄卫东　　"长江学者奖励计划"特聘教授

黄先祥　　中国工程院院士

康　锐　　"长江学者奖励计划"特聘教授

董景辰　　工业和信息化部智能制造专家咨询委员会委员

焦宗夏　　"长江学者奖励计划"特聘教授

谭春林　　航天系统开发总师

编者序

坦克装甲车辆作为联合作战中基本的要素和重要的力量，是一种最具临场感、最实时、最基本的信息节点和武器装备，其技术的先进性代表了陆军装备现代化程度。

装甲车辆涉及的技术领域宽广，经过几十年的探索实践，我国坦克装甲车辆技术领域的专家积累了丰富的研究和开发经验，实现了我国坦克装甲车辆从引进到仿研仿制再到自主设计的一次又一次跨越。在车辆总体设计、综合电子系统设计、武器控制系统设计、新型防护技术、电子电气系统设计及嵌入式软件设计、数字化与虚拟仿真设计、环境适应性设计、故障预测与健康管理、新型工艺等方面取得了重要进展，有些理论与技术已经处于世界领先水平。随着我国陆战装备系统的理论与技术取得重要进展，亟需通过一套系统全面的图书来呈现这些成果，以适应坦克装甲车辆技术积淀与创新发展的需要，同时多年来我国坦克装甲车辆领域的研究人员一直缺乏一套具有系统性、学术性、先进性的丛书来指导科研实践。为了满足上述需求，《陆战装备科学与技术·坦克装甲车辆系统丛书》应运而生。

北京理工大学出版社联合中国北方车辆研究所、内蒙古金属材料研究所、北京理工大学、中国人民解放军陆军装甲兵学院、南京理工大学、中国人民解放军陆军军事交通学院和中国兵器科学研究院等单位一线的科研和工程领域专家及其团队，策划出版了本套反映坦克装甲车辆领域具有领先水平的学术著作。本套丛书结合国际坦克装甲车辆技术发展现状，凝聚了国内坦克装甲车辆技术领域的主要研究力量，立足于装甲车辆总体设计、底盘系统、火力系统、防护系统、电气系统、电磁兼容、人机工程、质量与可靠性、仿真技术、协同作战辅助决策等方面，围绕装甲车辆"多功能、轻量化、网络化、信息化、全电化、智能化"的发展方向，剖析了装甲车辆的研究热点和技术难点，既体现了作者团队原创性科研成果，又面向未来、布局长远。为确保其科学性、准确性、权威性，丛书由我国装甲车辆领域的多位领军科学家、总设计师负责校审，最后形成了由 24 分册构成的《陆战装备科学与技术·坦克装甲车辆系统丛书》，具体名称如下：《装甲车辆概论》《装甲车辆构造与原理》《装甲车辆行驶原理》《装甲车辆设计》《新型坦克设计》《装甲车辆武器系统设计》《装甲车辆火控系统》《装甲防护技术研究》《装甲车辆机电复合传动系统模式切换控制理论与方法》《装甲车辆液力缓速制动技术》《装甲车辆悬挂系统设计》《坦克装甲车辆电气系统设计》《现代坦克装甲车辆电子综合系统》《装甲车辆嵌入式软件开发方法》《装甲车辆电磁兼容性设计与试验技术》《装甲车辆环境适应性研究》《装甲车辆人机工程》《装甲车辆制造工艺学》《坦克装甲车辆通用质量特性设计与评估技术》《装甲车辆仿真技术》《装甲车辆试验学》《装甲车辆动力传动系统试验技术》《装甲车辆故障诊断技术》《装甲车辆协同作战辅助决策技术》。

　　《陆战装备科学与技术·坦克装甲车辆系统丛书》内容涵盖多项装甲车辆领域关键技术工程应用成果，并入选"国家出版基金"项目、"'十三五'国家重点出版物出版规划"项目和工信部"国之重器出版工程"项目。相信这套丛书的出版必将承载广大陆战装备技术工作者孜孜探索的累累硕果，帮助读者更加系统、全面地了解我国装甲车辆的发展现状和研究前沿，为推动我国陆战装备系统理论与技术的发展做出更大的贡献。

丛书编委会

前　言

　　引重致远，以利天下。这是车辆等载运装备的共性特点和作用，而随着运载重量和速度的不断增加，载运装备的运行安全越来越难以得到保障。尤其对于装甲车辆等重型车辆而言，在高速行驶和山地下长坡路况时，其装备的摩擦式机械主制动器往往承受过大制动功率和热负荷，易出现热弹失稳和转矩衰退现象，而采用在高转速时具高制动效能的液力缓速器等缓速制动装置，则可有效延长机械制动器的使用寿命和保养周期，大大提升车辆在高速行驶时的安全性和可靠性。

　　液力缓速制动与机械摩擦制动相比，虽均为能量耗散型制动，但由于采用液力元件将系统动能转化为液体动能，再转化为液体内能并由循环冷却液体将热量带出工作腔，故能够实现长时间大功率制动，同时大幅减少机械制动器的使用频率，降低轮胎和制动摩擦副的磨损，在特定工况下还可以实现与机械制动器的联合制动以确保行车安全。然而在具有这些独特优点的同时，液力缓速制动技术也存在一定的缺点，如制动转矩和充液率调节精度差、非制动工况空转功率损失大以及制动转矩起效时间长，这三个缺点是装甲车辆等重型车辆和载运装备应用液力缓速制动这一技术所必须面对和解决的问题。究其根源，在液力缓速制动过程中，不论是一维束流理论还是三维流场分析，其对于工作腔和阀内微观流动过程的能量转化与耗散机理的理论解释都难以实现定量化，导致在两相流动状态下制动转矩的稳态和瞬态特性预测得不到微观的科学解释；在高含气量下的非制动工况空转功率损失的抑制需要对在动轮和定轮间工作腔内的微观流动状态进行宏观或微观的扰动以破坏其空损转矩形成机制；而制动转矩的迅速起效则需要开展对液力子系统和液压子系统的集成流动控制，通过降阶模型等技术手段实现对控制转矩预测速度和精度的平衡，以满足车辆等载运装备制动性能实时控制的需求。因此本书有必要开展对缓速制动特性预测、空转功率损失抑制、叶栅系统设计优化、充液调节系统特性、液力缓速制动性能评价与控制等关键技术的研究，在本课题组前期的液力元件三维流动设计优化等相关技术研究和应用的基础之上，探索复杂微观两相流动状态对液力缓速制动转矩瞬态精确控制的影响，并构建适用于装甲车辆等重型车辆和载运装备用液力缓速制动系统的设计方法。

本书是课题组在国家国防科技工业局基础产品创新科研项目（VTDP2104、237099000000170009）、总装备部预先研究项目（40402060103、40402050202）、国家自然科学基金项目（51475041）、国防科技重点实验室基金项目（9140C35020905、9140C340502120C34126、614221304040517）等项目的支持下，针对车用液力缓速技术所开展的理论探索和实践研究，是一部研究车用液力缓速制动技术相关理论和方法的专著，汇集了课题组对于以上项目的研究成果。

本研究工作的开展和本书的撰写得到了车辆传动国家级重点实验室动液传动课题组各位教师和研究生的大力帮助，本书的主要内容由课题组近年成员及其所在指导团队毕业和在读的王峰、李谨、李慧渊、邹波、周洽、李宝锋、穆洪斌、孔令兴、安媛媛、韩雪永、李双双、杨印阳、邝男男、刘旭、王卓、刘堂柱、谢文浩等多位博士及硕士研究生的相关工作凝练而成，文稿整理工作主要由博士研究生陈修齐和硕士研究生李一非协助完成，在此一并表示衷心感谢！

本书可作为装甲车辆等各类运载装备总体、传动及制动专业工程技术人员的参考用书，也可作为车辆工程、工程机械、流体传动与控制等专业研究生的教学参考书。

由于作者水平有限，书中难免有不当之处，在此恳请广大读者批评指正。

作　者
2020 年 2 月 8 日
于北京昌平

目　录

第 1 章

绪　论

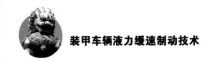
|1.1 液力缓速制动原理|

随着我国车辆保有量的不断攀升和客货运输需求的不断增长，我国道路交通事业得到了蓬勃发展，人们对运营效率的追求越来越高，这使车辆载重量越来越大、平均车速越来越快、运营里程越来越长、运营区域越来越广。但一方面，载重量和平均车速的增长会导致车辆行驶动能的急剧升高，由于传统机械制动器的制动能力提升潜力有限，这样容易构成重大安全隐患；另一方面，由于我国幅员辽阔、地形复杂，运营里程和运营区域往往覆盖各种危险路段，尤其在坡道集中和坡度大且长的路面，客货运输车辆极易发生事故，京藏高速进京段 K50 ~ K55 路段、京珠高速粤北段南行 K39 ~ K52 路段、云南罗富高速者桑段下行 K27 ~ K38 路段尤为突出。除海拔和气候影响，这些路段发生事故的主要原因在于车辆超载、超速，在下坡路段上只靠盘式或鼓式机械制动器制动来控制车速，而在超长下坡路况的长时间制动会令机械制动器使用过度而导致车辆制动系统失灵[1]。

对于装甲车辆，尤其是现代主战坦克，在其战术技术指标中，战斗全质量在 50 ~ 70 t，最大设计速度可达 70 km/h，制动峰值功率可达 7 000 kW，高速紧急制动能量可达 12 MJ，工作环境温度可能高达 120 ℃，并且在频繁制动产生较高热量累积后仍能正常工作。采用液力机械综合传动装置的动力舱一般使用双侧机械制动器加液力减速器（或称液力缓速器）的液力机械联合制动装置来构成装甲车辆的液力机械联合制动系统，以满足行车制动、驻车制动（如在 60% 坡度上可靠驻车）和应急制动等需求。如德国"豹 2"坦克的液力机械联合制动系统可使 55 t 的车辆在 3.6 s 内从车速 65 km/h 达到制动停车，其液力缓速器的最大制动功率为 5 147 kW。因此，对应制动系统制动器的可靠性和可控性直接关系装甲车辆高速行驶的安全，装甲车辆不仅要有良好的加速性能，还必须有良好的减速制动性能[2]。

车辆传统机械制动装置一般采用摩擦制动原理，即制动器摩擦副间的相互滑磨将车辆的动能耗散为热能，以此达到减速制动的目的。目前，常用的行车制动器多为盘式或鼓式机械制动器，其均属于摩擦片式制动装置[3]。当车辆频繁或长时间使用此类制动器时，行驶动能转变为巨大的热负荷使制动衬片和制动鼓温度高达 1 000 ℃ 以上，制动器产生大量的热能导致摩擦元件温度过高，摩擦系数降低，造成制动能力下降、制动元件剧烈磨损甚至烧蚀，容易发生制动性能热衰退现象[4-7]。热衰退现象导致车辆制动效能严重降低，极易酿成重大交通事故[8]。

为解决这一问题，世界各国纷纷出台相应的政策法规强制要求指定车辆安装辅助制动装置，以提高车辆行车制动的安全性，避免发生由于单一机械制动器失效造成的交通事故。如美国联邦机动车辆安全标准（FMVSS）体系及联合国欧洲经济委员会汽车法规（E. C. E）体系均对客车、载货汽车等车辆强制安装辅助制动装置提出了明确的要求与指标[9]。我国在国家标准 GB 7258—2017《机动车运行安全技术条件》中，就辅助制动装置也提出：车长大于 9 m 的客车（对专用校车车长为 8 m）、总质量大于等于 12 000 kg 的货车和专项作业车、总质量大于 3 500 kg 的危险货物运输货车应装备缓速器或其他辅助制动装置。车长大于 9 m 的未设置乘客站立区的客车、总质量大于 3 500 kg 的危险品运输货车、半挂牵引车装备的辅助制动装置应能使汽车通过 GB 12676—2014 规定的 IIA 试验（在 7% 坡道上以 30 km/h 平均车速下坡行驶 6 km 的缓速制动性能试验）。在装备电涡流缓速器的汽车中电涡流缓速器的安装部位应设置温度报警系统或自动灭火装置。

制动器是指能够产生与车辆运动趋势相反的力的部件。按提供制动力原理的不同，制动器主要可分为以下几类。

（1）摩擦式制动器，制动力由车辆中具有相对运动的两个部件摩擦产生。

（2）电力制动器，制动力由车辆中具有相对运动但不相互接触的两个部件间的电磁作用产生。

（3）液力制动器，制动力由车辆两个部件间具有相对运动的液体产生。

另外，还有利用发动机压缩行程提供制动力的发动机进行缸内制动和排气

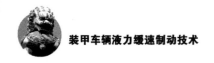
制动。

制动器是保障行车安全的重要手段，随着我国车辆设计制造不断向高速、高效、节能、高可靠性和智能化等方向发展，我们对制动器的设计制造也提出了更高的保障行车安全的要求。缓速制动系统（Endurance Braking System, EBS）是指能够长时间提供并保持制动效能，而性能无明显降低的一种辅助制动系统，一般包含制动器及其控制系统。

在国外，液力缓速器和电涡流缓速器技术均已较为成熟，并具有对应的系列化产品。其中，电涡流缓速器基于电磁感应原理，在转子和定子间形成电磁涡流，产生制动转矩实现减速的作用，同时转子风叶将电磁涡流产生的热量散发出去。其优点是结构简单、成本低，缺点是质量大、热衰退明显、难以实现长时间制动。电涡流缓速器以 Telma（泰勒玛）公司的产品为代表，在早期欧美车用缓速器领域占据主要份额，而在当前，液力缓速器则具有更为广阔的应用前景。

液力缓速器（Hydrodynamic Retarder）也称为液力减速器，在 1961 年由德国 Voith（福伊特）公司最早推出，应用于在美国落基山脉行驶重达 1 000 t 的柴油火车的制动系统中。作为一种典型的液力元件，其主体结构由动轮和定轮组成，其中动轮与车辆变速机构相连，定轮通过箱体固定于车体，当制动时依靠工作腔充注工作液体将车辆动能转化为液体热能并将其耗散。同时，为实现精确控制制动转矩和满足车辆制动操纵以及制动元件强度的需求，当制动时液力缓速器工作腔内部通常并未充满工作液体，而是处于一定充液率下的液 - 气两相混合流动状态，并且这种两相流动机理与缓速器制动性能间存在复杂的映射关系。液力缓速器具有体积小、在高速时制动转矩大、制动效能持续时间长等优点，但由于制动转矩与转速平方成正比，故其在低速时制动转矩较小。液力缓速器的主要生产厂商有德国的 Voith、ZF（采埃弗），瑞典的 Scannia（斯堪尼亚）和美国的 Allison（阿里森）等公司。国内对液力缓速器的相关研究起步较晚，先前在装甲车辆领域有初步应用，近年商用车等领域也开始自主研发车用液力缓速器。

1.2 装甲车辆液力缓速制动技术的需求与现状

坦克装甲车辆主要用于复杂地形作战，良好的制动性能是决定装备机动性优劣的重要性能之一。采用有级式机械传动装置的装甲履带车辆的制动通常可分为运动阻力制动、发动机制动、制动器制动和联合制动四种工况。

运动阻力制动适用于车辆低速行驶且地面阻力较大时制动车辆，采用的方法是在减油的同时，踏下主离合器或将变速杆摘到空挡，切断发动机与履带的动力联系，以运动阻力来降低车辆的运动速度。

发动机制动适用于车辆沿较长坡道下行时制动车辆，实现方法是在不切断动力的情况下，减油或停止供油以运动阻力和发动机制动力来降低车辆的运动速度，是利用发动机曲轴的旋转阻转矩制动车辆，由发动机吸收车辆动能。

制动器制动适用于短时间内降低车速或控制制动距离使车辆停车等情况，制动器制动是在切断动力联系后，机械制动器接合使地面提供制动力，以达到使车辆减速或停车的制动方法。

联合制动适用于急剧降低车速时，一般是指发动机制动与制动器制动联合使用的一种制动方法。随着现代战争对装甲履带车辆性能指标要求的不断攀升，液力传动在装甲履带车辆上获得了广泛的应用，采用液力传动系统可以进行动力换挡或自动换挡，提高车辆的平均行驶速度，现代坦克的越野平均速度已可达到 50 km/h 以上。

在这种背景下，现代坦克装甲车辆所具有的整车质量大、行驶工况复杂、行驶速度快特点，对整车制动系统提出了更为严苛的要求，除满足日常行车制动要求外，更包括紧急制动与长下坡持续制动等特殊情况。紧急制动是履带车辆在滚动阻力、车辆制动力和空气阻力等作用下以较大的减速度停车。其紧急制动一次，需求的制动功率巨大，对制动系统可靠性、寿命等的要求更高。在下长坡制动过程中，如果持续和频繁地使用机械制动器，将会导致制动器热负荷过大，从而缩短制动摩擦副的使用寿命。

传统的摩擦式机械制动器，受其本身性能的限制，越来越难以满足车辆的制动要求，为分流制动负荷，减少机械制动器的磨损，增强装甲车辆的高速紧急制动和持续制动性能，国外发达国家在装甲车辆上普遍采用了辅助制动系统。例如，在美国的 M113 系列装甲车、德国的"豹2"主战坦克、法国的 AMX 勒克莱尔主战坦克、英国的阿伯特 105 mm 自行火炮等都采用了液力辅助制动系统。

"豹2"坦克发动机功率达 1 520 hp[①]（在额定转速 2 600 r/min 时），单位功率为 25.9 hp/t，最大车速为 68 km/h。其采用了伦克公司的 HSWL354 型带变矩器的液力机械传动装置（如图 1 – 1 所示）。

该装置将液力变矩器、变速机构、转向机构和制动器等部件都综合在一个紧凑的箱体内，结构示意图如图 1 – 2 所示。在传动装置内一个液力减速器和两个摩擦式制动器构成了具有高度减速能力的工作制动器，高速时主要由液力

---

① 1 hp = 0.746 kW。

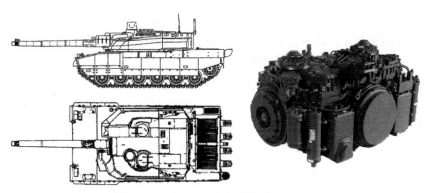

图1-1 "豹2"坦克与其传动装置外观

减速器起制动作用，低速时主要由机械制动器起作用。液力制动器吸收很大一部分制动功率，在由高的行驶速度制动时，效果良好，它还作为长坡道上频繁制动装置使用。制动机构由一个脚制动踏板和制动器液压装置控制，可使坦克在65 km/h的车速下在3.6 s内制动停车。

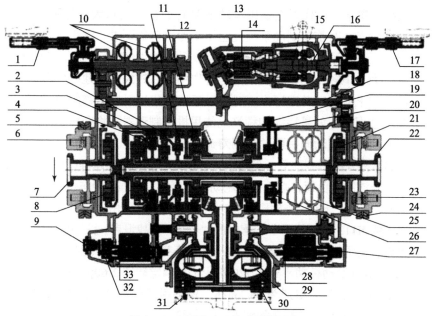

图1-2 HSWL354 传动装置示意

1—风扇传动轴；2—二挡多片式制动器；3——挡多片式制动器；4—四挡多片式离合器；
5—传动装置的支撑；6—摩擦式制动器；7—输出端；8—转向差速器；9—转速计；
10—液力转向离合器；11—三挡多片式制动器；12—倒挡多片式制动器；13—液压转向装置；
14—液压马达；15—转向拉臂；16—可调排量液压泵；17—风扇传动轴；18—零轴；
19—行驶速度传感器；20—前进挡的多片式制动器；21—转向差速器；
22—输出端；23—摩擦式制动器；24—传动装置的支撑；25—液力缓速器；
26—拖动泵；27—制动器泵；28—初级泵；29—变矩器；
30—闭锁离合器；31—输出端；32—操纵泵；33—初级泵

德国"黄鼠狼"装甲输送车于 1971 年装备部队，其 HSWL194 型液力机械传动装置，采用液力耦合器作为转向的加力装置和辅助的液力缓速器。在车辆直线行驶过程中，向液力耦合器中充油，液力耦合器向两侧汇流行星排施加反向作用的制动阻转矩，使输出轴减速。制动效果与发动机的转速和传动排挡位置有关，当发动机以最大转速工作时，液力耦合器产生的制动扭矩最大。在 I 挡时，齿圈上的反作用制动扭矩最大，制动效果好，但这与车辆在高挡时制动扭矩要大的要求不相符，因此只采用其作为辅助制动。

除此之外，伦克公司还拥有多型综合传动装置应用于各型主战装备之上，均带有高效能的缓速装置，用于满足军用车辆的制动需求。例如，奥地利的装甲运兵车 ULAN 应用 HSWL106 型综合传动装置（图 1 - 3），德国的步兵战车"美洲豹"应用 HSWL256 型综合传动装置（图 1 - 4），韩国的主战坦克 K2 应用 HSWL295 型综合传动装置（图 1 - 5）等。

图 1 - 3　ULAN 装甲运兵车与其传动装置外观

图 1 - 4　"美洲豹"步兵战车与其传动装置外观

图 1 - 5　K2 主战坦克与其传动装置外观

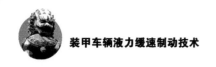
|1.3　液力缓速制动技术的应用与发展|

　　国外企业和科研单位开展液力缓速器的相关研究与产品研发已有几十年的历史，推出的缓速器系列产品已被广泛用于各种道路车辆与非道路车辆[10]，且系列化、多样化的产品已经得到广泛应用和普遍认可，产生了巨大的经济效益和社会效益[11]。

　　德国 Voith 公司是液力缓速器研发与生产的代表企业，在 1870 年开始从事流体动力学研究。在其一百多年流体动力传动研究的基础上，于 1961 年成功开发火车用液力缓速器后，该公司于 1968 年开发了车用液力缓速器[12]。Voith公司已生产了系列化的液力缓速器产品，目前已经有超过 20 万台液力缓速器被应用在欧美、日本等国家的商用车辆上。

　　产品根据安装方式分为两大类：一种是串联安装在驱动线中，主要产品包括 VR120 – 3 型和 VR133 – 2 型液力缓速器等；另一种是并联安装在驱动线中，缓速器与变速器组装成一体，通过中间齿轮实现动力连接，主要产品有VR115E 型、与沃尔沃变速器配套的 VR3250 型以及与戴姆勒 – 克莱斯勒变速器配套的 VR115H 型液力缓速器等。其中，Voith 公司的 VR115H 型液力缓速器是一种高转速比的缓速器，其体积紧凑，而且制动转矩在低转速时也比较高，如在传动轴转速为 500 r/min 时，制动转矩可达 2 000 N·m[13]。VR120 –3 型缓速器是一种适用于中型车辆的液力缓速器，比如轿车、单厢货车、中型客车等。VR133 – 2 型缓速器是制动功率相对较大的液力缓速器，适用于客车、重型货车及其他特种车辆，其主要特点是质量小、制动转矩大，自带一套供油和散热装置，便于安装与布置。其结构简图和气控系统原理如图 1 – 6 所示，系统气源通过压力控制阀向缓速器油池液面上方充气，形成高压区，从而将油池中的油液压入轮腔内部，使得缓速器制动转矩快速起效，压力控制阀中的电磁比例阀可根据输入控制信号，实时改变油池控制气体的压力，进而调节轮腔充液量与输出制动转矩[14]。此外，缓速器轮腔压力调节阀是一个液控开闭阀，控制端与气源气体管路相通，可以控制油池液面上方空间与轮腔之间的通断，以调节轮腔内部压力。

　　另外，Voith 公司近年来推出了体积更小、成本更低的 Aquatarder 系列水介质缓速器。

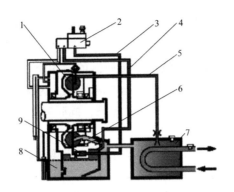

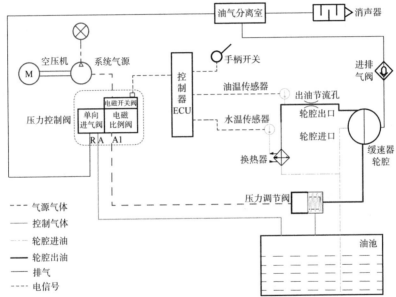

图 1-6 Voith 公司 VR133-2 型液力缓速器结构简图和气控系统原理

1—轮腔；2—压力控制阀；3—气源气体管路；4—控制气体管路；5—轮腔出油管路；

6—轮腔进油管路；7—换热器；8—压力油箱；9—压力调节阀

作为车辆传动与底盘系统供应商，德国的 ZF 公司开发了具有自身技术特点的 Intarder 系列液力缓速器[15]。其液力缓速器通常与自身的变速器等结构集成布置[16,17]，其整体式电控液力缓速器将缓速器与液力自动变速器有机连接在一起，这种电控液力缓速器设计了多种不同的液力制动策略，可以根据车辆的不同行驶速度和路面状况以及驾驶员对车辆行驶速度的要求来决定采用哪种策略进行制动。它还可以适用于特殊车辆行驶环境下的减速制动工况，如工程用车、军用车辆经常遇到的盘山公路等。ZF 公司在 360HP 型车辆和 500HP 型车辆上开展的试验表明，安装了电控液力缓速器的车辆在相同制动工况下，能在坡道上以较高车速行驶，而不会降低车辆的行驶性能与操纵安全性。由于共用一套液压油路和循环散热系统，故车辆的传动系统结构更加紧凑、性能更加可靠，提高了操纵的合理性，并减少了缓速器的占用空间，减轻了车辆重量。在商用车领域已有超过 50 万台 ZF 缓速器实现装备，这意味着每行驶 10 万 km 可以减少 1.2 万 t 机械制动器磨损产生的碎屑，同时避免由于主制动器失效而发生事故。

美国的 Allison 公司在其大功率商用车液力自动变速器（AT）中也集成了液力缓速器，其特点是缓速器多集成安装在 AT 后部[18]，缓速器的制动转矩直接作用于传动输出轴上。它可以通过手柄或脚踏板与机械制动器开展联合制动，也可以根据使用要求在节气门关闭时自动起效[19-21]。液力缓速器可以提供两级制动转矩输出，第一级为液力旋转叶轮与固定叶轮缓速制动装置，第二级为油冷离合器摩擦缓速制动装置。车辆在高速行驶时，液力旋转叶轮装置起作用；在低速行驶时，离合器摩擦缓速装置起作用[22,23]。它在控制形式上提供了手柄制动及踏板制动等控制方式，通过与整车制动系统集成控制，还可以实现与机械主制动器的联合制动，在整车层面实现更加复杂的制动功能，改善驾驶体验[24,25]。

以采用电控液动控制技术 AT545R 双循环圆液力缓速器为例进行介绍，其充放油系统主要由充放液主阀、压力先导阀、充液量调节阀、50% 电磁阀（起效电磁阀）、100% 电磁阀以及控制油源构成，如图 1-7 所示。放液路径分为两条支路：充液量调节支路与循环散热支路。充液量调节支路是出口油液通过充液量调节阀调节流向油池，起调节轮腔充液率的作用[26,27]；循环散热支路是出口油液通过主阀直接流向主换热器，起冷却散热的作用。此外，当缓速器停止工作时，轮腔中的油液也可通过充放液主阀被快速排出。循环散热支路要求流量大、充放油速度快；充液量调节支路要求流量控制精确度高、对轮腔压力变化的响应速度快。上述两个支路的流量分别由主阀与充液量调节阀独立控制，主阀通径较大，可以满足大流量、快速充放油的要求；充液量调节阀以高精度的电磁阀起先导控制作用，随动响应特性良好、动作快速且精确。因此，将循环散热支路和充液量调节支路分开独立控制，分别选用合适的阀系，同时满足缓速器对循环散热与充液量调节的控制需求[28]。

相比之下，瑞典 Scania 公司生产的液力缓速器通常多装配于自己生产的车辆，控制系统与整车其他系统集成在一起。液力缓速器可与发动机排气制动联合使用，当车速较高时，动轮转速高，液力缓速器起主要制动作用；当车速较低（小于 40 km/h）时，发动机排气制动又可以获得良好的制动效果，这样车辆 75% 的制动任务可由辅助制动器完成，能够大大提高机械主制动器的使用寿命[29,30]。

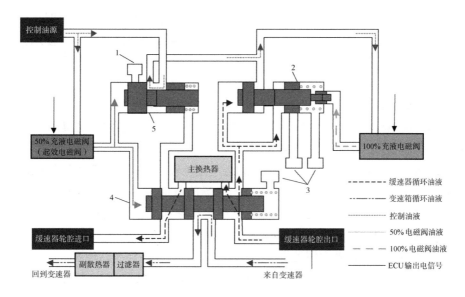

图 1 - 7　Allison 公司 AT545R 双循环圆液力缓速器
1，3—油池；2—充液量调节阀；4—充放液主阀；5—压力先导阀

　　国内对液力缓速器相关研究的起步虽相对较晚，但为满足车辆对行车安全和整车机动性能不断提升的迫切要求，商用车领域已出现液力缓速器国产化产品的装配。而对于组成液力缓速制动系统技术体系的轮腔叶栅设计与优化，制动过程内流场特性分析、空转损失及其抑制技术、充放油控制技术、制动控制策略等方面，相关科研机构均开展了一定的理论和试验研究。

　　作为液力缓速器充放油系统的控制对象，轮腔叶栅直接决定了缓速器稳态与动态的制动特性，因此液力缓速器叶栅设计与特性研究应成为缓速器制动控制研究的基础[31,32]。国内学者利用一维束流理论、三维流场数值计算（CFD）以及试验方法对叶栅设计以及内部流场分析做了大量的研究[33-35]。

　　闫清东、邹波等[36-38]基于一维束流理论和三维流场计算方法，构建了车用液力缓速器叶栅特性预测设计体系，并得到一套针对单循环圆液力缓速器的直叶片叶栅系统集成优化平台。穆洪斌、闫清东等[39-42]对液力缓速器不同叶形制动特性进行了对比分析，针对双循环圆液力缓速器弯叶片叶形提出参数化模型，开展了叶形关键参数的优化设计研究，并根据对轮腔内部流动特性的研究，提出了液力元件三维流动设计优化方法并开发了对应设计平台[43]。何仁、严军等[44]利用 Fluent 软件，基于标准 $k - \varepsilon$ 湍流模型和 SIMPLEC 算法，对液力缓速器的不同叶片数与不同叶片倾角的内流场进行数值模拟，揭示了不同叶片数和不同叶片倾角下轮腔内流场油液流动速度与压力分布的变化规律。王峰[45]、李慧渊[46]等对部分充液工况下的液力缓速器内部流型进行判别，采用CFD方法进行轮腔内部气液两相流动数值模拟，并基于单向流固耦合技术，对叶片强度进行了检验。吉林大学的李雪松、袁哲、文杰桃等[47-50]采用非稳态流场分析方法，对液力缓速器轮腔不同充液率下油气流动特性开展了研究，并进行了结构参数优化设计。此外，他们还对液力缓速器板翅式换热器内部的流体流动与换热特性进行了CFD数值计算和试验，研究了工作油温度对制动性能的影响。利用三维数值计算方法还可获取缓速器在不同工况下的轮腔制动特性变化规律，得到制动转矩、进出口油压与动轮转速、充液率等参数间的映射关系。马文星等[51]进行了液力缓速器内流场的数值模拟，基于面积加权平均算法进行求解，获得了描述出口压力随动轮转速和充液率变化规律的数学模型，为液力缓速器控制系统设计提供了依据。严军、过学迅等[52]利用神经网络方法推导了某车用液力缓速器内腔压力模型，外推得到在高转速、高制动转矩工况下的内腔压力变化趋势与数值，并利用试验数据对模型精度进行了验证。

此外，国内学者还对缓速器未起效时的全气相空转损失开展了研究。吴超等[53]针对某型车用液力缓速器，设计了一套挡片机构以降低缓速器的空转功率损失，并利用试验结果对空损降低效果进行了验证。黄俊刚、李长友[54]运用CFD技术对缓速器空转损失进行全流道仿真计算，并验证了计算方法的可靠性，具有一定的工程应用价值。过学迅、时军[55]对缓速器不工作时的空转损失进行了研究，并设计了阀片式空损抑制机构，减小了功率损耗。魏巍等针对空转损失问题，进行了机理研究与抑制方法的研究，为提出新型空损抑制装置提供了思路。李双双、魏巍等[56,57]将仿生非光滑表面结构应用到缓速器空损抑制装置中，并利用CFD方法对减阻效果进行了定量化研究，建立了定轮安装扰流柱与未安装扰流柱两种情况的数值计算模型。通过对低充液率不同转速下扰流机构起效过程进行流场仿真，揭示了低充液率下缓速器轮腔内气相主导的流动规律，并研究了抑制空转功率损失机理，对扰流柱式空损抑制结构的起效条件进行了判定，为空损抑制装置的设计提供了依据。

在充放油控制方案研究方面，李谨[58]分析了某液力缓速器液压-机械控制系统的工作原理，并对充放油系统各部件功能做了仿真计算。李宝锋[59]、陆中华[60]、盖洪超[61]等针对液力缓速器电控气动控制技术进行了分析，并对在不同工况下充放油系统的工作过程做了仿真研究。周冶[62]以车用大功率液力缓速器为研究对象，基于电液比例技术构建了液力缓速器充放油控制方案，实现对缓速器轮腔充液量与输出制动转矩的实时动态调节。宋建军[63]根据液力缓速器的使用需求，设计了一种与开式液力缓速器适应的充放油控制方案。

当工作时车辆电控单元根据制动要求采用脉宽调制信号控制电液比例节流阀，从而精确控制轮腔充液量，采用一个起开关作用的电磁溢流阀为缓速器提供出口背压。而当缓速器退出工作时，电磁溢流阀完全开启，可快速将液力缓速器腔内油液排出，其原理如图1-8所示。

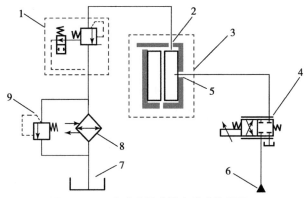

图1-8 开式液力缓速器充放油控制原理

1—电磁溢流阀；2—轮腔出口；3—液力缓速器轮腔；4—电液比例节流阀；5—轮腔进口；

6—高压油源；7—低压油箱；8—换热器；9—溢液阀

目前针对液力缓速器轮腔制动特性的分析多基于三维流场数值计算方法进行，并结合试验数据加以验证。采用数值计算方法开展对轮腔内部流动特性预测与叶栅优化设计等问题的研究是较为合理与便捷的[64-66]，但对于液力缓速器充放油系统特性以及缓速器整机动态制动特性的分析而言，其需要将缓速器轮腔与充放油系统集成起来开展研究。与轮腔相比，充放油系统（包含充放油阀系、换热器等部件）流道结构分布复杂，直接开展三维数值计算势必大幅增加计算模型的规模与计算时间，虽仿真精度高，但难以实现快速计算。另外，由于集成仿真中涉及的缓速器轮腔与充放油系统工况的组合众多，计算在所有工况下的缓速器动态制动特性也是极不现实的。

与轮腔内部复杂的循环流动相比，液力缓速器的充放油阀系、换热器、管路等虽然结构分布复杂，但内部流动状态简单，便于预测，因此目前国内外学者多利用液压系统建模仿真软件，如AMEsim、Matlab/Simulink等，开展缓速器充放油系统特性计算研究[67]，用户可以在这些平台上建立复杂的多学科系统模型，并在此基础上进行仿真计算与深入分析[68]。这类软件基于理论推导，可快速建立充放油系统仿真模型，建模灵活、计算速度快且容易实现，极大地节约了搭建充放油系统理论模型的时间，但其缺点是参数的设置对试验或者经验数据有着很强的依赖，在很多情况下缺乏足够依据，且对具体研究对象的适应性不强。

对于液压控制阀系特性建模与计算方面，目前国内外研究人员对液压阀系理论计算、数值仿真与试验研究均开展了大量工作，如国内的太原理工大学[69,70]、燕山大学[71,72]、浙江大学[73,74]等，国外相关研究成果也十分丰富[75-77]，这些成果可作为缓速器充放油阀系特性研究的参考。孔令兴、魏巍等[78-80]在周洽的研究基础上，对缓速器充放油阀系开展了CFD数值计算研究，获取了在不同工况下阀芯所受的稳态液动力[81]，并以此修正了充放油阀系AMEsim仿真模型。此外，杨印阳等[82,83]针对某双循环圆液力缓速器充放油系统进行研究，分析了放液支路插装式电液比例阀的设计参数对充放油系统瞬态输出特性的影响，进行了参数优化设计，获得了良好的电液比例阀输出特性[84,85]。刘岩[86]分析了电控气动式液力缓速器压力控制阀中比例电磁阀的结构、控制信号形式及输出特性，建立了控制器模型与比例电磁阀的仿真模型，并对液力缓速器进气控制系统进行了特性分析和试验验证。

目前，电控液动控制中的电液比例控制技术已经相当成熟[87-89]，它是介于电液开关控制和电液伺服控制之间的一种控制方法，兼有二者之所长。与电液开关控制相比，电液比例控制的响应频率更高、控制特性更好，能够按比例控制压力与流量，从而实现对执行元件的连续调节；与电液伺服控制相比，电液比例控制更廉价、抗污染能力更强、工作稳定性与可靠性更高[90,91]。电液比例阀是电液比例控制技术的核心和主要功率放大元件，根据结构可以分为直动式比例阀与先导式比例阀。其中，大流量电液比例阀通常采用先导式，其以控制精度高、响应速度快的比例电磁阀作为先导阀，配以大通径的液压阀作为执行元件，既能实现快速响应，又可获得大流量，通过加入闭环控制方法，也可以实现压力、流量的精确调节[92,93]。电液比例控制技术可以满足液力缓速器对充放油系统大流量、快速响应与精确控制的需求，在液力缓速器充放油控制领域拥有良好的应用前景。

针对液力缓速器制动控制策略与方法的研究，严军、过学迅等[94,95]以液力缓速器恒转矩制动为控制目标，在液力缓速器充放油系统中加入了PID与模糊控制算法，其输入信号为目标与实际制动转矩的差值及其变化率，输出信号为油压调节阀顶杆上的附加作用力，通过调整控制系统参数，实现了恒转矩制动控制效果。张玉玺[96]对液力缓速器电控方法进行了研究，采用PID参数模糊自整定方法，建立了基于整车的液力缓速器制动控制仿真模型，验证了所设计的下长坡恒速制动控制方法的可行性。郑宏鹏、雷雨龙等[97-100]对车用水介质缓速器制动控制技术开展研究，对降速与恒速控制的制动过程进行分段，具体分析了在不同阶段下的车辆制动系统的控制策略，并设计了充液率与制动转矩控制模块。严军[101]、何仁等[102]对液力缓速器电磁比例阀的气压控制系统进行了研究，利用Matlab/Simulink建模软件，编写S函数以模拟真实的恒速下坡制动过程。并提出了液力缓速器换挡控制策略，对缓速器影响半挂汽车车轮制动力的分配问题开展了制动稳定性分析。李淑梅[103]分析了车辆恒速下坡、脚动两种制动控制策略要求与缓速器控制系统的特点，将参数自整定模糊控制方法应用在缓速器电控系统中，兼顾了静态与动态制动特性。虽然利用多种控制算法对恒矩与恒速制动过程进行分析与计算，并取得了良好的制动效果[104-106]，但充放油控制技术研究的前提是建立精确、计算快速且适用于不同制动工况的充放油系统计算模型，此方面仍有待提高[107]。

缓速器动态特性预测的关键是建立完善且精确的轮腔与充放油系统集成模型，两者之间应以流量与压力参数进行流场数据的动态交互。但一方面，目前的研究大多简化了此模型，直接将轮腔充液率作为控制对象，这将影响缓速器整机的动态预测精度。在研究制动控制策略与方法前，其缺乏对缓速器整机的动态制动特性研究，没有获取制动响应特性与控制范围，对充放油系统控制下的制动特性规律认识不足，且未提出明确的动态制动特性定量评价方法。另一方面，由于轮腔液力流动与充放油控制系统惯用研究方法的差异，二者一般只能被分开研究：在研究轮腔特性时，不考虑充放油控制系统的影响，采用封闭轮腔或者设置单一的压力或流速出入口；在研究充放油控制系统时，则只用简化的拟合关系表示实际的液力缓速器轮腔模型。这种分离研究的方法割裂了轮腔与充放油控制系统间由于油液流动所产生的固有联系，使得其对系统性能的预测出现偏差。

由于液力缓速器轮腔与充放油控制系统是一个紧密联系的整体，二者之间是通过油液的流动有机联系、相互影响的。因此，为了更加准确地描述包含液力缓速器与充放油控制回路的流动与控制系统的工作特性，有必要将二者联系起来，进行一体化的建模与仿真研究，这是在为研究液力缓速器系统协同工作特性提供更为科学合理的特性预测方法，指导系统的设计与匹配，推进控制系统开发及整机工程应用，发展系列化、能满足不同吨位车辆等移动设备需求的液力缓速器，提升制动响应速度，减小空转损失，尤其实现高转速、大功率液力缓速器的缓速制动能力的精准控制，同时可与机械制动器结合，根据整车制动性能需求，开发联合制动系统，有效提升车辆的运行安全性等[108]，具有重要的理论研究意义与实际应用价值。

1.4 液力缓速制动系统研究技术路线

以液力缓速器轮腔本体及其充放油电液控制回路共同组成的"液力 – 液

压"集成流动与控制系统为研究对象，以其内部的液体工作介质流动为线索，在轮腔和充放油流量控制阀基本工作性能研究与建模的基础上，通过缓速器轮腔内部流动三维流场仿真与充放油控制系统一维建模仿真的结合，建立"液力－液压"集成仿真模型，对整个系统的流动与控制特性进行仿真与分析。

利用集成仿真模型，研究多物理参数系统协同工作特性、探究参数配置对系统制动特性的影响规律，并指导相应的参数优化等，提升液力缓速制动系统的工作性能，以期加深对缓速器工作过程中系统整体的流动与控制特性的认识、提高系统模型预测精度、增强缓速器与充放油控制系统的设计与匹配能力。具体研究技术路线如图1－9所示。

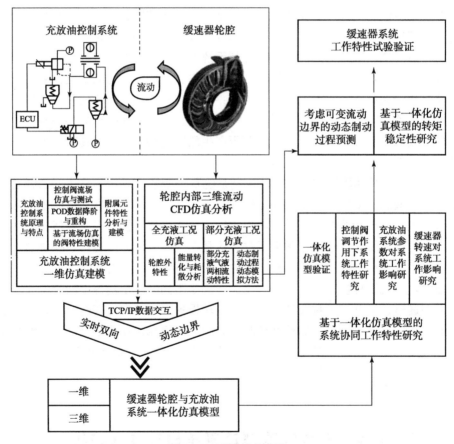

图1－9　研究技术路线

有效、可靠的制动装置是车辆行驶机动性和安全性的必要保障。对于经常在山区行驶的车辆和装甲车辆等具有特殊用途的车辆，液力缓速器可以有效提高行车安全性、减轻行车制动系性能的衰退及制动器的磨损、保障在下长坡等特殊工况的稳定行驶，我们着眼于提高液力缓速器的快速响应特性，开展相关液力缓速制动系统的基础技术研究，这对于保障我国运输车辆行驶安全性、提升装甲车辆战术机动性具有积极的现实意义；同时，结合我国《国家中长期科学与技术发展规划纲要（2006—2020）》中提出的要求，通过探索传动精度、效率、承载、磨损和失效的成因机理和变化规律，突破驱动与传动内部的多相、多场作用与耦合等研究"瓶颈"，实现基于科学理论的液力缓速器设计制造，对于提升适用于我国装甲车辆等重型车辆和装备的流体传动元件自主研发能力具有深远的战略意义。

参 考 文 献

［1］ 魏巍. 基于两相流动的车用液力缓速器动态预测及控制技术研究［R］. 国家自然科学基金（No. 51475041）申请书. 北京：中国国家自然科学基金委员会，2014.

［2］ 毛明，周广明，邹天刚. 液力机械综合传动装置设计理论与方法［M］. 北京：兵器工业出版社，2015.

［3］ 魏巍，闫清东. 液力元件设计［M］. 北京：北京理工大学出版社，2015.

［4］ Gigan G L, Vernersson T, Lunden R, et al. Disc brakes for heavy vehicles：An experimental study of temperatures and cracks［J］. Proceedings of the Institution of Mechanical Engineers, Part D：Journal of Automobile Engineering, 2015, 229（6）：684 – 707.

［5］ Ji Z L, Li Y H, Xi R, et al. Elastic – plastic analysis for wet multidisc brake during repeated braking［J］. Proceedings of the Institution of Mechanical Engineers, Part C：J Mechanical Engineering Science, 2015, 230（17）：2968 – 2981.

［6］ Tretsiak D. Experimental investigation of the brake system's efficiency for commercial vehicles equipped with disc brakes［J］. Proceedings of the Institution of Mechanical Engineers, Part D：Journal of Automobile Engineering, 2012, 226（6）：725 – 739.

［7］ 余志生. 汽车理论［M］. 北京：机械工业出版社，2009.

［8］ Liu C B, Ge L S, Ma W X, et al. Multiobjective optimization design of double – row blades hydraulic retarder with surrogate model［J］. Advances in Mechanical

Engineering, 2014, 7 (2): 1 – 10.

[9] 徐大伟. 世界汽车安全性技术法规与标准的研究 [D]. 武汉: 武汉理工大学, 2007.

[10] 罗冲. 车辆液力缓速技术与新型液力缓速器研究 [D]. 合肥: 合肥工业大学, 2017.

[11] 刘维海. 液力缓速器现代设计方法与整车制动性能仿真研究 [D]. 长春: 吉林大学, 2006.

[12] 范守林. 福伊特液力缓速器 (上) [J]. 商用汽车, 2004 (8): 75 – 77.

[13] 范守林. 福伊特液力缓速器 (下) [J]. 商用汽车, 2004 (9): 75 – 79.

[14] Voith Turbo. Voith retarder R133 – 2 service manual [R]. Germany: Voith Turbo GmbH & Co. KG, 2010.

[15] Schreck H, Kucher H, Reisch B. ZF retarder in commercial vehicles [R]. SAE Technical Report, 1992.

[16] Schreck H, Kucher H, Reisch B. ZF retarder in commercial vehicles[C]// International Truck & Bus Meeting & Exposition, 1992.

[17] Schwab M, Hardtle W, Heinzelmann K. Der ZF – intarder: ein integrierten hydrodynamischer retarder für die neue ecosplit – getriebereihe [J]. Atz Automobiltechnische Zeitschrift, 1993.

[18] Cooney T J, Mowatt J E. Development of a hydraulic retarder for the Allison AT545R transmission[C]// International Truck & Bus Meeting & Exposition, 1995: 503 – 514.

[19] Harmon K B. The history of Allison automatic transmissions for on – highway trucks and buses[C]// International Truck & Bus Meeting & Exposition, 1998.

[20] Allison Transmission, Inc. MD/HD/B series on – highway transmissions operator's manual [R]. Indiana: Allison Transmission, Inc, 2005.

[21] Allison Transmission, Inc. 3000/4000 operator's manual [R]. Indiana: Allison Transmission, Inc, 2010.

[22] Cooney T J, Mazzali P. The MT643R – An automatic transmission with retarder for the Latin American market [J]. SAE Paper 973127, 1997.

[23] Kepner R P. Hydraulic power assist? A demonstration of hydraulic hybrid vehicle regenerative braking in a road vehicle application[C]// International Truck & Bus Meeting & Exhibition, 2002.

[24] Harmon K B. The history of Allison automatic transmissions for on – highway

trucks and buses［R］. SAE Technical Report, 1998.

［25］ Allison Transmission, Inc. 3000/4000 operator manual［M］. Indiana：Allison Transmission, Inc, 2010.

［26］ Cooney T J, Mowatt J E. Development of a hydraulic retarder for the Allison AT545R transmission［J］. SAE Transactions, 1995（104）：503 – 514.

［27］ Munk J W. The Allison B400R transmission for transit buses［J］. SAE Technical Paper 942282, 1994.

［28］ Cooney T J. The new Allison HD4070 transmission – Design, development and applications［J］. SAE Technical Paper, 1999（01）：3742.

［29］ Steinsland V. Modeling and control of retarder using on/off solenoid valves［D］. Stockholm：Royal Institute of Technology, 2008.

［30］ Ahlberg K, Bartos E. Minimizing of drain leakage on a Scania retarder［D］. Stockholm：Royal Institute of Technology, 2011.

［31］ Wei W, Han X Y, Mu H B, et al. Flow pattern evolution analysis and reduction order modeling for the two – phase flow in a hydrodynamic retarder［C］// International Conference on Fluid Power and Mechatronics. IEEE, 2015：128 – 132.

［32］ Mu H B, Wei W, Untaroiu A, et al. Study on reconstruction and prediction methods of pressure field on blade surfaces for oil – filling process in a hydrodynamic retarder［J］. International Journal of Numerical Methods for Heat & Fluid Flow, 2016, 26（6）：1843 – 1870.

［33］ Liu C, Wei W, Yan Q, et al. Influence of stator blade geometry on torque converter cavitation［J］. Journal of Fluids Engineering, 2017, 140（4）：041102.

［34］ 李雪松, 刘春宝, 程秀生, 等. 基于流场特性的液力缓速器叶栅角度优化设计［J］. 农业机械学报, 2014, 45（6）：20 – 24.

［35］ Yan Q D, An Y Y, Wei W. Research on fluid flow stability with baffles of different size in a hydrodynamic coupling during partially liquid – filled operating conditions［C］// ASME Turbo Expo 2017：Turbomachinery Technical Conference and Exposition, 2017.

［36］ 闫清东, 邹波, 魏巍. 液力减速器叶片前倾角度三维集成优化［J］. 吉林大学学报（工学版）, 2012, 42（5）：1135 – 1139.

［37］ 闫清东, 邹波, 唐正华, 等. 车用液力减速器叶片数三维集成优化

[J]. 农业机械学报, 2012, 43 (2): 21 - 25.

[38] 邹波. 车用液力减速器性能预测设计方法研究 [D]. 北京: 北京理工大学, 2012.

[39] 穆洪斌, 闫清东, 魏巍, 等. 不同叶型双循环圆液力缓速器制动性能与流动特性对比分析 [J]. 液压与气动, 2015 (4): 18 - 23.

[40] 闫清东, 穆洪斌, 魏巍, 等. 双循环圆液力缓速器叶形设计方法 [J]. 哈尔滨工业大学学报, 2015, 47 (7): 68 - 72.

[41] 闫清东, 穆洪斌, 魏巍, 等. 双循环圆液力缓速器叶形参数优化设计 [J]. 兵工学报, 2015, 36 (3): 385 - 390.

[42] 穆洪斌, 魏巍, 闫清东, 等. 双循环圆液力缓速器叶片顶弧优化设计 [J]. 兵工学报, 2016, 37 (3): 400 - 407.

[43] 项昌乐, 闫清东, 魏巍. 液力元件三维流动设计优化 [M]. 北京: 北京理工大学出版社, 2017.

[44] 何仁, 严军, 鲁明. 叶片不同倾斜方式对液力缓速器缓速性能的影响分析 [J]. 机械科学与技术, 2009 (28): 1055 - 1059.

[45] 王峰. 基于流场分析的液力减速器制动性能研究 [D]. 北京: 北京理工大学, 2007.

[46] 李慧渊. 基于三维流场理论的液力减速器设计研究 [D]. 北京: 北京理工大学, 2009.

[47] 李雪松. 基于非稳态流场分析的车用液力缓速器参数优化方法研究 [D]. 长春: 吉林大学, 2010.

[48] Yuan Z, Ma W X, Cai W, et al. Temperature field analysis on the hydrodynamic retarder of heavy vehicle [J]. Advanced Materials Research, 2013, 503 - 504: 1025 - 1028.

[49] 袁哲. 重型车液力缓速器热流耦合与散热系统研究 [D]. 长春: 吉林大学, 2013.

[50] 文杰桃. 液力缓速器充液瞬态特性及热管理研究 [D]. 长春: 吉林大学, 2014.

[51] 马文星, 宋建军, 刘春宝, 等. 开式液力缓速器出口压力计算方法 [J]. 吉林大学学报 (工学版), 2014, 44 (1): 86 - 90.

[52] 严军, 过学迅, 汪斌, 等. 车辆液力缓速器内腔压力特性分析及建模 [J]. 汽车工程, 2010, 32 (4): 308 - 313.

[53] 吴超, 徐鸣, 李慧渊, 等. 重型车辆液力缓速器空损试验研究 [J]. 车

辆与动力技术，2012（1）：23－25.

［54］黄俊刚，李长友. 液力缓速器空转损耗的全流道仿真计算与试验［J］.
农业工程学报，2013，29（24）：56－62.

［55］过学迅，时军. 车辆液力减速制动器设计和试验研究［J］. 汽车工程，
2003（3）：239－242.

［56］李双双. 液力缓速器低充油率流动状态与空转功率损失机理研究［D］.
北京：北京理工大学，2017.

［57］魏巍，李双双，安媛媛，等. 液力缓速器低充油率工况扰流柱起效条件
判定方法［J］. 北京理工大学学报，2017，37（7）：672－676.

［58］李谨. 液力减速器快速充放油技术研究［D］. 北京：北京理工大
学，2004.

［59］李宝锋. 车用电控液力缓速器液压控制系统仿真研究［D］. 北京：北京
理工大学，2014.

［60］陆中华. 重型汽车电控液力缓速器整车制动性能仿真与分析［D］. 长
春：吉林大学，2007.

［61］盖洪超. 液力缓速器参数设计及整车缓速制动性能仿真研究［D］. 长
春：吉林大学，2011.

［62］周洽. 车用大功率液力减速器电液比例充放液控制技术研究［D］. 北
京：北京理工大学，2014.

［63］宋建军. 重型载重汽车液力缓速器及其控制系统研究［D］. 长春：吉林
大学，2013.

［64］Cheah K W, Lee T S, Winoto S H, et al. Numerical flow simulation in a cen-
trifugal pump at design and off－design conditions［J］. International Journal of
Rotating Machinery, 2007（2）：8.

［65］Liu C, Wei W, Yan Q D, et al. Torque converter capacity improvement
through cavitation control by design［J］. Journal of Fluids Engineering, 2016,
139（4）：041103.

［66］Palau－Salvador G, Gonzalez－Altozano P, Arviza－Valverde J. Three－
dimensional modeling and geometrical influence on the hydraulic performance of
a control valve［J］. Journal of Fluids Engineering, 2008, 130（1）：
151－163.

［67］Song B, Lv J G, Liu Y, et al. The simulation and analysis on engine and
hydraulic retarder continual braking performance of the tracked vehicle on long

downhill[C]// International Conference on Electronic Measurement & Instruments. IEEE, 2009: 928 – 931.

[68] 余佑官, 龚国芳, 胡国良. AMEsim 仿真技术及其在液压系统中的应用[J]. 液压气动与密封, 2005 (3): 28 – 31.

[69] 王旭平. 电液比例阀用电磁铁输出特性的理论分析及试验研究 [D]. 太原: 太原理工大学, 2014.

[70] 郑淑娟. 插装型锥阀配合副流固热耦合分析及流场可视化 [D]. 太原: 太原理工大学, 2015.

[71] 李亚星. 电液比例插装阀数值模拟分析及可视化实验研究 [D]. 秦皇岛: 燕山大学, 2012.

[72] 赵彩艳. 基于 FLUENT + MATLAB/Simulink 的二通插装阀动态特性仿真研究 [D]. 秦皇岛: 燕山大学, 2010.

[73] 韩萍. 液力缓速器用气动比例压力阀设计及其关键技术研究 [D]. 杭州: 浙江大学, 2013.

[74] Xu Z P, Wang X Y. Pneumatic resistance network analysis and dimension optimization of high pressure electronic pneumatic pressure reducing valve [J]. Journal of Central South University of Technology, 2011, 18 (3): 666 – 671.

[75] Balau A E, Caruntu C F, Lazar C. Simulation and control of an electro – hydraulic actuated clutch [J]. Mechanical Systems & Signal Processing, 2011, 25 (6): 1911 – 1922.

[76] Walker P D, Zhu B, Zhang N. Nonlinear modeling and analysis of direct acting solenoid valves for clutch control [J]. Journal of Dynamic Systems Measurement & Control, 2014, 136 (5): 562 – 576.

[77] Cristofori D, Vacca A. The modeling of electrohydraulic proportional valves [J]. Journal of Dynamic Systems Measurement & Control, 2012, 134 (2): 194 – 203.

[78] 孔令兴. 液力缓速器充放液控制插装阀特性与控制方法研究 [D]. 北京: 北京理工大学, 2015.

[79] 魏巍, 孔令兴, 穆洪斌, 等. 一种带反馈的液力缓速器充液率电液比例控制系统: 中国, CN106402209A [P]. 2017 – 02 – 15.

[80] 孔令兴, 魏巍, 闫清东. 液力缓速器关键工作参数全流道数值模拟研究 [J]. 华中科技大学学报 (自然科学版), 2017, 45 (3): 111 – 116.

[81] Simic M, Herakovic N. Reduction of the flow forces in a small hydraulic seat valve as alternative approach to improve the valve characteristics [J]. Energy conversion and management, 2015, 89: 708 – 718.

[82] 杨印阳. 液力缓速器插装式电液比例阀瞬态特性分析与优化 [D]. 北京: 北京理工大学, 2017.

[83] 祁岩. 某大功率液力自动变速器换挡阀结构优化设计研究 [D]. 北京: 北京理工大学, 2016.

[84] Amirante R, Catalano L A, Poloni C, et al. Fluid – dynamic design optimization of hydraulic proportional directional valves [J]. Engineering Optimization, 2014, 46 (10): 1295 – 1314.

[85] Bayat F, Tehrani A F, Danesh M. Finite element analysis of proportional solenoid characteristics in hydraulic valves [J]. International Journal of Automotive Technology, 2012, 13 (5): 809 – 816.

[86] 刘岩. 电控液力缓速器进气系统的压力控制阀特性研究 [D]. 长春: 吉林大学, 2007.

[87] Hao Y X, Quan L, Huang J H. Research on the performance of electro – hydraulic proportional flow valve controlled by active pilot pump [J]. Proceedings of the Institution of Mechanical Engineers Part E Journal of Process Mechanical Engineering, 2015, 231 (4): 1989 – 1996.

[88] Dell'Amico A, Krus P. Modelling and experimental validation of a nonlinear proportional solenoid pressure control valve [J]. International Journal of Fluid Power, 2016, 17 (2): 90 – 101.

[89] Zhao X Y. Control algorithm analysis of Rig's electro – hydraulic proportional control system [J]. Applied Mechanics & Materials, 2013, 423 – 426: 2837 – 2840.

[90] Milić V, Situm Z, Essert M. Robust position control synthesis of an electro – hydraulic servo system [J]. ISA Transactions, 2010, 49 (4): 535 – 542.

[91] Sirouspour M R, Salcudean S E. On the nonlinear control of hydraulic servo – systems [C]// IEEE International Conference on Robotics and Automation. Proceedings. ICRA, 2000: 1276 – 1282.

[92] Jia W H, Yin C B, Cao D H. Characteristics investigation for the median – nonlinear flow of large flow electro – hydraulic proportional valve [J]. International Journal of Digital Content Technology & Its Applications, 2013, 7 (5):

829 – 836.

[93] Fu L J, Wei J H, Qiu M X. Dynamic characteristics of large flow rating electro – hydraulic proportional cartridge valve [J]. Chinese Journal of Mechanical Engineering, 2008, 21 (6): 57 – 62.

[94] 严军. 大功率液力缓速器制动转矩控制 [D]. 武汉：武汉理工大学, 2010.

[95] 严军, 过学迅, 谭罡风, 等. 基于联合仿真的液力缓速器液压控制系统研究 [J]. 系统仿真学报, 2011, 23 (6): 1244 – 1250.

[96] 张玉玺. 液力缓速器电控系统及控制方法研究 [D]. 长春：吉林大学, 2008.

[97] 郑宏鹏. 商用车水介质缓速器流体与控制关键技术研究 [D]. 长春：吉林大学, 2016.

[98] Zheng H P, Lei Y L, Song P X. Design of the filling – rate controller for water medium retarders on the basis of coolant circulation [J]. Proceedings of the Institution of Mechanical Engineers, Part D: Journal of Automobile Engineering, 2016, 230 (9): 1286 – 1296.

[99] Zheng H P, Lei Y L, Song P X. Designing the main controller of auxiliary braking systems for heavy – duty vehicles in nonemergency braking conditions [J]. Proceedings of the Institution of Mechanical Engineers, Part C: Journal of Mechanical Engineering Science, 2017, 232 (9): 1989 – 1996.

[100] Lei Y L, Song P X, Zheng H P, et al. Application of fuzzy logic in constant speed control of hydraulic retarder [J]. Advances in Mechanical Engineering, 2017, 9 (2): 1 – 11.

[101] 严军. 车用液力缓速器设计理论和控制方法的研究 [D]. 镇江：江苏大学, 2009.

[102] 何仁, 陈珊珊. 基于液力缓速器换挡控制的半挂汽车列车制动稳定性 [J]. 吉林大学学报：工学版, 2017, 47 (6): 1677 – 1687.

[103] 李淑梅. 水液力缓速器系统及其智能控制策略研究 [D]. 贵阳：贵州大学, 2015.

[104] Liu Z Y, Zheng H Y, Xu W K, et al. A downhill brake strategy focusing on temperature and wear loss control of brake systems [J]. SAE technical paper, 2013 (1): 2372.

[105] 李捷, 蔡志宇, 贾志绚. 复杂天气条件下客车液力缓速器恒速控制仿真

[J]. 系统仿真学报, 2014, 26 (11): 2765 – 2769.

[106] 陆中华, 程秀生. 液力缓速器恒速控制策略的仿真研究 [J]. 汽车技术, 2009 (11): 1 – 3.

[107] Meng F, Zhang H, Cao D P, et al. System modeling, coupling analysis, and experimental validation of a proportional pressure valve with pulse width modulation control [J]. IEEE/ASME Transactions on Mechatronics, 2016, 21 (3): 1742 – 1753.

[108] 魏巍. 液力传动与控制技术 [M]//流体传动与控制技术路线图/中国液压气动密封件工业协会. 北京: 中国科学技术出版社, 2012: 51 – 58.

第 2 章

缓速制动特性预测

在液力缓速制动工况下，一方面，工作腔内是典型的气液两相流动状态，全充液工况也很难实现液体全部占据腔内空间；而另一方面，制动是典型的动态过程，只有在下长坡等特定制动工况时，缓速制动系统才会处于一个相对稳定的制动状态。因此，我们对缓速制动特性准确预测较为困难，早期从欧拉势流假设的束流设计理论出发，可以构建单相和两相稳态特性预测的简化解析特性预测模型，而后采用单流道模型、全流道模型的流场数值模拟，可对轮腔内部单相和两相流动的外特性和内流场分布状态进行研究，这些模型本质上是对"封闭轮腔"内部叶轮交互作业及其稳态特性进行预测。而对于在复杂行车工况进行电液控制的液力缓速制动的动态行为，则需要考虑叶轮区域之外的阀系流动、热交换乃至车辆惯量等对流动状态的交互影响，这样需要考虑所谓"开放轮腔"模型来对动态制动特性及其对应的复杂气液两相流动行为进行更为准确的预测。

这里首先基于束流理论，对液力缓速器全充液以及部分充液工况分别建立制动性能预测的束流解析模型，而后对数值模拟计算模型——封闭轮腔模型和开放轮腔模型进行介绍。

|2.1　束流全充液计算模型|

2.1.1　束流基本假设

一维束流理论是早期被广泛应用于各类液力元件（包括液力变矩器、液力耦合器和液力缓速器等）内部流动计算的一套成熟理论，它用具有平均值的中间流线（又称设计流线）的流动状况来代表液流与叶片间复杂的相互作用。其概念清晰、易于编程、设计时间短、与试验结果在一定程度上相当接近，并且其对计算能力的要求易于满足，具有工程实用性，因此长期以来一直在工程设计中被广泛采用。

一维束流理论建立在如下一系列条件假设基础之上[1]。

（1）工作腔，即缓速器内部轮腔内整个空间流道，可被看作由从工作腔外环到叶轮中部的无数个无限薄的绕同一轴线旋转而成的流面组成。而工作液体沿无数个流面的运动状态可以用液体质点沿某一个旋转曲面的运动来代替。此时假设全部液体的质量均集中于该流面的运动质点上，并把此流面叫作平均流面或中间流面，于是就可把空间流动简化为平面流动。

（2）各叶轮的叶片数目无限多，叶片厚度无限薄。因此，任何旋转流面均由无限多条相同液体质点的运动流线组成，并且液体质点的运动流线与在此流面内的叶片形状一致。中间流面也由无限条与叶片形状一致的中间流线组

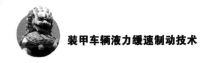

成。工作腔内的中间流线是指中间流面与轴面的交线。

（3）工作液体质点在任一流面上的运动关于旋转轴线是完全对称的，因此任何质点在流面上的流动轨迹是相同的。与旋转轴线距离相同的点，其运动参数也完全相同。这样中间流面的情况可由中间流线的流动状况来代替。这样，一个复杂的空间三维流动只要把流面上全部质点的质量集中在某个质点上，就可以用中间流线的流动来代替，如图2-1所示。

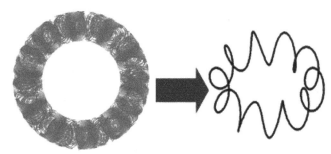

图2-1　液力缓速器轮腔内三维流动的束流简化

（4）工作液体在液力元件工作腔无叶片区内流动时，由于没有叶片，且忽略了摩擦阻力，故无液体能和机械能的转换，也无外转矩的作用，这样，任一叶轮入口处的液体流动状况与前一工作轮出口的液体流动状况相同。

（5）各叶轮入口处液体流动状况的变化不影响叶轮出口处液体的流动情况。

通过简化，流动参数变成仅随中间流线变化的一元函数。这类模型虽具有工程应用价值，但由于一维束流理论提出过多假设，故在应用时具有局限性，具体体现如下。

（1）一维束流理论只能在一定程度上近似反映如转矩、能头等流体作用的宏观效果，而不能正确反映造成这种宏观效果的微观原因。

（2）由于束流理论假设"工作轮内的叶片数目为无限多，叶片厚度为无限薄"，故叶片数目等设计参数对制动性能的影响难以被定量描述。

（3）在用引入摩擦和冲击损失的流体动力学计算方法来计算液力缓速器流道中各项损失时，必须对经验系数加以修正才能得到比较理想的结果，并且这种修正应该以大量实验数据为依据。

2.1.2　液流速度与转矩分析

应用束流理论对在全充液工况下的液力缓速器制动性能进行研究，以无内环倾斜直叶片液力缓速器为例，叶栅主要参数如图2-2所示。其中，R 为叶轮外径，r 为叶轮内径，δ 为叶片厚度，v 为动轮相对定轮的运动速度，α 为叶片前倾角，β 表示液流角，下标 R 表示动轮，下标 S 表示定轮。下标 Ri 表示其为动轮参数，下标 Si 表示其为定轮参数，当 $i=1$ 时表示入口，$i=2$ 时表示出口。对于直叶片形式的液力缓速器，其叶轮叶片角度参数满足

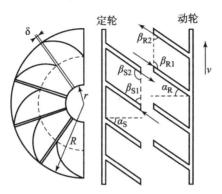

图 2 – 2　液力缓速器的叶栅主要参数

$$\begin{cases} \beta_{R1} = 90° + \alpha_R \\ \beta_{R2} = 90° - \alpha_R \\ \beta_{S1} = 90° - \alpha_S \\ \beta_{S2} = 90° + \alpha_S \end{cases} \tag{2.1}$$

$$\begin{cases} \beta_{S1} + \beta_{S2} = 180° \\ \beta_{R1} + \beta_{R2} = 180° \end{cases} \tag{2.2}$$

图 2 – 3 所示为液力缓速器动轮流道的液流速度分析。假设在全充液工况下，液力缓速器动轮流道内充满不可压缩液体且以转速 ω 顺时针方向旋转。图 2 – 3 所示的 R 和 r 分别为循环圆外径和内径，且有 $R = D/2$，D 为循环圆有效直径。在循环圆截面上，分别做与外径和内径内切且半径分别为 r_1 和 r_2 的两个相互外切的圆来代表液流的入、出口位置，半径为 r_1 和 r_2 的圆的圆心到回转轴线的距离 R_{R1}、R_{R2} 被分别设定为动轮叶片间流道的中间流线在液流入、出口处的半径。图 2 – 3 所示的 v_{Ri} 为动轮液流空间的绝对速度，w_{Ri} 为动轮液流相对叶片流动的相对速度，u_{Ri} 为液流在动轮流道中的圆周牵连速度，v_{Rui} 为液流在动轮流道中绝对速度的圆周分速度，v_{Rmi} 为液流在动轮流道中绝对速度的轴面分速度[2]。

根据循环圆截面几何关系和过流截面流量相等的原则，存在以下参数关系式：

$$\begin{cases} r_1 R_{R1} = r_2 R_{R2} \\ R_{R2} = R - r_2 \\ R_{R1} = r + r_1 \\ R_{R2} - R_{R1} = r_1 + r_2 \end{cases} \quad (2.3)$$

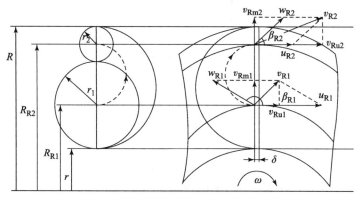

图 2-3　液力缓速器动轮流通的液流速度分析

求解式（2.3），确定 R_{R1}、R_{R2}、r_1 和 r_2 大小为

$$\begin{cases} R_{R1} = \dfrac{r}{2} + \dfrac{\sqrt{2R^2 + 2r^2}}{4} \\[2mm] R_{R2} = \dfrac{R}{2} + \dfrac{\sqrt{2R^2 + 2r^2}}{4} \\[2mm] r_1 = -\dfrac{r}{2} + \dfrac{\sqrt{2R^2 + 2r^2}}{4} \\[2mm] r_2 = \dfrac{R}{2} - \dfrac{\sqrt{2R^2 + 2r^2}}{4} \end{cases} \quad (2.4)$$

根据动轮叶片入、出口处的速度三角形可得

$$v_{Rui} = u_{Ri} + v_{Rmi}\cot\beta_{Ri} \quad (i = 1,2) \quad (2.5)$$

$$u_{Ri} = \omega R_{Ri} \quad (i = 1,2) \quad (2.6)$$

$$v_{Rmi} = Q/F_{Rmi} \quad (i = 1,2) \quad (2.7)$$

$$F_{Rmi} = 2(2\pi R_{Ri} - z_R \delta_R/\sin\beta_{Ri})r_i \quad (i = 1,2) \quad (2.8)$$

式中，ω 为动轮转速；Q 为液力缓速器的循环流量；F_{Rmi} 为单元中间流线长度上垂直于轴面分速度的过流截面面积；δ_R 为动轮叶片法向厚度。

　　用束流理论进行液流速度分析时，假设叶片数目无限多。但实际液力缓速器中的叶片数目有限，工作轮出口处液流的偏离受到轴向涡旋运动的影响。引入斯道达拉（Stodola）修正系数 K 对出口速度关系式进行修正：

$$K = 1 - \frac{\pi}{z_R}\sin\beta_{R2} \tag{2.9}$$

$$v_{Ru2} = Ku_{R2} + v_{Rm2}\cot\beta_{R2} \tag{2.10}$$

式中，z_R 为动轮叶片数。根据动量矩定理，可得液力缓速器动轮叶片作用于液流转矩的计算公式：

$$T_R = \rho Q(v_{Ru2}R_{R2} - v_{Ru1}R_{R1}) \tag{2.11}$$

由于稳态工况下液流反作用于动轮叶片上的转矩与作用于定轮叶片上的转矩大小相等、方向相反，故求出的动轮叶片所受转矩即为液力缓速器的制动转矩。

2.1.3　能量平衡方程

由束流理论可知，液力缓速器制动转矩的求解需建立在整体循环流量 Q 的求解基础之上，而液力元件的循环流量 Q 则根据叶轮轮腔中的能量平衡关系式来确定。

当工作流体在叶轮中运动时，能量损失主要来自液流在工作轮入口处由于速度的变化引起的冲击损失和在流道间流动时的黏滞力产生的摩擦损失。工作流体在液力缓速器中循环一周，由动轮取得的能量与其在定轮中所消耗的能量以及在流动中克服所有阻力所消耗的能量应该相等。因此，对于液力缓速器中的工作流体，有下列能量平衡方程成立：

$$H_R - H_S - H_{ej} - H_{mc} = 0 \tag{2.12}$$

式中，H_R、H_S 分别为动轮、定轮所建立的能头，由欧拉方程可得

$$H_R = \frac{u_{R2}v_{Ru2} - u_{R1}v_{Ru1}}{g} = \frac{1}{g}\left[KR_{R2}^2\omega^2 + \omega Q\left(\frac{R_{R2}\cot\beta_{R2}}{F_{Rm2}} - \frac{R_{S2}\cot\beta_{S2}}{F_{Sm2}}\right)\right] \tag{2.13}$$

由于定轮静止，则有

$$H_S = 0 \tag{2.14}$$

H_{ej} 为冲击损失压头，由流体力学冲击损失计算公式推导出液力缓速器冲击损失压头的计算公式为

$$H_{ej} = H_{Rej} + H_{Sej}$$

$$= \frac{\xi_{ej}}{2g}\left[-R_{R1}\omega + \left(\frac{R_{S2}}{R_{R1}} \cdot \frac{\cot\beta_{S2}}{F_{Sm2}} - \frac{\cot\beta_{R1}}{F_{Rm1}}\right)Q\right]^2 +$$

$$\frac{\xi_{ej}}{2g}\left[K\frac{R_{R2}^2}{R_{S1}}\omega + \left(\frac{R_{R2}}{R_{S1}} \cdot \frac{\cot\beta_{R2}}{F_{Rm2}} - \frac{\cot\beta_{S1}}{F_{Sm1}}\right)Q\right]^2 \tag{2.15}$$

H_{mc} 为摩擦损失压头，由流体力学中计算流道中液流摩擦损失的公式推导出液力缓速器摩擦损失压头的计算公式为

$$H_{mc} = H_{Rmc} + H_{Smc}$$

$$= \xi_{mc}\left(\frac{1 + \cot^2\beta_{R1}}{F_{Rm1}^2} + \frac{1 + \cot^2\beta_{R2}}{F_{Rm2}^2}\right)\frac{Q^2}{2g} +$$

$$\xi_{mc}\left(\frac{1 + \cot^2\beta_{S1}}{F_{Sm1}^2} + \frac{1 + \cot^2\beta_{S2}}{F_{Sm2}^2}\right)\frac{Q^2}{2g} \qquad (2.16)$$

式中，ξ_{mc} 为液体与流道间的摩擦损失系数；ξ_{ej} 为冲击损失系数，其一般根据经验确定并用试验值进行修正；β_{Si} 为定轮液流角；F_{Smi} 为定轮中间流线长度上垂直于轴面分速度的过流截面面积；R_{Si} 为定轮叶片间流道的中间流线在液流入、出口处的半径。以上定轮参数确定方法与动轮参数确定方法一致。

将式（2.13）~式（2.16）代入式（2.12），可以得到一个关于循环流量 Q 的一元二次方程，解这个方程并取有意义的正根，即求得液力缓速器的循环流量 Q。将 Q 代入式（2.11），则可得液力缓速器的制动转矩。

2.1.4 损失系数修正

摩擦阻力系数和冲击损失系数与液力缓速器的结构和具体工况有关，在初始试算时可根据经验确定，如某液力缓速器可设定 $\xi_{ej} = 1.0$、$\xi_{mc} = 0.18$，实际上这两个参数的选取对计算结果影响很大。

液力缓速器循环圆中流动的工作液体在实际流动的很短时间里会做若干次循环，并不是在一个循环后就处于稳定状态，当液流在前一工作轮中流动受到阻力而损失能量后，液流的流动状态受到扰动，并且在进入下一工作轮时仍然带有这种扰动并造成损失。因此，将各工作轮中的各项损失分别加以计算是不准确的。在应用循环流量模型和基于束流假设的制动转矩液力计算模型来计算液力缓速器制动转矩时，必须以液力缓速器的外特性试验数据为依据并加以修正，这种修正主要体现在对摩擦阻力系数和冲击损失系数的确定上。

以某车用液力缓速器为例进行制动性能计算，其叶栅系统主要参数为：循环圆大径 $D = 380$ mm（$R = 190$ mm），循环圆小径 $d = 220$ m（$r = 110$ mm），动轮叶片数目 $Z_R = 20$，定轮叶片数目 $Z_S = 24$，液流入口角 $\beta_{R1} = 120°$、$\beta_{R2} = 60°$、$\beta_{S1} = 60$、$\beta_{S2} = 120°$，叶片厚度 $\delta = 4$ mm。

采用该型液力缓速器样机台架试验数据对转矩液力计算模型进行修正，设某转速下台架试验值为 T_{TEST}，计算值为 T_R，定义变量 ε 为

$$\varepsilon = |T_R - T_{TEST}| \qquad (2.17)$$

定义需修正的摩擦和冲击损失系数变量 ζ 为

$$\zeta = [\zeta_{ej} \quad \zeta_{mc}]^T \qquad (2.18)$$

基于以上转矩和循环流量液力计算模型，以 ζ 为设计变量、ε 为优化目标

求最小值，可得修正后的损失系数为：$\xi_{ej} = 1.04$、$\xi_{mc} = 0.36$。

图 2 - 4 所示为修正前、后在全充液工况束流计算的转矩结果和试验数据结果对比，修正前的液力计算结果和试验数据相差较大，但从趋势上看，制动转矩整体上都是随着动轮转速的增大呈二次函数关系单调递增。

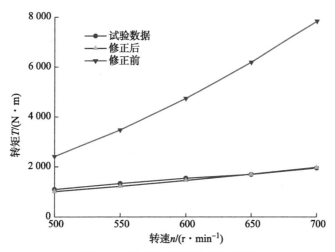

图 2 - 4　液力计算结果与试验修正

采用最小二乘法求出均方误差值进行比较可以得出结论，修正后的液力计算结果与试验值误差可以基本被控制在 5% 以内，可见修正后的液力计算结果可以很好地和试验数据吻合。

|2.2　束流部分充液计算模型|

液力缓速器在大多数情况下均工作在部分充液工况下，此时其内部流场是包含气体和液体复杂的气液两相流，与全充液的单相流动相比其特性计算具有一定的难度。针对液力缓速器在部分充液工况下的两相流一维束流计算问题，在对液力缓速器内腔流动做了一定假设的基础之上，分别建立均匀密度模型和气液分层模型进行计算，并进行对比分析。

2.2.1　均匀密度模型

液力缓速器工作在两相流状态时，假设油液和气体充分混合，此时的内部工作介质既非油液也非气体，而是一种均匀的油气混合物，因此称之为均匀密度模型。均匀密度模型通过定义和计算混合气液密度，采用类似在全充液工况下液力缓速器制动转矩的建模和计算方法，对在部分充液工况下的制动转矩进行计算。

由于充液率 q 定义为

$$q = \frac{V_{oil}}{V_{oil} + V_{air}} \tag{2.19}$$

故混合气液工作介质密度 ρ_{mix} 为

$$\rho_{mix} = \frac{\rho_{air}V_{air} + \rho_{oil}V_{oil}}{V_{air} + V_{oil}} = \rho_{air}(1 - q) + \rho_{oil}q \tag{2.20}$$

其余计算过程与在全充液工况下的计算方法完全相同，由此得到液力缓速器动轮叶片作用于混合气液工作介质的转矩计算公式为

$$T_R = \rho_{mix}Q(v_{Ru2}R_2 - v_{Ru1}R_1) \tag{2.21}$$

2.2.2　气液分层模型

当液力缓速器工作在部分充液工况时，假设由于离心力的作用，密度较大的油液均匀地分布在靠近外环内侧表面的流道空间，而密度较小的空气则分布在流道内部区域，液相和气相存在明显的分层界限流动且两相之间无耦合作用，流动互不影响[3]。同时假设液相和气相通过同一过流截面上的各点轴面速度均相等，则可分别对液相和气相的流动进行建模和计算。

通过以上假设，液力缓速器在部分充液工况下动轮内部的流动状态如图2-5所示。以在部分充液工况下的液力缓速器动轮流道为例，对其进行油液和空气流动分析。其中，下标 o 表示其为动轮油液流动参数，下标 a 表示其为动轮空气流动参数。半径分别为 a_1、a_2、r_1 和 r_2 的四个外切圆分别代表气相和液相的入口和出口，其圆心位置 R_{a1}、R_{a2}、R_{o1} 和 R_{o2} 分别为气相和液相流动对应的入、出口半径。根据循环圆截面几何关系和过流截面流量相等的原则，可得以下参数关系：

$$\begin{cases} r_1R_{o1} = r_2R_{o2} \\ a_1R_{a1} = a_2R_{a2} \\ (1 - q)r_1R_{o1} = qa_1R_{a1} \\ R_{a2} = R - 2r_2 - a_2 \\ R_{a1} = r + 2r_1 + a_1 \\ R_{o2} = R - r_2 \\ R_{o1} = r + r_1 \\ R - r = 2r_1 + 2r_2 + 2a_1 + 2a_2 \end{cases} \tag{2.22}$$

求解方程组（2.22），确定 R_{a1}、R_{a2}、R_{o1}、R_{o2}、a_1、a_2、r_1 和 r_2 的数值，则

$$T_o = \rho_o Q_o (v_{ou2} R_{o2} - v_{ou1} R_{o1}) \tag{2.23}$$

$$T_a = \rho_a Q_a (v_{au2} R_{a2} - v_{au1} R_{a1}) \tag{2.24}$$

总制动转矩为

$$T_R = T_o + T_a \tag{2.25}$$

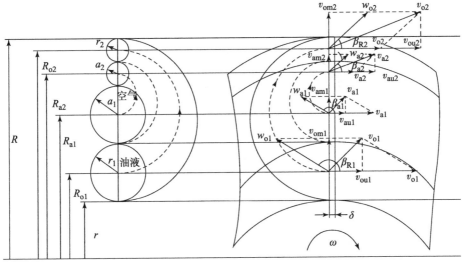

图 2-5　在部分充液工况下动轮内部的流动状态

2.2.3　计算结果分析

图 2-6 所示为转速 $n = 800$ r/min 时采用均匀密度模型对液力缓速器在部分充液工况下的两相流计算的结果，可见混合密度和制动转矩均随着充液率的增加近似线性递增，而液力缓速器循环流量为混合气液工作介质的体积流量，在同一动轮转速下其为一恒定值，不随充液率变化。由此可见均匀密度模型方法简单、计算简便，可以将给定转速下部分充液工况的制动转矩近似简化为充液率和全充液制动转矩的乘积。

图 2-7 所示为转速 $n = 800$ r/min 时采用气液分层模型对部分充液工况下的两相流计算的结果，从数值上看，油液对制动转矩的贡献占主要地位，空气对制动转矩的贡献小于 1%，几乎可以忽略不计。在同一转速下，油液循环流量随充液率增加而近似线性递增，空气循环流量随充液率增大而近似线性递减。但油液制动转矩随充液率增加并不是线性递增，而是以类似抛物线的关系非线性增长。同样空气对制动转矩贡献随充液率增加以类似二次抛物线关系非线性递减。

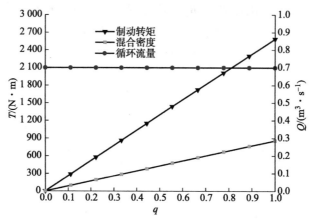

图 2-6 均匀密度模型的计算结果

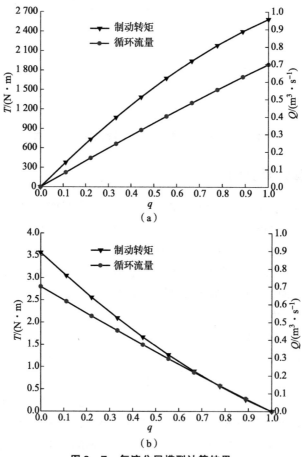

（a）

（b）

图 2-7 气液分层模型计算结果

（a）油液制动转矩及循环流量随充液率变化；（b）空气制动转矩及循环流量随充液率变化

两种在部分充液工况下计算模型的对比如图 2 – 8 所示。均匀密度模型和气液分层模型两种方法在全油液工况（$q=1$）和全空气工况（$q=0$）时的计算结果完全一致，但处于两相并存流动工况时均匀密度模型计算结果随充液率变化呈线性递增，而气液分层模型的计算结果由于考虑了油液和气体随充液率增加在流道内的分布变化影响，其制动转矩随充液率增加呈近似抛物线递增。油液和空气的比例越接近，两种方法计算结果部分充液制动转矩差异越明显，当 $q=0.5$ 时，两种计算方法结果相差最明显。

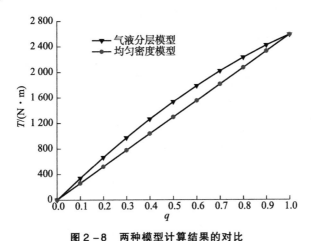

图 2 – 8　两种模型计算结果的对比

均匀密度模型计算过程简单方便，部分充液制动转矩可以被近似简化为充液率和在该转速下全充液制动转矩的乘积，而气液分层模型相对复杂。在部分充液工况下制动转矩的影响应该不仅仅限于充液率，还应该受到油液和空气分层效应和液力缓速器内腔形状的影响，因此虽然气液分层模型的计算过程相对复杂，但其计算结果在理论上应该更为精确，由于在目前实验条件下对部分充液工况下液力缓速器内腔充液率进行定量测量仍具有较大困难，气液分层模型的合理性仍需进一步提高实验手段来加以验证。

|2.3　基于封闭轮腔流场分析的特性预测|

随着 CFD 技术在液力元件设计上的应用，研究人员运用流场数值模拟技术对液力缓速器的制动特性开展了大量研究工作。在稳态制动特性仿真中，假设液力缓速器内部流动足够稳定，且允许仿真迭代步数足够多到收敛至稳定流场；而在动态制动特性仿真中，往往是通过一定假设，将液力缓速器动态制动过程近似为不同工作转速下的稳态制动过程，从而实现对在全转速范围下液力缓速器制动性能的仿真计算。

目前对液力缓速器轮腔制动特性的研究通常假设轮腔处于封闭状态，如图2-9（a）所示，将其称为封闭轮腔制动特性模型，简称封闭轮腔模型。封闭轮腔模型未考虑进出口流量对其制动特性的影响，认为进出口油压、制动转矩等参数仅与充液率与动轮转速有关，而与轮腔进出流量无关，此模型能在一定程度上定量描述流场的动态特性和制动外特性。

然而，在液力缓速器实际工作中，轮腔的充放油过程是客观存在的，如图2-9（b）所示，但是将其作为开放系统考虑整体模型较为复杂，这一内容将在下一节进行讨论。这里对稳态流特性具有较好计算效率，且对动态制动过程计算具有一定精度的封闭轮腔数值计算模型进行介绍。

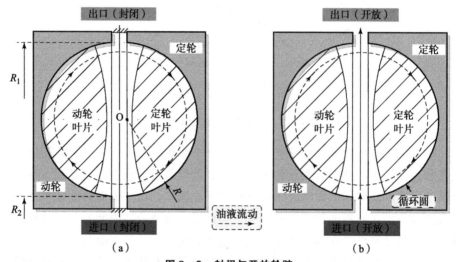

图2-9 封闭与开放轮腔
（a）封闭轮腔；（b）开放轮腔

2.3.1 控制方程与湍流模型

1. 控制方程

在液力缓速器轮腔内部存在着叶轮与工作介质之间的剧烈相互作用，在内部全液相复杂不可压黏性流场的研究中，当构建封闭轮腔流场数值模型时，通常忽略工作过程中工作介质温度的变化，此时流动主要受到质量守恒方程和动量守恒方程的约束。

在计算流体动力学中，质量守恒方程常称作连续性方程，它所描述的物理意义为：在单位时间内流体微元控制体中质量的增加等于同一时间间隔内流入该微元体的净质量。其微分方程如下：

$$\frac{\partial \rho}{\partial t} + \frac{\partial(\rho u_i)}{\partial x_i} = 0 \tag{2.26}$$

式中，ρ 为密度；t 为时间；u_i 为速度矢量在 x、y、z 方向上的分量。由于假设工作介质为不可压流体，故密度 ρ 为常数，此时质量守恒方程可简化为

$$\frac{\partial u_i}{\partial x_i} = 0 \tag{2.27}$$

动量守恒方程即为 Navier – Stokes 方程，简称 N – S 方程，其物理意义为：微元控制体中流体的动量对时间的变化率等于外界作用在该微元控制体上的各种力之和。对于牛顿流体，N – S 方程的张量形式可以表示为

$$\frac{\partial}{\partial t}(\rho u_i) + \frac{\partial}{\partial x_j}(\rho u_i u_j) = -\frac{\partial p}{\partial x_i} + \frac{\partial}{\partial x_j}\left[\mu\left(\frac{\partial u_i}{\partial x_j} + \frac{\partial u_j}{\partial x_i} - \frac{2}{3}\delta_{ij}\frac{\partial u_i}{\partial x_i}\right)\right] + \rho f_i$$

$$\tag{2.28}$$

式中，p 为压强；δ_{ij} 为克罗耐克（Kronecker）符号；f 为体积力。对于不可压流体可简化为

$$\frac{\partial u_i}{\partial t} + \frac{\partial}{\partial x_j}(u_i u_j) = -\frac{1}{\rho}\frac{\partial p}{\partial x_i} + \frac{\partial}{\partial x_j}\left[\frac{\mu}{\rho}\left(\frac{\partial u_i}{\partial x_j} + \frac{\partial u_j}{\partial x_i} - \frac{2}{3}\delta_{ij}\frac{\partial u_i}{\partial x_i}\right)\right] + f_i \tag{2.29}$$

以上是全液相单相流动的控制方程，而作为多相流动中最不稳定、最复杂的流动形态，制动过程中液力缓速器内部复杂的气液两相流动因为气相的可压缩性导致液相和气相的交界面能够变形，且气液交界面呈现较复杂的相互作用规律。两相流动的流型也随着气液两相介质的相对含量、黏性、温度、密度和位置的变化呈现出很大的差异。

对应的气液两相流动的控制方程形式如下：

连续性方程为

$$\frac{\partial \rho_m}{\partial t} + \frac{\partial}{\partial x_i}(\rho_m u_i) = 0 \tag{2.30}$$

式中，下标 m 表示其为气液两相混合后的平均值；ρ_m 为混合密度，则有

$$\rho_m = \sum_{k=1}^{n} \alpha_k \rho_k \tag{2.31}$$

式中，k 为相数；n 为总相数。则第 k 相连续性方程为

$$\frac{\partial}{\partial t}(\alpha_k \rho_k) + \frac{\partial}{\partial x_i}(\alpha_k \rho_k u_{mi}) = \frac{\partial}{\partial x_i}\left[\alpha_k \rho_k(u_{ki} - u_{mi})\right] \tag{2.32}$$

动量方程为

$$\frac{\partial}{\partial t}(\rho_m u_{mi}) + \frac{\partial}{\partial x_j}(\rho_m u_{mi} u_{mj}) = -\frac{\partial p_m}{\partial x_i} + \frac{\partial}{\partial x_i}\left[\mu_m\left(\frac{\partial u_i}{\partial x_j} + \frac{\partial u_j}{\partial x_i}\right)\right]_i +$$

$$\frac{\partial}{\partial x_i}\left[\sum_{k=1}^{n} \alpha_k \rho_k (u_{ki} - u_{mi})(u_{kj} - u_{mj})\right] + f_i \tag{2.33}$$

式中，p_m 为混合压强；μ_m 为混合黏度，有

$$\mu_m = \sum_{k=1}^{n} \alpha_k \mu_k \tag{2.34}$$

2. 湍流模型

在液力缓速器工作过程中，工作介质在旋转周期分布的流道内部通常处于湍流状态，因此需要湍流模型的引入来封闭方程组中出现的变量，其中直接数值模拟（DNS）、大涡模拟（LES）和雷诺平均 N-S 方程组（RANS）是几种常用的湍流模型。

（1）直接数值模拟（DNS）。直接数值模拟是最贴近流场实际的模拟方法，不需要经过简化处理，直接从基本方程组中求解出流场的全部信息，包括不同尺度的涡流及其运动特征，因此在计算资源不断丰富、计算方法不断优化的今天，直接数值模拟是一种较为全面的计算模型。但是直接数值模拟对于计算时间和计算条件的要求较高，对于一些复杂外形和流动则无能为力。

（2）大涡模拟（LES）。湍流运动可分为时均部分和脉动部分，而针对后者的数值仿真即为大涡模拟。将 N-S 方程通过滤波去掉小尺度流动后即可导出大涡所需方程，再以亚格子尺度的模型模拟小涡流动，进而计算整个湍流运动的过程。大涡结构受流场初始条件和边界条件影响较大，没有普适性的模型，因此适合直接模拟；而小涡结构则可以通过亚格子尺度模型简单构建，因此更易模拟仿真。可以看出大涡模拟方法相较于直接数值模拟对计算条件要求更低，但在工程问题上的应用尚不广泛。

（3）雷诺平均 N-S 方程组（RANS）。在工程实际应用中流动一般比较复杂，目前计算资源和方法难以满足直接数值模拟或者大涡模拟的要求，因此需要根据理论推导、实验数据以及针对简单流动的直接模拟方法得出的规律给出各种假设条件，建立起经验或者半经验的本构关系，从而封闭湍流雷诺平均方程，使其便于计算。对应的湍流模型主要有雷诺应力模型和涡黏模型两种。雷诺应力模型以满足雷诺应力要求为出发点，以物理量的平均流动和相应的湍流特征尺度代替方程中的生成项、扩散项和耗散项，在计算中需要耗费大量的资源。涡黏模型在工程湍流问题中被广泛应用，其主要分为四类：零方程模型、

半方程模型、一方程模型和两方程模型。其中，在工程上两方程模型的应用最广，常用的两方程模型有标准 $k-\varepsilon$ 模型、RNG $k-\varepsilon$ 模型、可实现 $k-\varepsilon$ 模型（Realizable $k-\varepsilon$）、SST 模型等。在对液力缓速器两相流动的数值模拟中，为有效获取流场中细微涡流和边界层现象以及获取更为精确的计算结果，多采用欧拉 – 欧拉多相流模型中的非均一化模型和 SST 模型进行流动特性分析。SST 湍流模型是一种将 $k-\omega$ 和 $k-\varepsilon$ 结合为一体的湍流模型，其综合了 $k-\omega$ 模型在近壁模拟和 $k-\varepsilon$ 模型在外部区域计算的优点[4,5]，结合了自动壁面函数，能精确地模拟边界层的现象，并在湍流黏度的计算中考虑到湍流剪切应力的输运，不但能够对各种来流进行准确的预测，还能在各种压力梯度下精确地模拟分离现象。

在 SST 湍流模型中，若分别以 Φ_1、Φ_2、Φ_3 表示 $k-\omega$ 模型、$k-\varepsilon$ 模型和 SST 湍流模型中的函数关系，则 SST 湍流模型可表示为

$$\Phi_3 = F_1\Phi_1 + (1 - F_1)\Phi_2 \qquad (2.35)$$

其中参数 F_1 控制 $k-\omega$、$k-\varepsilon$ 这两种模型在不同情况下的转换，SST、$k-\omega$ 流动方程形式为

$$\frac{\partial}{\partial t}(\rho k) + \frac{\partial}{\partial x_i}(\rho k u_i) = \frac{\partial}{\partial x_j}\left(\Gamma_k \frac{\partial k}{\partial x_j}\right) + G_k - Y_k + S_k \qquad (2.36)$$

$$\frac{\partial}{\partial t}(\rho \omega) + \frac{\partial}{\partial x_i}(\rho \omega u_i) = \frac{\partial}{\partial x_j}\left(\Gamma_\omega \frac{\partial \omega}{\partial x_j}\right) + G_\omega - Y_\omega + D_\omega + S_\omega \qquad (2.37)$$

式中，G_k 为湍流的动能；G_ω 为 ω 方程；Γ_k 和 Γ_ω 分别为 k 和 ω 的有效扩散项；Y_k、Y_ω 分别为 k、ω 的发散项；D_ω 为正交发散项；S_k 与 S_ω 为用户自定义。

3. 两相流模型

液力缓速器在参与制动时往往处于部分充液的两相流动状态，与全充液工况的单向流动状态相比，其制动性能的预测和计算显得更为复杂，部分充液状态对应的制动转矩在很大程度上由充液率确定。

用于处理多相流问题的数值计算方法，主要有欧拉 – 拉格朗日方法和欧拉 – 欧拉方法，如"拉格朗日颗粒跟踪"模型和"欧拉 – 欧拉多相流"模型，在液力缓速器部分充液工况时的内流场的流型主要为波状分层流动，气相、液相之间的各个物理量通过相间交互面传递，可被判定为自由表面流（Free Surface Flows）。

针对自由表面流的"欧拉 – 欧拉多相流"模型，根据不同情况还可分为两种不同的模型：均一化模型（Homogeneous Model）和非均一化模型

（Inhomogeneous Model）或称相间传递（Inter – fluid Transfer）模型。当两相之间同享一速度场、湍流域时，一般宜采用均一化模型进行模拟；当两相间具有分界面且有各自不同的速度场、湍流域时，通常采用非均一化模型[6]。液力减速器一般工作在气、液相共存的部分充液状态，且在目前的研究中一般均认为气液两相为分层流动[7]，气相与液相间的物理量通过称为自由表面的交互面传递，因此液力缓速器在部分充液工况进行流场模拟时选用欧拉－欧拉多相流模型中的非均一化模型。

制动特性研究往往关心内特性（压力、速度、充液率等）与制动外特性（转速、载荷、功率等）之间的变化规律，而这主要是由主相油液起支配作用，因此设定液相为主相，气相为附加相。由于两相流模型的复杂性，其求解计算比单相流模型达到收敛所需的时间和迭代步数更多，故需适当地放宽收敛条件和增加迭代步数。

4. 多流动区域耦合模型

液力缓速器一般有动轮、定轮两个叶轮，液流在两个叶轮之间流动。对于模拟存在多组叶轮且存在转速差区域间的流动，目前主要有三种数值模型：多参考坐标系模型（Multiple Reference Frame，MRF）、滑移网格模型（Sliding Mesh，SM）和混合平面模型（Mixing Plane，MP）。

（1）多参考坐标系模型。其基本思想是把内流场简化为叶轮在某一位置的瞬时流场，将非定常计算用定常计算来处理。转子区域的网格在计算时保持静止，在惯性坐标系中对作用的科氏力和离心力进行定常计算；而定子区域是在惯性坐标系里进行定常计算。在两个子区域的交界面处交换惯性坐标系下的流体参数，保证交界面的连续性，达到用定常计算来研究非定常问题的目的。

（2）滑移网格模型。这是一种非定常计算模型，其基本思想是：在某一时间步长内，对定子区域和转子区域分别计算各自流场，其通过交界面传递流动参数；随着时间推进，转子区域网格随转子一起转动而定子区域网格则静止不动，此时在两区域交界面上的网格出现了相对滑移。在每个新时间步长内，按两区域网格在交界面上的节点求取新的交界面，通过新交界面上的物理量传递，实现每一时间步长内两区域流场的耦合。理论上，滑移网格模型是模拟多移动参考系流场的最精确方法，但是滑移网格模型使用非稳态的数值求解，在计算上的要求要比其他两个模型苛刻得多。

（3）混合平面模型。这种方法同样是将非定常流动简化为定常流动，其基本思想是：对定子区域和转子区域分别进行定常计算，两区域在交界面上的重合面组成"混合平面",在"混合平面"上转子区域将计算得到的总压、速度、湍动能、湍流耗散率进行周向平均后传递给定子区域,而定子区域将计算得到的静压进行周向平均后传递给转子区域,这样也达到了用定常计算来研究非定常问题的目的。

三种数值模型在商业 CFD 软件中均分别有对应的计算方法:冻结转子法(Forzen Rotor,FR)、瞬态转 – 定子法(Transient Rotor Stator,TRS)和级联法(Stage)。

(1)冻结转子法主要基于多参考坐标系模型的基本思想,为多参考坐标系模型问题提供了一个考虑了部分交界参数的拟稳态解,适用条件是在交界面处过流速度相对大于旋转速度,并且所需计算资源较少。但冻结转子法对交界面处的瞬态效应未加考虑,如未施加拟稳态假设则将会出现模型偏差。

(2)瞬态转 – 定子法是基于滑移网格模型理论的计算方法。其对网格模型要求较高,同时要求相对网格交界面在空间上严格对应,因此多运用于全流道网格模型。其优点是可以捕捉流场中各项参数时变的准确信息,准确地反应内流场的非稳态特性,其多用于非稳态流场数值模拟。

(3)级联法则是混合平面模型理论在 CFD 软件上的应用,用于对两个或多个流道同时求解,并在交界面进行周向平均和交互传递,在每一参考框架内均可获得稳态解。级联法在多级叶轮机械稳态流场数值模拟中得到了广泛的应用,具有良好的工程应用价值。

因此,综合考虑计算精度和计算成本,在对液力缓速器内部稳态流场的数值模拟以及制动性能稳态预测中,多采用基于混合平面理论的级联法进行计算。

2.3.2 两相流动的流型判定

对于气液两相流,通常有两种方法来判断流型,一种方法是利用流型分布图,另一种则是利用基于半理论、半经验的各种流型转变临界条件的判断公式。由于在液力缓速器这种特定的流道状态下气液两相流没有现成的流型分布图可以参照,所以采用修正的半经验公式来判断流型较为合适。

根据泰特尔(Taitel)的流型识别理论,气液两相流由层状流型(波状分层流型或平滑分层流型)向波状流型及间歇状流型或环状流型的转换界限为

$$\Delta = F^2 \frac{1}{C^2} \frac{\overline{u}_{\mathrm{G}} \mathrm{d}\overline{A}_{\mathrm{L}}/\mathrm{d}\overline{h}_{\mathrm{L}}}{\overline{A}_{\mathrm{G}}} < 1 \tag{2.38}$$

式中,F 为修正的 Fr 数;u_{G} 为无因次气相真实流速;A_{L}、A_{G} 分别为液相、气

相无因次过流截面积；h_L 为无因次液位高度；系数 $C = 1 - h_L$。

对于部分充液工况，可根据束流理论估算出在不同充液率下的无因次过流截面积、液位高度的参数，并由单相流的数值模拟计算得到各相的平均流速，进而求得各相的折算速度，然后计算不同工作转速下的判别式 Δ 值[8]，如图 2 – 10 所示。

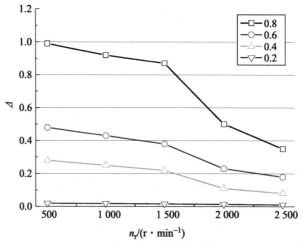

图 2 – 10　在部分充液率下的 Δ 值

总的来看，充液率越小、转速越高，则越有利于两相流动保持层状流型，当充液率小于 0.8 时，部分充液工况下内流将保持层状流型，这是因为随着转速增加，循环流量和液流所受的旋转离心力也随之增大，从而使流动更为趋向于分层流动；而充液率的增加则使流场扰动，更容易将波状分层流动转变为段塞流动。

由于液力缓速器部分充液状态多为波状分层流动，且气相与液相间物理量通过称为自由表面的交互面传递，而对于内环叶栅内流动，因此当两相间分界面不能明确指定时，在分析中通常采用非均一化模型。

2.3.3　单流道稳态制动特性预测

以某型车用液力缓速器为例进行计算模型建模与仿真研究，其叶栅主要结构参数为：循环圆外径 292 mm，叶片倾角 40°，叶片厚度 2.6 mm，动轮叶片数 36 个，定轮叶片数 34 个。考虑到液力缓速器结构循环对称的特征和进、出油口流道的分布特点，为减小计算量，构建单流道模型，忽略入、出口流道局部结构特征，通过给定周期性边界条件模拟整个轮腔流动情况。采用几何适应性较强的非结构网格进行流道模型网格划分，网格总数约为 300 000，单流道网格模型如图 2 – 11 所示。

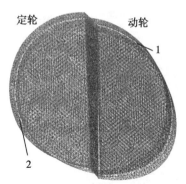

图 2 - 11 单流道网格模型

1—动轮叶片；2—定轮叶片

由于液力缓速器设有循环散热系统，因此在稳态仿真中假设工作油液做等温流动且不存在流量泄漏，工作油液为不可压缩黏性流体，密度 $\rho = 860 \ kg/m^3$，动力黏度 $\mu = 0.025 \ kg/(m \cdot s)$ 均为常量。同时假设流体与叶轮间的流固耦合作用不致引起流道的变形，忽略油液入、出口以及泵气损失抑制机构对流场的扰动。

采用速度无滑移边界条件对流道内壁与叶片表面近壁处速度场进行计算，采用有限体积法对控制方程做离散化处理，采用全隐式多网格耦合算法进行黏性流动计算。

2.3.3.1 全充液工况流场分析

在液力减速器全充液工况时，内部流场为充满油液的单相流动状态，轮腔流道内部的速度和压力分布如下。

1. 速度分布

分别以动轮转速 500 r/min 和 1 000 r/min 的工况为例，对液力缓速器全充液工况下的内腔速度场进行分析。

图 2 - 12 所示为循环圆轴面的速度矢量，可见在循环圆流道中油液速度呈明显的循环流动趋势。由于动轮高速转动，动轮叶片搅动油液使液流得到加速，因此从动轮入口到出口，油液速度明显递增；而当高速液流进入定轮流道后，由于定轮静止不动，定轮叶片对油液的阻挡作用使油液速度在定轮腔内从入口到出口呈降低趋势，并在循环圆中部 A 处油液流速较低形成明显涡旋。较高转速下的速度分布幅值明显大于低转速下的速度分布幅值。

图 2 - 13 所示为轮腔流道速度流线的分布，可以清楚地看到液流高速区出现在循环圆外环处。由于液力缓速器中的循环流动，高速液流冲击定轮叶片及

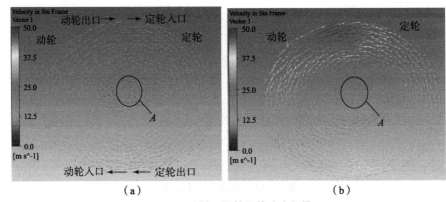

图 2-12 循环圆轴面的速度矢量

(a) 500 r/min; (b) 1 000 r/min

外环, 使动轮叶片和定轮叶片之间的循环圆中心处产生较大的速度梯度, 因此在动轮叶片吸力面和定轮叶片非冲击面之间的 B 处出现强烈的涡旋。

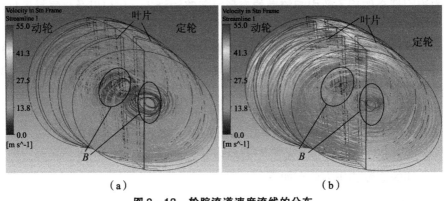

图 2-13 轮腔流道速度流线的分布

(a) 500 r/min; (b) 1 000 r/min

2. 压力分布

液力缓速器循环圆整体及流道轴面压力分布如图 2-14 所示, 由图可见动轮压力面根部出现高压区, 同样由于受到动轮流出的高速油液冲击, 定轮冲击面根部也出现了高压区。从不同转速下的压力分布对比可见, 不同转速下的全充液工况压力分布基本相似, 只是数值上不同, 高转速下的压力值明显大于低转速下的压力值。在循环圆流道轴面上的压力分布显示出了明显的层状分布特性, 即低压区出现在循环圆中心, 而从循环圆中心到外环, 压力逐渐增大。这是由于外环处液流速度大, 冲击作用强, 因此循环圆轴面压力在靠近外环处达到最大。

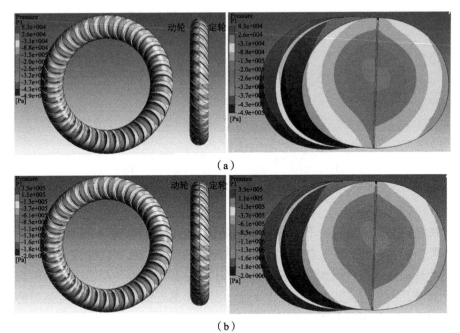

（b）

图 2 - 14　液力缓速器循环圆整体及流道轴面压力分布

（a）500 r/min；（b）1 000 r/min

　　动轮转速为 500 r/min 和 1 000 r/min 时动轮及定轮叶片压力面和吸力面的压力分布分别如图 2 - 15 和图 2 - 16 所示。

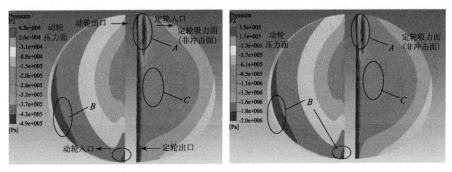

（a）　　　　　　　　　　　　　　（b）

图 2 - 15　动轮叶片压力面和定轮叶片吸力面的压力分布

（a）500 r/min；（b）1 000 r/min

　　压力分布在叶片表面上同样明显地显示出了层状分布特性，即从循环圆中心到外环，压力逐渐增大，并且动轮叶片压力面压力分布明显大于吸力面压力分布，而定轮压力面（冲击面）压力分布明显大于吸力面（非冲击面）压力分布。与前面轴面压力分布结论一致，动轮转速只对压力分布数值有影响，而对压力分布梯度影响不大。动轮转速越高，压力数值越大。

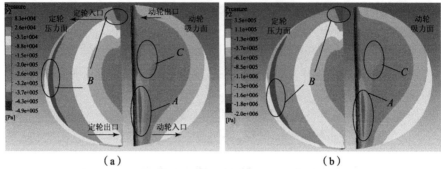

图 2 - 16　动轮叶片吸力面和定轮叶片压力面的压力分布

(a) 500 r/min；(b) 1 000 r/min

在定轮吸力面上，由于动轮出口的高速液流冲击定轮入口冲击面，在入口 A 处则产生一个负压区。由于冲击定轮后流出的油液回流到动轮腔内，再次对动轮叶片造成冲击，因此在动轮压力面入口处，以及叶片与流道内壁的接触处两个区域产生相对高压区 B。而定轮吸力面由于靠近循环圆中心处有强烈的涡旋现象，在此处出现低压区 C。

与动轮压力面入口高压区对比可见，动轮吸力面入口处由于液流剧烈分离效应相应产生一个负压区 A。而在定轮压力面上，由于被动轮叶片搅动加速后的油液直接冲击，因此产生了高压区 B，且明显比动轮压力面高压区的面积大。由于在外环处液流较高，冲击作用强，高压区 B 延伸到定轮叶片压力面与流道内壁的接触处。另外，由于动轮叶片吸力面和定轮叶片非冲击面之间出现强烈的涡旋现象，因此在动轮吸力面靠近循环圆中心处出现低压区 C。

2.3.3.2　部分充液工况流场分析

当液力缓速器工作在部分充液工况时，内部流场为充满油液和空气的两相流动状态。对轮腔流道内的油液容积率、速度以及压力分布的分析如下。

1. 容积率分布

在部分充液工况下，液力缓速器轮腔流道内循环圆容积率的分布如图 2 - 17 所示。图 2 - 17（a）、（b）所示分别为动轮转速在 500 r/min 和 1 000 r/min，充液率分别为 0.25、0.50、0.75 时的循环圆轴面容积率分布情况。图中外侧红色区域为液相主相，由油液占据；内侧蓝色区域为气相，由空气占据。两相交界面处为气液两相混合交互渗透状态，随着充液率的增加，气相占据体积逐渐向循环圆中心压缩。从图 2 - 17（a）、（b）两图的对比发现，动轮转速的增加对两相容积率分布没有明显影响。

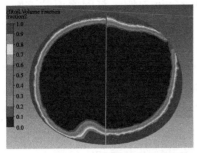
$q=0.25$

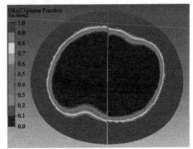
$q=0.50$

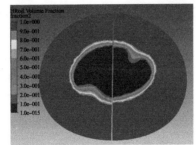
$q=0.75$

（a）

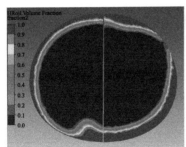
$q=0.25$

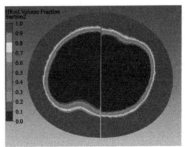
$q=0.50$

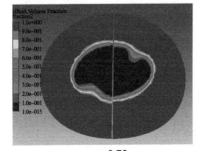
$q=0.75$

（b）

图 2 – 17　循环圆轴面容积率的分布

（a）500 r/min；（b）1 000 r/min

　　如图 2 – 18 所示，以动轮转速为 500 r/min 为例，对内流道叶片附近的两相容积率进行分析。其中图 2 – 18（a）为动轮压力面和定轮吸力面两相容积率的分布，可见由于动轮带动油液运动，压力面上油液分布占绝大多数，气相分布多靠近于定轮吸力面。而在定轮吸力面入口处，有少量油液由于冲击作用，从背面的定轮压力面越过具有一定厚度的定轮叶片到了吸力面上。并且在较小充液率时（$q = 0.25$），动轮压力面呈现了两相混合的趋势。而随着充液率的增加，油液所占容积率明显从动轮压力面向定轮冲击面、从循环圆小径向循环圆大径的方向扩展。图 2 – 18（b）为动轮吸力面和定轮压力面两相容积率的分布。由于经动轮加速后流出的高速油液直接冲击在定轮压力面上，因此定轮压力面上大部分面积被油液占据，而动轮吸力面上大部分面积被空气占据。与图 2 – 18（a）中定轮吸力面在循环圆大径方向面积基本被空气占据的现象有所不同，动轮吸力面与流道壁的交接处仍然有油液流动。这是由于动轮高速旋转，流道内的油液在离心力的作用下循环流动造成的。而在动轮吸力面入口处，由于定轮出口的油液冲击作用，有少量油液从动轮压力面越过动轮叶片厚度方向到了吸力面上。随着充液率的增加，动轮吸力面和定轮压力面的油液容积率均从循环圆外环向循环圆中心方向扩展。

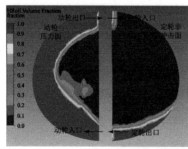

$q=0.25$

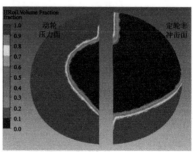

$q=0.50$

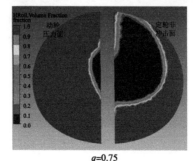

$q=0.75$

（a）

图 2 – 18　500 r/min 时叶片表面容积率的分布

（a）动轮压力面和定轮吸力面

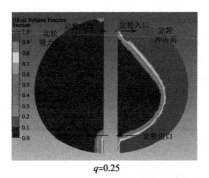
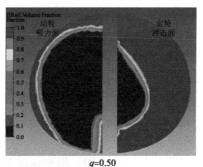

q=0.25   q=0.50

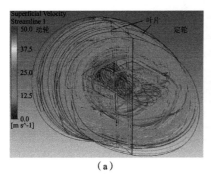

q=0.75

（b）

图 2 - 18 500 r/min 时叶片表面容积率的分布（续）

（b）动轮吸力面和定轮压力面

2. 速度分布

以 $q = 0.75$ 的部分充液工况为例，对液力缓速器动轮转速分别为500 r/min 和 1 000 r/min 时的速度场进行分析，气相、液相速度流线分布如图 2 - 19 所示。可见动轮转速对两相流线分布趋势没有明显的影响，但动轮转速越大，速度幅值相应增大。

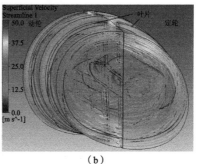

（a）   （b）

图 2 - 19 $q = 0.75$ 时两相流动流线分布

（a）500 r/min；（b）1 000 r/min

总体来看，气液两相流的速度流线与全充液工况下的分布情况类似，呈明显的循环流动趋势。不同的是，由于气液两相流动较为复杂，因此流线分布比单相流动流线分布更加紊乱。动轮高速旋转产生的离心力的作用使密度较大的液相主要分布在循环圆靠近外环处，而密度较低的气相部分集中在循环圆中心处。由前面的分析可知循环圆外环处速度较高，而循环圆中心处速度较低，因而外环液相流线的速度明显大于循环圆中心位置的气相速度，并且在循环圆中心的气相低速区域出现涡旋流动。另外从流线分布图还可发现，在流动过程中，有部分空气混入液相，但流速较低。

图 2 - 20 所示为不同充液率下的循环圆轴面油液和空气速度矢量的分布。与前面油液容积率分析结论相同，气相速度矢量占据循环圆中心，而油液速度矢量占据循环圆外环处并具有循环流动特征。

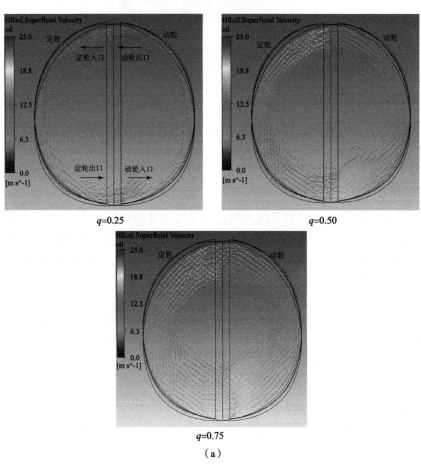

$q=0.25$ $q=0.50$

$q=0.75$

（a）

图 2 - 20　500 r/min 时气液两相的速度矢量

（a）油液速度矢量图

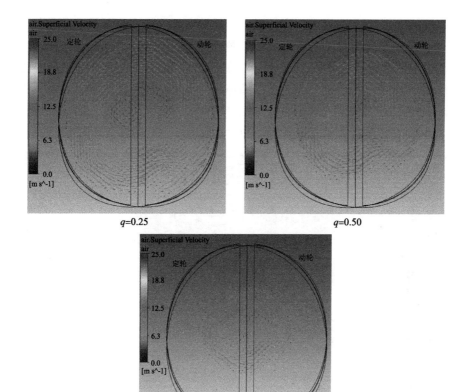

图 2 - 20　500 r/min 时气液两相的速度矢量（续）

（b）空气速度矢量图

　　与在全充液工况的绝对坐标系下的速度矢量不同，由于相对坐标系下不计算动轮牵连速度，因此在图中可见动轮和定轮内部流动趋势一致，即从入口到出口液流速度在叶片的摩擦阻力作用下均呈减小趋势。并且在各充液率下比较可以看出，充液率越高，油液容积率从循环圆外环向循环圆中心扩展，而气相容积率占据循环圆面积相应逐渐减少。并且由于液相处于循环圆外环处，因此液相的循环流速要大于气相的循环流速。在循环圆中心的气相低速区域出现涡旋流动，而在气、液相交互处，由于两相交互混合的相互抑制，两相的速度均较低。

3. 压力分布

　　液力减速器部分充液工况下循环圆整体及流道轴面的压力分布如图 2 - 21 所示。与全充液工况相比，部分充液工况的压力分布与全充液工况的压力分布相似，均在叶片根部出现压力高压区。不同转速下的全充液工况压力分布趋势也基本相似，只是数值不同，高转速下的压力值明显大于低转速下的压力值。但从整体上看，部分充液工况下的压力分布数值明显要低于全充液工况的压力分布。由于存在气相，部分充液工况循环圆中心处低压区范围要更大，低压区内循环圆径向压力梯度则非常小。但在液相中沿循环圆中心向外的压力梯度较大，层状分布的趋势要比单相流动时更为明显。

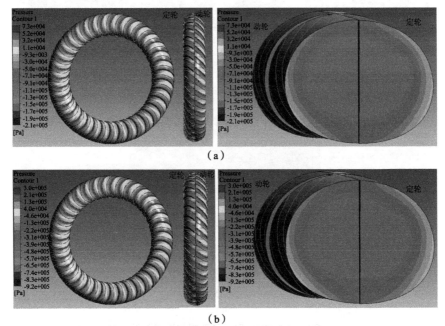

(a)

(b)

图 2-21　循环圆整体及流道轴面压力分布

(a) 500 r/min；(b) 1 000 r/min

　　如图 2-22 所示，以动轮转速为 500 r/min 为例，对不同充液率下的内流道叶片压力分布进行分析。与全充液工况较为相似的是，动轮压力面压力分布明显大于动轮吸力面，定轮冲击面压力分布明显大于非冲击面。而由于液流的冲击，在动轮压力面入口和定轮压力面入口处产生高压区 A，相应地，在动轮吸力面和定轮吸力面入口处产生负压区 B。

　　从整体上看，与全充液工况压力分布明显不同的是动轮吸力面和定轮非冲击面叶片低压区范围非常大，在较小充液率时动轮压力面和定轮冲击面靠近循环圆的区域也处于低压区。凡在气相空气所占据的流道处，叶片均处于低压区，并且随着充液率增加，由于气相所占体积减小，低压区范围也逐渐减小。而液相所占据的循环圆外环具有比全充液工况的单相流动时更为明显的压力层状分布现象，这是由于在液相中沿循环圆径向具有较高的压力梯度。

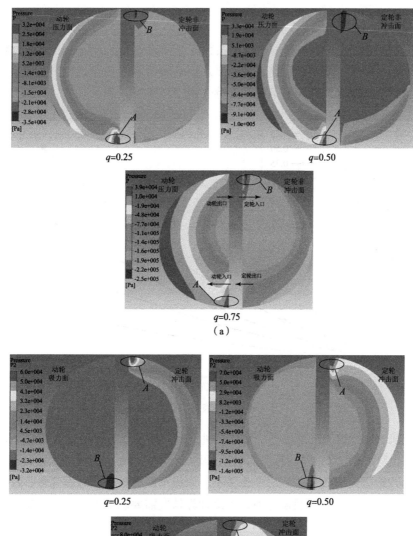

图2-22　500 r/min时叶片压力分布

（a）动轮压力面和定轮吸力面；（b）动轮吸力面和定轮压力面

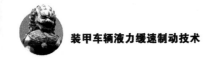

2.3.3.3 稳态制动特性预测

对液力缓速器三维内流场进行稳态数值计算的主要目的是总结出液力减速器的制动外特性，即动轮转速、充液率及制动转矩间的变化规律。如图2-23所示为在不同转速和充液率下制动外特性的预测结果。

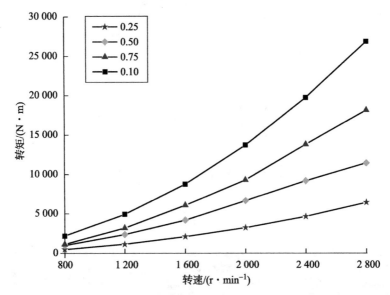

图2-23　在不同转速和充液率下制动特性的预测结果

与制动性能束流预测模型计算结果进行对比发现，两种性能预测模型的计算结果趋势一致，均是随着动轮转速以及充液率的增加，制动转矩单调递增，且转速转矩呈近似二次曲线的变化关系。束流预测模型具有编程容易、计算速度快的特点，但由于其假设过多，因此计算精度需要以试验数据为依据的模型修正来保证。而基于三维流场计算的数值模拟模型虽然工作量大、计算速度慢，但其全面考察了叶栅系统内部流动的复杂物理现象和本质，减少了束流假设对流动状况所做的大量假设，不必依赖于大量的试验修正，因此数值计算预测模型比束流预测模型更具有通用性。

为对上述特性计算方法加以验证，以某液力缓速器为例，进行在不同制动挡位下的转矩转速特性试验，其中1、2、3、4挡分别代表液力减速器充液量为0.25、0.50、0.75、0.10四种工况。由于受试验台架功率限制，将最高转速设为900 r/min。表2-1所示为液力缓速器在不同制动挡位下的转速转矩关系试验结果。

表 2 - 1　液力缓速器转速转矩关系试验结果

4 挡		3 挡		2 挡		1 挡	
$n/$ $(\mathrm{r \cdot min^{-1}})$	$T/$ $(\mathrm{N \cdot m})$	$n/$ $(\mathrm{r \cdot min^{-1}})$	$T/$ $(\mathrm{N \cdot m})$	$n/$ $(\mathrm{r \cdot min^{-1}})$	$T/$ $(\mathrm{N \cdot m})$	$n/$ $(\mathrm{r \cdot min^{-1}})$	$T/$ $(\mathrm{N \cdot m})$
604	1 628. 21	603	1 208. 56	600	709. 75	600	333. 24
704	2 007. 35	703	1 353. 37	699	871. 48	700	479. 25
803	2 192. 56	800	1 467. 89	800	946. 05	800	555. 58
899	2 433. 37	899	1 565. 46	899	984. 12	898	637. 36

为了对性能计算预测模型进行验证，将 CFD 数值预测模型计算结果和试验结果进行对比，如图 2 - 24 所示。总体来看，数值计算结果与试验值的变化趋势相同，制动转矩均随动轮转速升高以及充液率的增大单调递增，并且试验结果和计算结果在相对较低转速下吻合较好，但两者之间存在一定误差，尤其在较高转速下两者误差较大，经考核充液率为 0. 10 时的全充液数值计算结果与试验结果最大相对误差为 9. 486% 。而在部分充液工况下的两相流数值计算结果与试验结果最大相对误差为 14. 35% 。

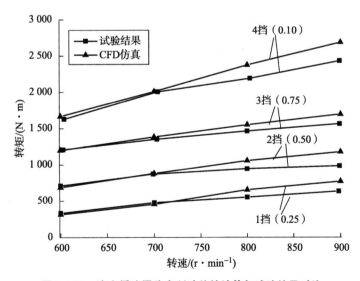

图 2 - 24　液力缓速器稳态制动特性计算与试验结果对比

2.3.4　单流道动态制动特性计算

液力缓速器在实际工作时，内部为随时间剧烈变化的瞬态流场，具体体现如下。

（1）当车辆紧急制动，液力缓速器内部工作腔瞬时充油时，液力减速器内部流场为气液两相体积率随时间急剧变化的复杂两相流动。

（2）随着制动功能的起效，液力缓速器内腔充有一定量油液，车辆行驶速度随制动时间增加而非线性降低，对应于与传动系统连接的动轮转速也会相应降低，从而液力缓速器内部流动状态和外在制动特性将会与稳态特性有较大差异。

（3）液力缓速器设有进油口和出油口，但封闭轮腔的流场数值模型大都假设油液封闭在流道内，而在实际的制动过程中，缓速器腔体内往往同时进行充放油。因此有必要建立具备进油、出油口的流道，仿真分析进、出油道口对液力减速器内流场特性的影响。

因此稳态的假设计算难以准确描述制动这一典型动态工况下液力缓速器的内部流场，有必要对液力减速器充油过程的内部瞬态流场进行研究，在这里基于单流道封闭轮腔流场数值模型，假设内部流动足够稳定，且允许仿真迭代步数足够多到收敛至稳定流场，将动态制动过程近似为在不同额定工作转速下的稳态制动过程，从而实现对一定转速范围内制动性能的仿真计算[9-11]。对液力缓速器制动过程进行三维（拟）动态特性数值仿真计算后，提取其随时间变化的内腔速度场、压力场分布云图等流场结果进行分析，并将制动外特性时变仿真结果与台架试验数据进行对比。

2.3.4.1　边界条件和初始条件

以某液力缓速器为例进行仿真，带有入、出口流道的液力缓速器叶栅模型如图 2 - 25 所示。

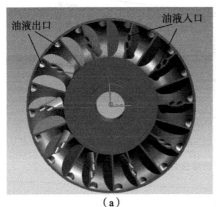
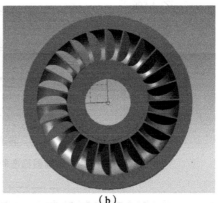

（a）　　　　　　　　　　　　（b）

图 2 -25　带有入、出口流道的液力缓速器叶栅模型

（a）动轮；（b）定轮

与稳态计算模型相比，瞬态计算模型着重对充放油的油道进行了建模和网格划分。考虑到液力缓速器结构循环对称的特征和进、出油口的分布特点，为减小计算量，液力缓速器流道模型为包含进、出油口和两个叶片的流道周期模型，通过给定周期性边界条件模拟整个工作轮流动情况。由于液力缓速器动轮具有进、出油口流道，结构相对复杂，因此在网格划分环节对动轮采用几何适用性强的四面体非结构网格。而对于流道结构相对简单的定轮采用了利于数值计算的六面体 O 形结构网格，并对所关心的动、定轮之间的流动交互面区域进行了局部网格加密。由此得到一套质量较高的混合网格并对其进行仿真计算，整套数值计算模型网格总数约为 400 000，如图 2 – 26 所示。

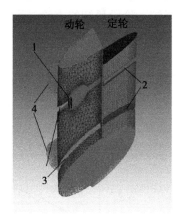

图 2 – 26　带有入、出口流道的周期流道网格计算模型
1—进油口；2—定轮叶片；3—动轮叶片；4—出油口

仿真中，液力缓速器动轮转速 n 作为已知条件通过函数表达式给出[12]：

$$n = \begin{cases} 2\,640 & (t \leqslant 0.4\ \text{s}) \\ 42.8t^2 - 670.8t + 2\,901.5 & (t > 0.4\ \text{s}) \end{cases} \tag{2.39}$$

式中，n 为动轮转速；t 为制动时间。

在初始充液时刻，液力缓速器内腔为全气相工况。由于瞬态计算需要提供稳态初始流场，所以采用全气相工况（$q = 0$）且动轮转速 $n = n_0$ 的稳态流场收敛结果作为 $t = 0$ 时刻的瞬态仿真计算初场。由于低转速时液力缓速器制动转矩值有限、机械制动器介入，因此对动轮转速 n 低于 500 r/min 后的工况不予研究。

仿真需要根据液力缓速器内腔容积和入、出口流道截面积确定出液力缓速器入、出口油液的流动速度，来确定初始状态的边界条件。

由于道路状况复杂多变，为保证车辆能够实现快速制动，液力缓速器制动作用的起效时间必须足够短。为便于研究，以实际试验中液力缓速器的不同工况为依据，这里将液力缓速器制动过程分为两个阶段分别进行研究：从最初时刻开始充液到充液基本完成称为充液阶段；从制动开始起效，动轮转速明显降低到油液充满内腔，直至动轮转速非线性降低到仿真结束称为缓速阶段。

2.3.4.2　充液阶段分析

以车辆遇到突发情况需要紧急制动为例，当驾驶员迅速踩踏制动踏板或用制动手柄起动液力缓速器时，要求液力缓速器在极短时间内迅速充液起效。目前，较为先进的液力缓速器控制系统从开始充油到液力缓速器充满一定油液，达到额定制动转矩的时间控制在 1 s 甚至 0.5 s 以内，在此期间液力缓速器内部工作腔瞬时充油，内部流场为气液两相体积率随时间急剧变化的复杂两相流动，因此首先对液力缓速器制动阶段最初的充液过程进行数值模拟仿真分析。

1. 充液率变化

动轮在初始转速 n_0 下制动时充液阶段的液力缓速器的充液率与充液时间的关系如图 2 – 27 所示。可见随着充液时间的增加，液力缓速器工作腔中的油液比例逐渐递增至 $q = 0.9$ 左右。

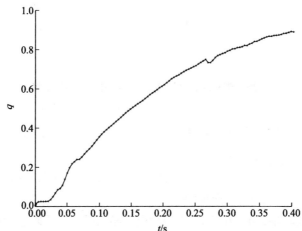

图 2 – 27　充液阶段的液力缓速器的充液率与充液时间的关系

充液阶段不同充液时刻的气、液两相体容积率分布如图 2 – 28 所示，其中浅色代表液相，深色代表气相。在初始时刻，液力缓速器内腔全部为空气，随着时间增加开始充油，红色的液相开始逐渐充满内腔。当 $t = 0.40$ s 时液相几乎完全占据内腔，只在循环圆中部有气泡形式存在的气相。

在两相共存工况时，由于离心力作用，密度较大的液相分布在靠近外环表面的流道空间，而密度较小的空气则分布在流道内部区域。计算结果显示出液力缓速器腔内的两相流动具有明显的气液两相分层流动的特征。

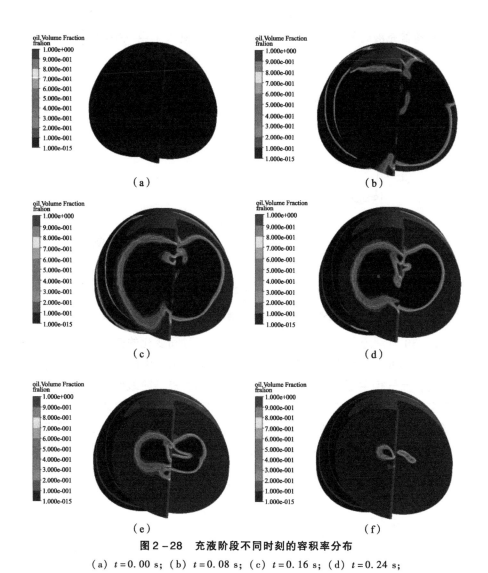

图 2 - 28　充液阶段不同时刻的容积率分布

（a）$t = 0.00$ s；（b）$t = 0.08$ s；（c）$t = 0.16$ s；（d）$t = 0.24$ s；
（e）$t = 0.32$ s；（f）$t = 0.40$ s

2. 速度场分析

图 2 - 29 所示为当动轮初始转速为 n_0 时，充液阶段液力缓速器气液两相平均速率与时间的变化关系。瞬态计算的初场为动轮转速在 n_0 时的全气相工况稳定内流场，在充液最初时刻，由于油液进入工作腔内对气相流动造成扰动，因此液力缓速器工作腔中的空气平均速率急剧降低，而油液平均速率稳定缓慢升高。随着充液时间的延长，油液速率持续增加，而空气速率则缓慢降低并略有波动。从平均速率数值上看，油液的平均速率最开始比空气的平均速率

值小，而随着充液时间延长和充液率增加在 t_1 时刻大于空气平均速率。

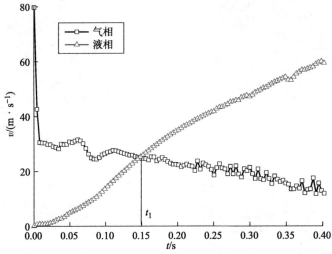

图 2-29　充液阶段气液相平均速率与充液时间的变化关系

图 2-30 所示为充液阶段循环圆轴面速度随时间变化的矢量分布。其中图 2-30（a）、（b）分别为液相和气相的速度矢量分布。由图可见液相主要分布在外环处，而气相主要分布在循环圆中心处，随着充液阶段时间增加，液相所占流道空间逐渐增加。在 t_1 时刻后，液相速度明显大于气相速度，随着充液量的增加液相速度有增大趋势，气相速度有减小的趋势。由于受到流道节流作用，液相在动轮、定轮的入口速度均大于出口速度；而气相流动则由于空气密度较小，其受流道阻力影响不大，速度分布规律不如液相明显，气相速度极大值依然出现在靠近外环的气、液相交互处。

3. 压力场分析

充液阶段液力缓速器轮腔内部平均总压随时间的变化曲线如图 2-31 所示，由图可见动轮和定轮的腔内平均总压均随着充液时间增加单调递增，且动轮平均总压小于定轮平均总压。出口处的速度既包含参与整个内腔流动的循环速度分量，又包含向腔外排出油液的速度分量。由于受出口排出流体的影响，出口平均总压最初在 $t=0.05$ s 时达到负值最大，而随着充液率的增大，出口处循环流动动能产生的冲击作用逐渐起主导作用，因此出口总压在 $t=0.05$ s 后逐渐正向递增。入口处的流速随时间变化相对稳定，因受动轮旋转的泵吸作用，入口平均总压呈向负方向平稳递增的趋势。

液力缓速器在部分充液工况下 $t=0.24$ s 时的叶片总压分布如图 2-32 所示。其中图 2-32（a）所示为具有油道结构的动轮叶片总压分布，图 2-32（b）

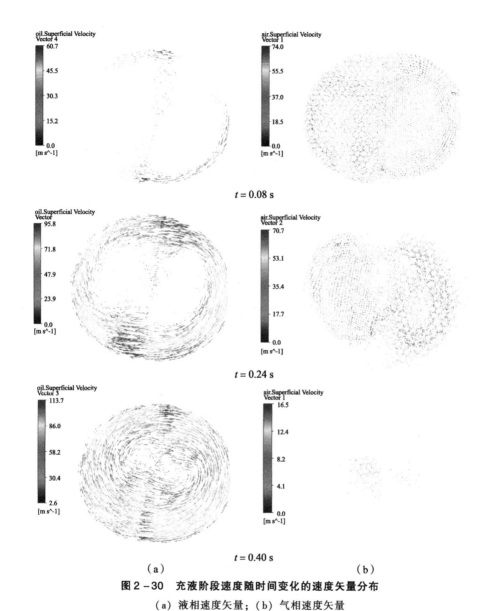

$t = 0.08$ s

$t = 0.24$ s

$t = 0.40$ s
（a）   （b）

图 2 – 30 充液阶段速度随时间变化的速度矢量分布

（a）液相速度矢量；（b）气相速度矢量

所示为无油道结构动轮叶片的总压分布，图 2 – 32（c）所示为定轮叶片的总压分布。

从整体上可以看出，由于动轮叶片搅动油液高速流动，动轮叶片压力面总压明显大于吸力面总压，而动轮叶片总压明显大于定轮叶片总压。

从图 2 – 32（a）和 2 – 32（b）中可见，在动轮叶片面上，高压区出现在叶片与流道内壁的接触处，低压区出现在叶片靠近定轮分界面处，且大体位于

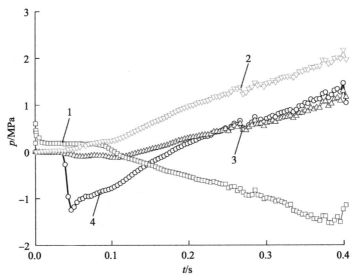

图 2－31　充液阶段平均总压随时间的变化曲线

1—入口平均总压；2—定轮平均总压；3—动轮平均总压；4—出口平均总压

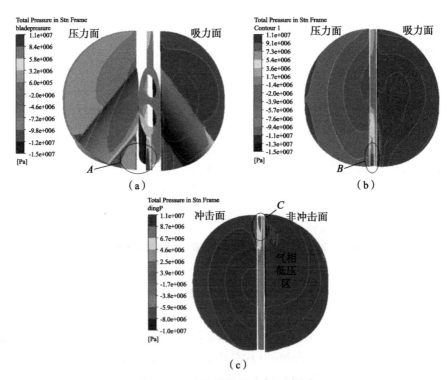

图 2－32　充液阶段的叶片总压分布

（a）具有油道结构的动轮叶片；（b）无油道结构的动轮叶片；（c）定轮叶片

循环圆中心。因此总压分布表现出从循环圆中心沿着流道内壁径向层状递增分布的特征。由于油道的存在，具有油道结构的动轮叶片循环圆中心处的低压区范围要大一些，而无油道结构的动轮叶片总压层状分布特性更为明显。动轮叶片总压极大值位于定轮出口、动轮入口边缘 A、B 处，是由定轮流出的高速油液冲击产生的。油道凸起结构的存在使具有油道结构叶片的总压极大值区域延伸到动轮压力面油道凸起结构前。从图 2 - 32 (c) 中可见，定轮叶片冲击面由于受到从动轮流道流出的液流直接冲击，总压分布明显大于非冲击面的总压分布。由于循环圆中间气相的作用，定轮非冲击面低压区的范围比较大、径向的总压梯度不明显。由于受到动轮流道高速流出的油液冲击，定轮叶片上总压极大值位于定轮入口边缘 C 处，从整体上看定轮叶片高压也出现在叶片与流道内壁接触处，低压出现在循环圆中心区域，沿循环圆中心向外的总压逐次递增。

2.3.4.3　缓速阶段分析

当液力缓速器充液阶段结束时，充液率已经接近但并未达到全充液工况（$q = 1$），此时腔内的压强和制动转矩均达到一个极值。随着制动时间的增加，进入缓速阶段，液力缓速器的制动作用会导致动轮转速持续降低。

1. 充液率变化

缓速阶段油液充液率随时间的变化关系如图 2 - 33 所示，由图可见在充液阶段结束时为防止转矩过载，出口流速迅速增大，腔内充液率随之迅速减小，液力缓速器工作腔中的油液从 $q = 0.90$ 左右迅速降低到在 $t = 0.8$ s 时刻的 $q = 0.75$ 左右。随后为了弥补动轮转速降低引起的转矩降低，出口流速相应减小，腔内充液率开始逐渐增加，当 $t = 2.0$ s 时达到全充液状态（$q = 1$）。

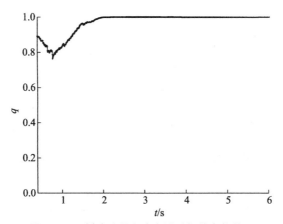

图 2 - 33　缓速阶段充液率随时间的变化关系

在缓速阶段不同制动时刻气液两相容积率的分布如图 2 – 34 所示。由于离心力作用，密度较大的液相分布在靠近外环表面的流道空间，而密度较小的空气则分布在流道内部区域。由图可见，在最初时刻由于出口流速增加，由图 2 – 34 （a）到图 2 – 34 （b）的液相体积率明显减小。由图 2 – 34 （b）~图 2 – 34 （f）可见，由于出口流速降低、充液率回升，液力缓速器内腔逐渐被液相占据主导地位，位于循环圆中心的气相随制动时间增加逐渐减少为气泡，并最终消失不见。液力缓速器内腔最终完全充满油液，达到全充液状态（$q = 1$）。

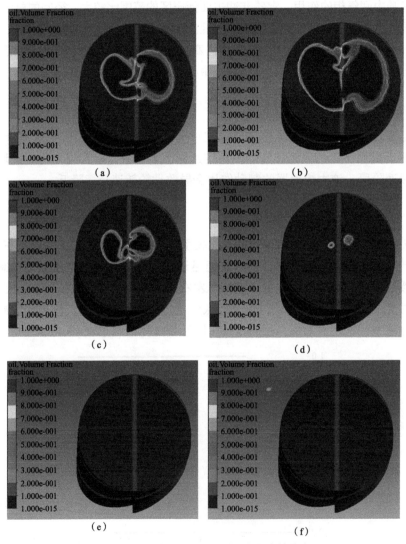

图 2 – 34　缓速阶段不同时刻容积率的分布

（a）$t = 0.50$ s；（b）$t = 0.95$ s；（c）$t = 1.50$ s；（d）$t = 2.00$ s；（e）$t = 4.00$ s；（f）$t = 6.00$ s

2. 速度场分析

图 2 - 35 所示为缓速阶段气、液两相平均速率与制动时间的变化关系。从整体上看，油液的平均速率远大于空气的平均速率值，并随着制动时间的延长，两者数值上趋于稳定。中间时刻由于假设仿真边界条件改变，油液容积率的减小导致油液平均速率降低，而空气容积率的增大相应导致空气平均速率曲线产生一个阶跃。可见在充液阶段由于制动尚未起效、动轮转速较高，油液和空气的平均速率均达到各自的极大值。随着制动时间的延长和充液率的增加，制动开始起效，因而动轮转速相应降低，油液和气体的平均速率均也随着时间增加而平稳降低，并且空气的平均速率在制动后期逐渐接近于零。

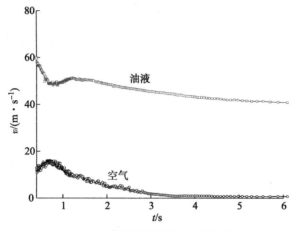

图 2 - 35　平均速率随制动时间的变化关系

图 2 - 36（a）和图 2 - 36（b）所示分别为 $t = 0.5$ s 和 $t = 1.0$ s 时刻相对坐标系下液、气速度矢量的分布。同样可见液相主要分布在外环处，气相主要分布在循环圆中心处。由于受到流道阻力作用，油液的速度极值分别出现在动轮、定轮入口靠外环的 A、B 处，而空气速度极值出现在定轮靠近入口的 C 处，并且油液速度极值明显高于空气速度极大值，且贴近流道壁面和两相交互处的油液速度值明显比流道中部的油液速度值偏低。

图 2 - 36（c）和图 2 - 36（d）所示分别为 $t = 2.0$ s 和 $t = 4.0$ s 时全充液状态速度矢量的分布。由于油液在动轮流道中受到动轮叶片作用获得了动能，其速度从动轮入口到出口呈明显递增趋势；而定轮腔内由于油液对叶片的冲击损失耗散了大量能量，从定轮入口到出口油液速度呈递减趋势。循环圆中部的流速较低，油液在定轮腔内由于冲击回流形成涡漩流动。随着制动时间的增加和动轮转速的降低，流道内整体速度分布在数值上明显降低。

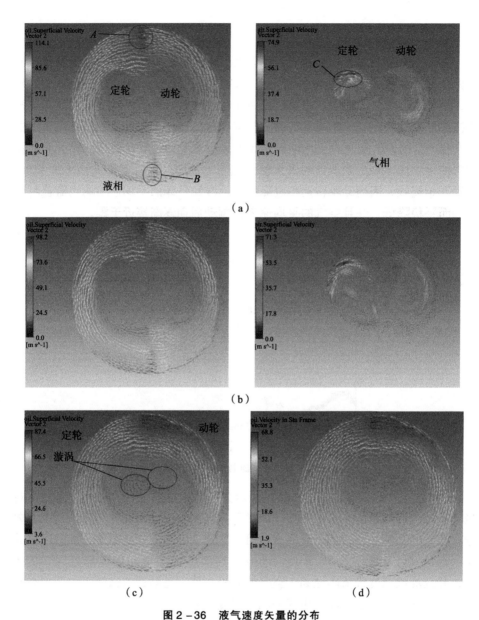

图 2 - 36　液气速度矢量的分布

（a）$t = 0.5$ s；（b）$t = 1.0$ s；（c）$t = 2.0$ s；（d）$t = 4.0$ s

3. 压力场分析

缓速阶段液力缓速器动轮、定轮总压随时间的变化曲线如图 2 - 37 所示。由图可见，在缓速阶段初始时刻，出口流速的增大对腔内进行了泄压，动轮和定轮的腔内平均总压均随着制动时间增加迅速降低。而后随着出口流速的减小，腔内充液率相应增大，动轮和定轮的腔内总压逐渐回升。且定轮腔内的流速比动轮高，定轮总压大于动轮总压，随着制动时间的增加和动轮转速的持续降低，两者在数值上逐渐趋于相等。

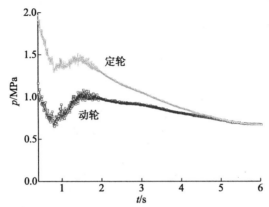

图 2 - 37　缓速阶段动轮和定轮总压随时间的变化曲线

在液力缓速器不同制动时刻下动轮和定轮叶片的压力分布分别如图 2 - 38 和图 2 - 39 所示。在动轮和定轮叶片面上，压力表现出从循环圆中心沿着流道内壁径向层状递增分布的特征。动轮压力面的压力明显大于动轮吸力面的压力，而定轮压力面的压力也明显大于吸力面的压力。动、定轮各自叶片上压力的极大值分别位于油液入口 A、B 处，且由于受动轮加速后高速油液的直接冲击作用，B 处定轮叶片压力极大值高于 A 处动轮叶片压力极大值。

从图 2 - 38 和图 2 - 39 可见，在 $t = 1.0$ s 时刻腔内处于两相流动状态，气相大量在叶片背压面聚集，轮腔内中心气相区域压力值较小，因此气相区域和液相区域相比，其压力梯度不明显。在气相影响下，位于循环圆中心区域的动轮吸力面和定轮非冲击面低压区占据大部分叶片表面。在 $t = 2.0$ s、$t = 4.0$ s 时刻，叶片压力梯度明显呈带状分布，此时油液已经充满流道，液力缓速器内腔处于全油液单相流动工作状态，压力数值上达到 MPa 数量级，并且随着制动时间的增加和动轮转速的降低，叶片上压力数值逐渐减小，因此 $t = 4.0$ s 的压力云图分布数值明显小于 $t = 2.0$ s 的压力云图分布数值。

2.3.4.4　动态特性计算

图 2 - 40 所示为制动转矩特性仿真结果与试验的对比，仿真动态转矩是由给定输入转速工况，并结合可能生成对应转矩的充液率计算得到的，仿真和试验结果趋势上基本一致，并具有一定的精度。

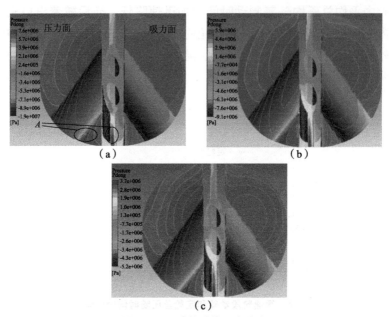

图 2-38 动轮叶片压力分布

（a） $t=1.0$ s； （b） $t=2.0$ s； （c） $t=4.0$ s

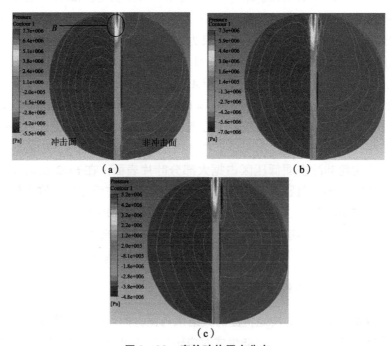

图 2-39 定轮叶片压力分布

（a） $t=1.0$ s； （b） $t=2.0$ s； （c） $t=4.0$ s

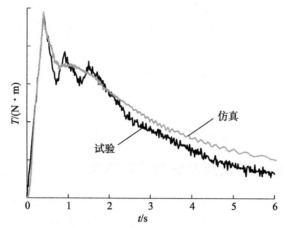

图 2－40　制动转矩特性仿真结果与试验的对比

在制动的充液阶段仿真计算与试验结果一致性较好，在达到峰值转矩时放油阀开始作用，但模型由于未包含控制系统内容，因此在峰值转矩后随着制动起效，原有假设计算结果与试验数据存在较大的偏差，而后动轮转速逐渐降低，在缓速阶段仿真中液力缓速器腔内充液率逐渐增加，对制动转矩进行补偿，因此转矩曲线变化相对平缓。

造成误差的原因可能有以下几方面。

（1）仿真计算假设流体做等温流动，未考虑在试验中温度升高导致液力传动油密度、黏度降低的影响，并且低黏度造成传动油密封困难、漏损增加，使试验值偏低。

（2）由于不同的湍流模型，控制方程离散方法等数值模型计算方法的选用也具有一定的误差，如在瞬态计算中由于时间迭代的累积造成流场计算结果误差。

（3）仿真时忽略了液力缓速器内腔的空损抑制机构对流场的扰动。

最后这种动态特性仿真的充液率假设与实际存在一定偏差，同时由于这种方法未考虑整车惯量的影响，因此在本质上这种方式是一种对制动特性的计算方法而非制动过程预测方法。

2.4　基于开放轮腔流场分析的特性预测

在封闭轮腔模型的流动分析中，主要以缓速器轮腔为研究对象，通过对其流动特性的仿真与分析，可以有效地研究其稳态制动特性。但在实际的缓速器系统工作过程中，缓速器轮腔与其充放油控制回路是紧密联系、协同工作的整体，两部分之间通过油液的流动有机联系、相互影响。单纯以缓速器轮腔或充放油控制系统为研究对象，虽然可以对各个元件的基本特性进行研究，但各部件分离的研究无法体现系统在协同工作时的联系，也势必影响对系统整体动态制动特性的准确预测，因此有必要充分考虑阀系充放液流量、整车惯量等因素对动态制动过程的影响，建立考虑充放油阀系的开放轮腔仿真模型。

2.4.1 全流道轮腔及阀系集成流动制动特性计算模型

在以往对液力缓速器的理论和试验研究中，液力系统和液压系统通常都是作为两个独立的系统分割开来被单独进行分析和研究[13-15]，通过宏观特性数据接口来实现信息交互，或在这种信息交互模式下整体模型协同仿真。对缓速器制动性能的研究通常是从液力系统工作腔内流道油液的流动行为着手，然而对于强调动态特性的制动系统而言，由充液及放油阀系组成的液压系统则主要关注如何实现工作腔内充液率的动态调节，以及实现这种调节的充液及放液流量的协调控制，相关研究[16,17]主要集中于液压系统的设计和仿真分析方面。

然而，实际上液力缓速器的液压和液力两部分是满足动态制动需求的一个系统整体，将两者分别开展研究再通过不同仿真软件数据接口实现简单信息交互，仿真结果极可能产生一定偏差，难以考虑由于阀内液体空间流动导致的充液迟滞现象，从而导致对制动转矩起效时间的仿真精度不佳进而影响控制策略的实施。因此，有必要建立带有充液及放液控制阀系的全流道液力缓速器液力液压集成流动系统计算模型[18]，研究包括充放液控制阀内的流动对包含液力系统和液压系统的整个缓速器宏观制动特性和微观流动行为的影响规律，提出能够准确预测瞬态充液、放液过程的液力缓速制动特性预测方法，这对于动态制动控制策略的制定具有明确的理论指导意义。

以某大功率液力缓速器为例，基于流场数值模拟技术建立带有充液及放油阀系的全流道液力缓速器液力液压集成流动系统计算模型，开展瞬态充液制动起效过程瞬态缓速制动特性研究，比较有否考虑阀系的制动特性差异，获取起效过程部分充液率下的容积率演变趋势，建立控制压力与制动转矩的映射关系，为控制策略和制动系统设计提供理论依据。

2.4.1.1 集成流动计算模型

以某液力缓速器为例，液力缓速器的进油口在动轮中心的圆环处，与蜗壳式进口流道相连，出油口在动轮的外缘侧。油液从充液阀进入，经蜗壳式进口流道进入轮腔内部，由于动轮处于高速旋转状态，因此在离心力的作用下，油液被甩向动轮外缘，进入出油外环，最后经放油阀流回油箱。构建包括轮腔及阀系的集成流动模型如图 2 – 41 所示[19]。

图 2 – 41　液力缓速器集成流道模型

1—动轮流道充液区；2—动轮出油口；3—出油管；4—动轮进油口；5—出油外环流道进口；

6—出油外环流道；7—出油外环流道出口；8—放油阀流道；9—充液阀进口；

10—充液阀出口；11—充液阀流道；12—蜗壳式进口流道进口；

13—蜗壳式进口流道；14—蜗壳式进口流道出口；15—动轮流道

其基本假设与封闭轮腔仿真模型一致，但边界条件的处理设置需考虑入出口的流量边界条件。开放轮腔模型和封闭轮腔模型对于稳态制动性能的预测结果偏差不大，但对动态制动特性的计算结果有明显差别，这里以紧急制动的快速充油制动过程为例，初始转速及其变化规律也与封闭轮腔仿真模型相同。并在动态制动特性仿真中，假设动轮转速在为时较短的充液过程中是保持不变的。

假设制动瞬时起效，设置充液阀瞬时开启，湍流模型采用计算效率较高的标准 $k – \varepsilon$ 方程模型，采用 SIMPLEC 算法研究速度和压力修正值的问题，并认为当残差小于 1×10^{-5} 时结果达到收敛。

2.4.1.2　充液起效过程仿真

当制动开始时，缓速器保持初始转速 $n = n_0$，油液开始进入缓速器轮腔内部，缓速器开始产生制动转矩。将不考虑阀系的全流道封闭轮腔仿真模型（全流道模型）、全流道开放轮腔和阀系的集成流动模型（全流道集成模型）在整个充液阶段的特性进行对比，充液率和制动转矩随时间的变化关系如图 2 – 42 所示。

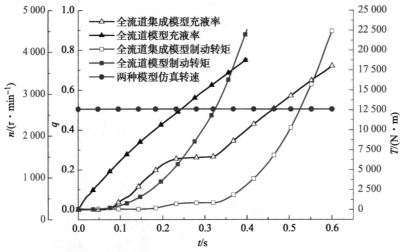

图 2 - 42　充液率和制动转矩随时间的变化关系

　　全流道模型和全流道集成模型在充液阶段终了时充液率都达到了 0.77 左右，制动转矩也都达到了 20 000 N·m 以上，由于考虑了充液阀系及其内部流动，全流道集成模型无论是在充液率方面还是在制动转矩方面，都比全流道模型的结果要滞后大约 0.2 s。

　　全流道模型的充液率和制动转矩都是从 0 s 开始上升的，而全流道集成模型的则有两段稳定区域：在 0 ~ 0.1 s，全流道集成模型的充液率和制动转矩会有大约 0.1 s 的时间处于基本 0 充液率的恒定状态；在 0.25 ~ 0.35 s，充液率经过上升后又处于恒定状态，制动转矩经过微小的变化后也处于恒定状态。

　　充液阶段全流道模型和全流道集成模型在不同时刻的气、液两相分布分别如图 2 - 43 和图 2 - 44 所示。

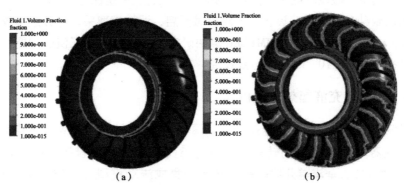

图 2 - 43　充液阶段全流道模型在不同时刻的容积率分布

(a) 0 s；(b) 0.10 s

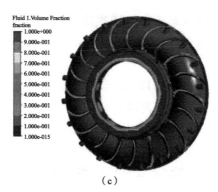

（c）

图 2 - 43　充液阶段全流道模型在不同时刻的容积率分布（续）

（c）0.35 s

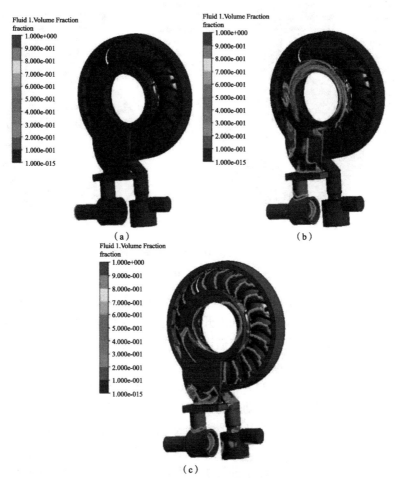

（a）

（b）

（c）

图 2 - 44　充液阶段全流道集成模型在不同时刻的容积率分布

（a）0 s；（b）0.10 s；（c）0.35 s

　　根据更接近实际流动状态的全流道集成模型充液过程及其制动特性的变化,将充液过程分为充液初始阶段、动轮充液阶段、充液过渡阶段和充液起效阶段4个阶段。

　　如图2-45所示,在0~0.10 s,全流道集成模型制动转矩和动轮轮腔内的充液率均为0,这是因为在充液初始阶段,油液主要在充液阀和蜗壳进口流道内流动,还未进入动轮轮腔内。由于全流道模型没有充液阀和蜗壳进口流道相关流体计算域,因此动轮充液率和制动转矩在充液初始阶段就开始上升。全流道集成模型的动轮充液率和制动转矩均为0。此阶段为充液初始阶段。

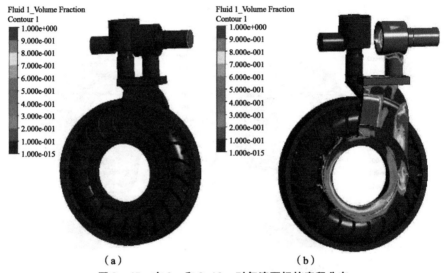

图2-45　在0 s和0.10 s时气液两相的容积分布

(a) 0 s; (b) 0.10 s

　　如图2-46所示,在0.10~0.22 s,动轮充液率开始上升,但是制动转矩并没有显著增加,这是因为此时油液开始通过充液阀和蜗壳进口流道向轮腔内部流动,而油液大部分都在动轮流道进口区域,只有少部分油液进入了动轮轮腔内部。此阶段为动轮充液阶段。

　　如图2-47所示,在0.22~0.33 s,动轮的充液率和制动转矩基本维持不变,这是因为在此阶段内由于动轮的高速旋转,油液经由动轮轮腔被甩向出油外环和放油阀,出油外环和放油阀的充液量迅速增加,而动轮轮腔内的充液量基本不变。由于出油外环和放油阀内充液量的增加对制动转矩没有影响,因此在此阶段内动轮轮腔充液率和制动转矩并未发生明显变化。此阶段为充液过渡阶段。

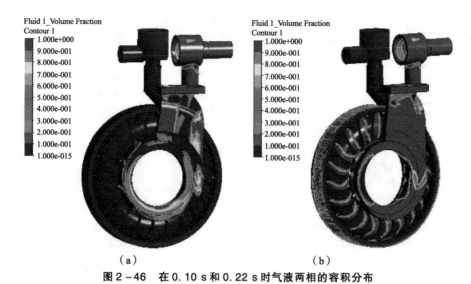

（a）　　　　　　　　　　　　（b）

图 2 - 46　在 0.10 s 和 0.22 s 时气液两相的容积分布

（a）0.10 s；（b）0.22 s

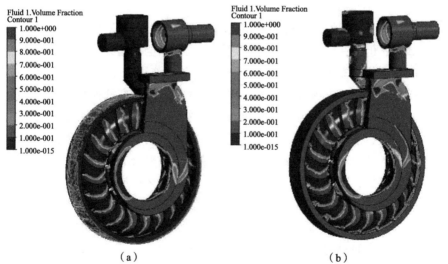

（a）　　　　　　　　　　　　（b）

图 2 - 47　在 0.22 s 和 0.33 s 时气液两相的容积分布

（a）0.22 s；（b）0.33 s

　　如图 2 - 48 所示，在 0.33 ~ 0.60 s，由于出油外环和放油阀基本已经充满油液，油液开始向动轮轮腔流动，动轮轮腔内的充液量迅速增加，因此动轮轮腔的充液率和制动转矩随时间的增加逐渐增加。此阶段为充液起效阶段。

　　由于在仿真过程中，假设动轮转速在充液过程中是保持不变的，因此在充液初始阶段和充液过渡阶段，动轮轮腔的充液率才能够维持恒定而不发生波动，制动转矩也能够维持恒定状态。

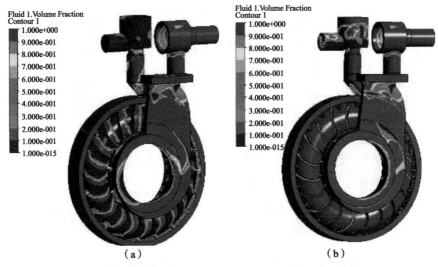

图2-48 0.33 s和0.60 s气液两相的容积分布

(a) 0.33 s；(b) 0.60 s

全流道集成模型的动轮充液率和制动转矩与全流道模型相比，在数值上基本是一致的，但是在时间上有一定的迟滞效应。以全流道集成模型的整个充液阶段为基础，依据充液率的变化规律，将整个充液过程划分为了充液初始阶段、动轮充液阶段、充液过渡阶段、充液起效阶段。在充液初始阶段，油液主要流向充液阀和蜗壳进口流道，此时动轮充液率和制动转矩没有显著变化；在动轮充液阶段，油液通过充液阀和蜗壳进口流道流向动轮流道充液区，而进入轮腔内部的油液较少，因此在此阶段动轮轮腔充液率会有所增加，但是制动转矩上升并不明显；在充液过渡阶段，油液向出油外环和放油阀流动，此时动轮充液率和制动转矩再次趋于稳定，没有显著变化；当对充液阀、蜗壳进口流道、出油外环和放油阀都完成充液后，进入充液起效阶段，即油液开始进入动轮轮腔内部，此时动轮充液率和制动转矩迅速增加。

从图2-49可以看出，在充液初始阶段，充液阀进出口的压差随着时间的变化迅速上升。这是因为在充液初期，油液主要在充液阀和蜗壳式进口流道内流动。随着时间的变化，充液阀里的充液量逐渐增多，流动损失随流量的增加而增加，因此充液阀的进出口压差迅速增大。当达到充液初始阶段的末期后，充液阀内基本充满了油液，因此充液阀进出口压差在充液初始阶段之后基本保持恒定。

如图2-50所示，蜗壳进口流道进出口的压差变化主要集中在充液初始阶段和动轮充液阶段。在充液初始阶段，蜗壳进口流道的压差先稍有下降，之后呈现迅速上升趋势。在初始阶段压差稍有下降的原因是该阶段油液开始进入蜗

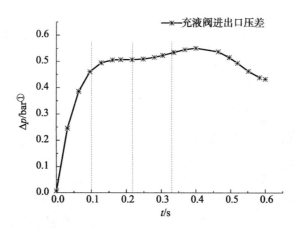

图 2 - 49 充液阀进出口压力差随时间的变化

壳进口流道的入口，如图 2 - 51（a）所示，入口处开始存在高速流动的油液，压力较低，而蜗壳远端出口处仍为气体，流速较低。在此之后，充液阀内虽然充液量并不多，但是油液也会经过充液阀流入蜗壳进口流道，少量油液经由进口流道进入动轮轮腔内部，如图 2 - 51（b）所示。

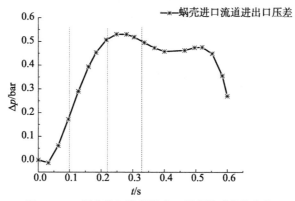

图 2 - 50 蜗壳进口流道进出口压差随时间的变化

油液在蜗壳进口流道和动轮进口接触地方的流动状态极为复杂，油液通过蜗壳进口流道进入动轮轮腔内部，动轮的高速旋转使进口流道和动轮接触地方的压力急剧降低，从而使蜗壳进口流道的进出口压差迅速增加。当在动轮充液阶段后期，蜗壳进口流道内基本充满了油液，油液经由进口流道向动轮轮腔的流动也趋于稳定，因此蜗壳进口流道的进出口压差变化幅度也较小。

———————————————

① 1 bar = 0. 1 MPa。

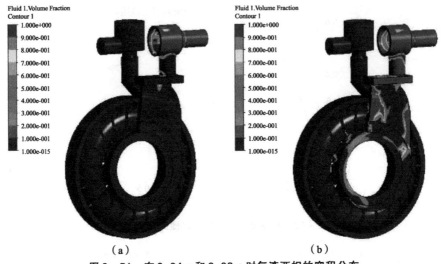

（a）　　　　　　　　　　　　（b）

图2-51　在0.04 s和0.08 s时气液两相的容积分布

（a）0.04 s；（b）0.08 s

从图2-52中可看出，在充液初始阶段和动轮充液阶段，出油外环的压差增长较为缓慢，这是因为在这两个阶段内油液并未流入出油外环流道。当进入充液过渡阶段，油液开始进入出油外环，由于出油外环的出口面积远远小于进口面积，而且出油外环的充液量逐渐增多，因此出油外环的压差在充液过渡阶段迅速上升。在充液起效阶段，虽然出油外环流道基本都已充满油液，但是在油液流入轮腔内部后，动轮的旋转将油液继续甩入出油外环，从而使得出油外环压差随时间的增加而迅速增加。

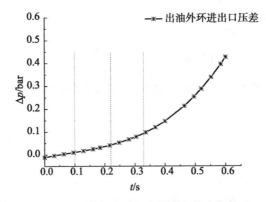

图2-52　出油外环压力差随时间的变化关系

如图2-53所示，无论是考虑轮腔和阀系的全流道集成模型还是只考虑轮腔的全流道模型，轮腔进出口压差的变化规律都与其相应模型制动转矩的变化规律是相同的。对于全流道集成模型而言，其轮腔进出口压差出现上升阶段恰好是在充液起效阶段，此时正是油液向缓速器轮腔内部充油的过程，轮腔内部充液量增多，由于动轮的高速旋转，更多的油液被甩向轮腔出口，因此轮腔出口的压力随之增加，从而使得轮腔进出口压差迅速增加。相对于全流道集成模型而言，由于全流道模型只有动轮和定轮，因此油液从开始时便进入轮腔内部，并且充液量不断增加，从而使得轮腔的进出口压差也迅速增加。

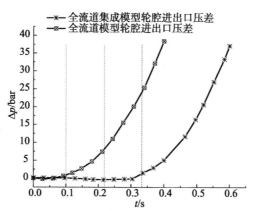

图 2 - 53　两种模型轮腔流道压差随时间变化关系

从图 2 - 54 可看出，对于全流道集成模型而言，相较于轮腔的进出口压差，其充液阀的进出口压差、蜗壳入口流道进出口压差和出油外环的压差数值偏小，变化不明显。无论是全流道模型还是轮腔流道模型，缓速器轮腔的进出口压差和制动转矩之间都近似呈线性关系，并且两种模型的线性度也是基本一致。而全流道集成模型由于制动转矩会有一定的迟滞效应，因此在低转矩时，两种模型的变化关系有所不同。相对于轮腔的进出口压差而言，充液阀的压差、蜗壳进口流道压差和出油外环的压差就显得比较小，变化不明显。

以划分的四个阶段为分界点，依次对充液阀、蜗壳进口流道、出油外环、轮腔进出口的压差进行分析。

充液阀进出口压差的变化主要在充液初始阶段，因为在此阶段油液刚刚进入整个缓速器系统，经由充液阀流向其他流道部分，充液阀的充液量迅速增加，所以充液阀进出口压差在充液初始阶段迅速上升，此后由于充液阀内基本充满油液，因此在另外三个阶段内，充液阀压差趋于稳定。

蜗壳进口流道压差的变化集中在充液初始阶段和动轮充液阶段。在这两个阶段，油液经由充液阀进入蜗壳进口流道，进而进入动轮轮腔。动轮旋转使蜗壳进口流道出口处压力迅速降低，从而使蜗壳进口流道的压差迅速增加。在此后的两个阶段，蜗壳进口流道压差的变化不明显。

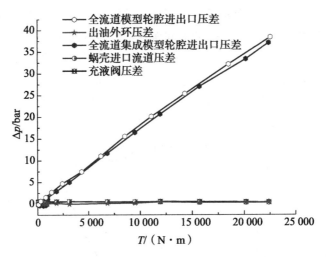

图2-54　两种模型各部分流道压差与制动转矩的关系

出油外环压差的变化集中在充液过渡阶段。在此阶段之前，由于出油外环内部没有油液，因此压差变化缓慢。在此阶段，由于油液经由动轮轮腔被甩入出油外环，因此其压差上升趋势明显。在此阶段之后，由于出油外环基本充满油液，而油液又不断被动轮轮腔甩入出油外环内，因此其压差随时间的变化而上升。

全流道集成模型动轮轮腔压差的变化主要集中在充液起效阶段。前三个阶段油液将其他部分流道基本充满，在此阶段开始对动轮轮腔进行充液，因此压差随时间的变化而迅速上升。

无论是全流道集成模型还是全流道模型，动轮轮腔压差与制动转矩均呈线性关系。

2.4.1.3　充液起效过程试验

为了确定仿真结果的准确性，我们设计了相应的台架试验来对其进行验证。台架试验包括全充液稳态工况和瞬态充液工况。液力缓速器台架试验的布置如图2-55所示。

全充液稳态工况是以液力缓速器的转速为变量，测试在不同转速下，缓速器轮腔在全充液工况下的制动转矩，图2-56所示为稳态工况下仿真和试验结果的对比。

从图2-56中可以看出，仿真模型所得到的缓速器制动转矩随转速的变化趋势与试验结果相同，并且仿真结果与试验结果的最大误差为14%。

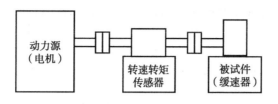

（a）

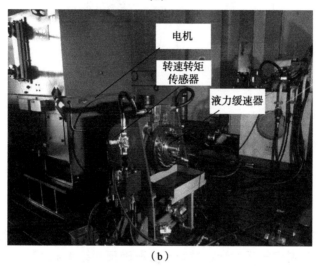

（b）

图 2－55　液力缓速器台架试验的布置

（a）试验设备示意；（b）台架试验现场

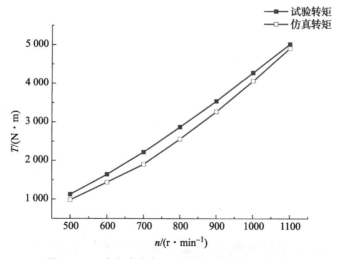

图 2－56　全充液稳态工况仿真与试验结果的对比

瞬态充液工况则是将缓速器的转速调整为一固定数值,并对缓速器进行充放油,观察缓速器的制动转矩随时间的变化,并根据台架试验条件重新进行瞬态工况的仿真分析。图 2－57 所示为液力缓速器的瞬态工况仿真结果与试验结果的对比,转速为 2 500 r/min。

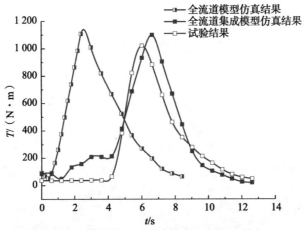

图 2－57　瞬态工况仿真与试验结果的对比

从图 2－57 可以看出,当仿真模型的进口流量与试验过程中缓速器的进口流量相同时,不考虑阀系的计算模型无法准确预测约 4 s 的起效迟滞;全流道集成模型仿真结果的制动转矩与试验结果的变化趋势是相同的,制动转矩起效时间的偏差不足 0.8 s,其计算结果更为准确。由于实际试验时供油流量较小,因此油液充满充液阀及蜗壳流道的时间也相应延长,相当于延长了迟滞的时间。因此试验结果及按试验条件仿真的模型的转矩响应约为 4 s。

对比全流道集成模型仿真结果和试验结果可以看出,在 1～4 s,全流道集成模型仿真所得到的转矩要高于台架试验所得到的转矩,这是因为全流道集成模型在仿真过程中没有考虑到温度的影响,而在试验过程中,1～4 s 内的温度达到了 80 ℃,这对油液的黏性有一定的影响。将全流道模型、全流道集成模型的制动转矩与试验结果进行对比,可以看出全流道模型制动转矩的变化趋势与二者相同,并且全流道集成模型以及试验的制动转矩起效时间要久于全流道模型,这进一步验证了充放油阀系流道对缓速器制动转矩起效具有一定的迟滞效应。

对液力缓速器稳态和瞬态的台架试验与仿真结果进行对比,验证了所建立仿真模型的准确性,也证明了三维流场仿真的可行性。

2.4.2　全流道轮腔及阀系一体化制动特性预测模型

考虑液力缓速器轮腔和阀系内部流动的集成流动模型对于获取给定工况内

部流动细节状态，以及相对准确地预测动态制动特性具有良好的效果，但这种对计算资源有着巨大需求的模型的缺点也同样很明显。为进一步获取包含轮腔与充放油控制回路的系统整体工作特性、预测多种复杂工况下的工作过程，我们进一步提出一种轮腔（液力子系统）及充放油阀系（液压子系统）一体化的仿真模型。

2.4.2.1　液力 – 液压一体化模型的特点

液力 – 液压一体化模型的特点是利用数据通信实现缓速器轮腔与充放油控制阀交界面处的流动参数传递，形成轮腔三维全流道模型与一维液压回路模型的实时、双向动态交互边界，从而建立能够实现对缓速器轮腔（液力子系统）、充放油回路流动及控制系统（液压子系统）的液力 – 液压一体化系统特性进行研究的一维与三维一体化仿真模型（一维 + 三维），取代轮腔及阀系集成流动模型（三维 + 三维）。

在研究由液力缓速器及其充放油控制系统组成的整体流动与控制系统的协同工作特性时，将以插装阀特性模型为基础建立的充放油控制系统一维模型与建立的轮腔流场计算三维模型利用 TCP/IP 接口联系起来，二者在缓速器的入、出口和充液控制阀的入、出口交换工作介质（油液）的流量及压力数据，即可得到液力缓速器及充放油控制系统一体化的开放轮腔模型[20]，整体模型组成如图 2 – 58 所示。

在开放轮腔模型中，充放油控制系统模型与轮腔流场计算模型在液力缓速器的入、出口处进行数据的交互，交互的参数为液力缓速器入、出口油液流量 Q_{in}、Q_{out}，以及入、出口压力 p_{in}、p_{out}。

充放油系统控制模型计算得到 Q_{in} 并将其传递给轮腔流场计算模型，后者以此为入口边界条件计算 p_{in} 并反馈给充放油控制系统。p_{in} 通过控制充液控制阀的开启，可以根据缓速器的实际工作情况，影响供油支路的供油流量，即当轮腔内接近全充液且压力较大时，较大的入口压力 p_{in} 会反馈给充放油控制系统，充液控制阀开始溢流。

轮腔流场计算模型计算得到的 Q_{out} 传递给充放油系统的放油阀模型中，后者以此为边界条件，通过先导减压阀控制压力及弹簧力等其他参数的共同作用，来决定放油阀的开启状态，并计算得到放油阀入口压力，即缓速器出口压力 p_{out} 反馈给轮腔流场计算模型以作为其数值模拟的出口边界条件。

这样，在入口流量 Q_{in} 与出口流量 Q_{out} 的共同作用下，实现对缓速器轮腔内部变充液率工况的仿真。当充放油控制系统模型和轮腔流场计算模型均达到收敛时，缓速器入口流量与出口流量达到平衡，轮腔充液率及控制阀开度稳定，

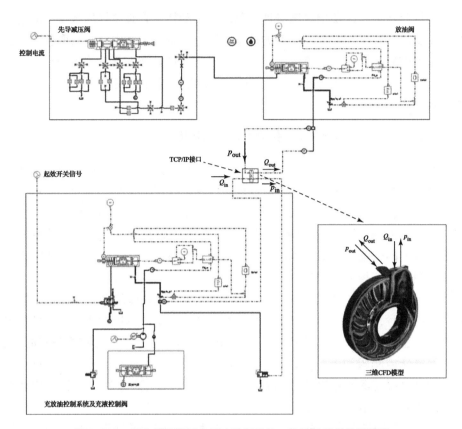

图 2-58　液力缓速器及充放油控制系统一体化的开放轮腔模型

系统达到稳定工作状态。在计算过程中，不同的参数设置对联合仿真的计算过程具有很大的影响，比如亚松弛因子和初始化状态等参数只有在设置合理时，才能在收敛水平和计算速度上实现较好的效果。

　　为解决以往液力缓速器动态制动特性流场仿真通常需要给定动轮转速，面对无法对给定系统进行动态特性预测的问题，我们考虑在实际制动过程中，动轮转速一方面是系统的输入，另一方面又在系统内部流动产生制动转矩的作用下发生变化，人为设定转速的方法势必给动态制动过程的仿真带来误差，同时也难以确定惯量等参数对系统实际作用效果的影响。针对这一问题，我们提出释放旋转方向自由度并设置转动惯量的方法，使动轮转速在惯量及流场计算所得的实际转矩的作用下动态变化更新，更新后的转速作为输入进行下一步的流场仿真计算，动轮转速不再作为必需的已知边界条件参与动态制动转矩的数值模拟，从而更接近实际工况下对实际瞬态制动过程的流场－转速耦合数值模拟，并通过台架试验对比验证。同时还利用该方法预测匹配不同惯量时，缓速器所能达到的制动转矩及转速的变化规律，这样为更好地研究缓速器系统的动态特性提供了一种有效的动态制动特性预测的仿真方法。

2.4.2.2　流场-转速耦合动态制动特性预测方法

轮腔流场计算模型如图 2-59 所示，模型与充放油阀系的流动边界条件由考虑阀系内部微观流动的阀系计算模型给出，这里为便于与其他缓速制动特性预测模型作对比，主要对计算制动外特性的液力子系统进行介绍，充放液系统控制模型对应的液压子系统及其控制效果将在后续章节作详细介绍。

对于以内部油液高速流动为典型工作状态的液力缓速器而言，从流场仿真的角度对液力缓速器开展研究是一种高效、灵活的手段。三维流场仿真的方法在基本外特性研究、叶栅系统优化、热力学特性研究及散热系统匹配等方面都得到了应用。但是由于传统流场仿真通常需要设置动轮转速值，因此一般只被应用于稳态特性，即固定转速下的仿真研究。少数对瞬态充液过程的研究也都是假设在较短时间内转速恒定[21]或者按照试验已知的转速拟合结果作为输入[22]。然而对实际的缓速器动态制动过程而言，动轮转速一方面是系统的

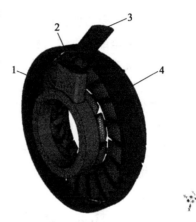

图 2-59　轮腔流场计算模型
1—动轮；2—入口；3—出口；
4—定轮

输入，另一方面又在系统内部流动产生的制动转矩的作用下发生变化，人为设定转速的方法势必给动态制动过程的仿真带来误差，同时也难以确定惯量等参数对系统实际作用效果的影响。

针对该问题，我们提出利用 6 自由度（6DOF）模型，通过释放旋转方向自由度并设置转动惯量，动轮转速在惯量及根据流场计算所得的实际转矩的作用下动态变化更新，更新后的转速作为输入进行下一步的流场仿真计算，从而实现对实际瞬态制动过程的流场-转速耦合数值模拟。通过台架试验对仿真结果进行了验证，同时利用该方法研究了在匹配不同惯量时，缓速器所能达到的制动转矩及转速的变化规律，为更好地研究缓速器系统的动态特性提供了一种有效的仿真方法[23]。

6DOF 模型提供了一种利用边界实际所受流体作用力，计算其平移和旋转运动的方法，其可以实现对缓速器动轮在实际受力情况下动轮转速的瞬态模拟。对于旋转运动，其控制方程为

$$\dot{\boldsymbol{\omega}}_B = \boldsymbol{L}^{-1}(\sum \boldsymbol{T} - \boldsymbol{\omega L\omega}) \tag{2.40}$$

式中，$\boldsymbol{L}$ 为惯性张量；$\boldsymbol{T}$ 为所受转矩矢量；$\boldsymbol{\omega}$ 为角速度。

在实际仿真计算中，先根据前一时刻的压力分布等流场仿真结果，计算出运动部件的受力，然后根据受力和质量、惯量等，求解物体的加速度和角加速度来计算下一时刻的速度、角速度，从而实现根据实际流场受力确定物体运动状态的目的。对于液力缓速器而言，仅需求解动轮绕其轴线旋转的一个自由度的运动即可，并根据实际情况设置转动惯量，以实现对液力缓速器实际动态制动过程的模拟。

以紧急制动过程为例，利用 VOF 模型对两相流动进行模拟，在初始情况下，缓速器轮腔内部全部为气体，从 0 时刻开始，给予入口油液流量边界入口，实现对动态充油工况的模拟。在计算过程中设置外环充液率 q_o，动轮充液率 q_r 及定轮充液率 q_s 和动轮的转速 n、转矩 T 作为监控变量，图 2 – 60 所示为制动过程整体油液体积分数（即充液率）的变化，可以发现在整个缓速制动过程中，充液率持续增加，直到约 6 s 时，轮腔达到近满充液状态。在此过程中，动轮转速在制动转矩作用下逐渐降低，而制动转矩在动轮转速降低和充液率增加的耦合作用下，呈现先增加、后减小的趋势。充液率的变化如图 2 – 61 所示。

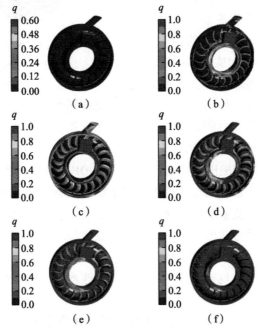

图 2 – 60 制动过程的充液率变化

（a）$t = 0$ s；（b）$t = 1$ s；（c）$t = 2$ s；（d）$t = 3$ s；（e）$t = 5$ s；（f）$t = 7$ s

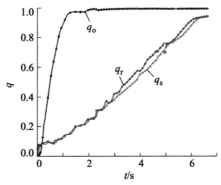

图 2 - 61　制动过程充液率的变化

结合充液率变化数值及相应云图可见：充液过程中，在动轮充液率达到较小数值（约为 $q = 0.1$）后，油液在离心力的作用下先将外环充满，之后轮腔的充液率才继续增加。轮腔内部处于油、气两相流动时，在周向和轴向均表现为较明显的分层现象：在周向油液分布在靠近叶片一侧，在轴向则分布在循环圆外侧，气体聚集在流道内部，符合气液分层的两相流动理论预测[24]。

2.4.2.3　动态制动特性预测方法试验验证

为验证动态制动特性预测模型的正确性，我们搭建液力缓速器试验台架，进行液力缓速器动态制动过程试验。试验系统原理及实际布置如图 2 - 62 所示，试验系统主要包括动力源（电机），转速、转矩传感器，液力缓速器本体及为其供油的泵站等。

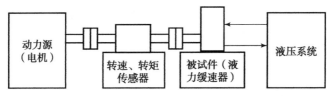

图 2 - 62　液力缓速器制动特性试验系统原理与实际布置

在进行动态制动过程试验时，先利用电机带动缓速器动轮，使其稳定到设定转速（2 640 r/min），然后切断电机动力，同时给液力缓速器充液控制阀起效信号，使充液阀打开，向缓速器轮腔内部充油。随着油液进入缓速器轮腔，系统开始产生制动转矩，在制动转矩的作用下，不再有动力加载的动轮转速逐渐降低，直到制动结束，动轮转速降为较低值。在此过程中记录缓速器的转速与转矩的变化趋势，即为动态制动过程。将试验所得结果与仿真结果进行对比，得到转速、转矩的变化如图 2 - 63 所示。

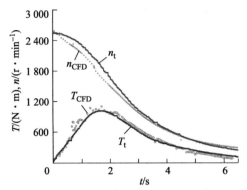

图 2 – 63　缓速器动态制动过程转速、转矩的变化

通过对比可以发现：对缓速器实际工作时充液率增加、转速被动降低的耦合作用过程，基于 6DOF 的动态流场仿真方法对液力缓速器制动过程的描述在整个制动阶段内能够较好地符合试验结果。在高速制动阶段（1~3 s），由于仿真的制动转矩值稍大，转速的下降也稍快于试验值，但从整体上看，6DOF 对转矩与转速变化规律的预测与试验结果的差异在 9% 以内，因此在实际工程应用中，可以在试验条件不能完全满足的条件下，利用该方法预测缓速器制动系统的响应，将其作为缓速器系统匹配设计、性能预测时的补充手段。

在上述仿真与试验中，系统的转动惯量较小，约 17 kg·m²，与按实际整车质量及传动比换算的惯量差别较大。利用本研究提出的仿真研究方法在仿真时通过设定不同的 z 向惯量数值就可以方便地实现对在整车车重下的实际制动过程的模拟。模拟结果如图 2 – 64 所示。

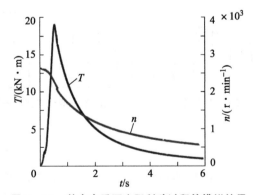

图 2 – 64　整车车重下实际制动过程的模拟结果

当在较小的惯量下仿真时，由于在制动转矩下转速下降较快，即使在充液率持续增加的情况下，制动转矩最大也只能达到 1 200 N·m 左右。而由图 2 – 64 所示的仿真结果可见：当系统惯量对应实际车重时，由于转速的下降相对

于充液率变化较慢，即系统可以在较高转速下达到较高充液率，使可以达到的制动转矩大大增加，算例中甚至可达 1.9×10^4 N·m，因此该方法可以用于对不同整车惯量下缓速器能够实际达到的制动转矩进行预测，从而实现整车质量与缓速器制动能力的最佳匹配效果。

参 考 文 献

[1] 王峰. 基于流场分析的液力减速器制动性能研究 [D]. 北京：北京理工大学，2007.

[2] 邹波，朱丽君，闫清东，魏巍. 液力缓速器制动性能建模与叶栅参数优化研究 [J]. 汽车工程，2012，34（5）：409-413.

[3] 鲁毅飞，颜和顺，项昌乐，等. 车用液力减速器制动性能的计算方法 [J]. 汽车工程，2003，25（2）：155，182-185.

[4] 吴军，谷正气，钟志华. SST 湍流模型在汽车绕流仿真中的应用 [J]. 汽车工程，2003，25（4）：326-329.

[5] 谷正气，姜波，何忆斌，等. 基于 SST 湍流模型的超车时汽车外流场变化的仿真分析 [J]. 汽车工程，2007，29（6）：494-496，527.

[6] 李慧渊. 基于三维流场理论的液力减速器设计研究 [D]. 北京：北京理工大学，2009.

[7] 卢秀泉，褚亚旭，才委，等. 基于一维束流理论的液力减速器部分充液特性预测 [J]. 吉林大学学报：工学版，2011，41（4）：988-992.

[8] 魏巍，李慧渊，邹波，等. 液力减速器制动性能及其两相流分析方法研究 [J]. 北京理工大学学报，2010，30（11）：1281-1284.

[9] 王峰，闫清东，马越，等. 基于 CFD 技术的液力减速器性能预测研究 [J]. 系统仿真学报，2007，19（6）：1390-1392，1396.

[10] 冯宜彬，过学迅. 液力减速器内流场的 CFD 数值模拟研究 [J]. 汽车工程，2009，31（4）：353-356.

[11] 何仁，严军，鲁明. 液力缓速器三维数值模拟及性能预测 [J]. 汽车工程，2009，31（3）：250-252，266.

[12] 邹波. 车用液力减速器性能预测设计方法研究 [D]. 北京：北京理工大学，2011.

[13] 严军，过学迅，汪斌，等. 车辆液力缓速器内腔压力特性分析及建模 [J]. 汽车工程，2010，32（4）：308-313.

[14] 杨涛. 液力缓速器流场仿真及有限元分析 [D]. 武汉：武汉理工大

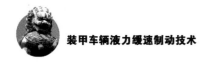
学，2009.

[15] 李宝锋，魏巍，闫清东. 液力缓速器气动控制特性研究 [J]. 车辆与动力技术，2014 (4)：11 – 14.

[16] 周洽. 车用大功率液力减速器电液比例充放液控制技术研究 [D]. 北京：北京理工大学，2014.

[17] 韩萍. 液力缓速器用气动比例压力阀设计及其关键技术研究 [D]. 杭州：浙江大学，2013.

[18] 魏巍，邝男男，孔令兴，等. 充液阀系对液力缓速器制动转矩起效的迟滞影响 [J]. 机械工程学报，2019，55 (10)，222 – 230.

[19] 邝男男. 液力缓速器液力 – 液压系统集成流动动态特性分析与试验研究 [D]. 北京：北京理工大学，2018.

[20] 孔令兴. 液力缓速器及其充放油系统一体化建模与仿真研究 [D]. 北京：北京理工大学，2019.

[21] 孔令兴，魏巍，闫清东. 液力缓速器关键工作参数全流道数值模拟研究 [J]. 华中科技大学学报：自然科学版，2017，45 (3)：111 – 116.

[22] 闫清东，邹波，魏巍，等. 液力减速器充液过程瞬态特性三维数值模拟 [J]. 农业机械学报，2012，43 (1)：12 – 17.

[23] 魏巍，孔令兴，李一非，等. 液力缓速器动态制动过程特性预测方法 [J]. 华中科技大学学报，2019，47 (12)：25 – 29.

[24] 闫清东，邹波，魏巍. 液力减速器部分充液工况制动性能计算方法研究 [J]. 北京理工大学学报，2011，31 (12)：1396 – 1400.

第 3 章

空 转 功 率 损 失 抑 制

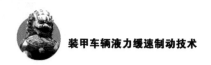

|3.1　典型空损抑制机构概述|

当液力缓速器处于非制动工况时，工作腔内未充注液体而是充满气体，由于液力缓速器动轮与车辆传动系统相连而具有旋转速度，旋转的动轮叶片带动气体冲击定轮叶片，因此工作腔内的气体循环流动而产生一定的功率损失，这种损失称为液力缓速器的空转功率损失，简称空损。

液力缓速器的制动转矩和其动轮转速平方成正比，即动轮转速越高，空转时空气产生的制动转矩和相应空损也就越大[1]。在非制动工况下空损与其他机械损失相比，空损所占比重相对较大，约为所传递功率的4%。且液力缓速器在车辆运行的大多数时间内多处于非制动工况，若不解决空损问题，则加装液力缓速器的车辆会由于过大的空损导致工作效率明显降低，因此对空损抑制技术的研究十分必要。

目前，液力缓速器空转损失的分析与抑制已得到高度关注，国内外学者对此开展了一系列相关研究[2-4]，并提出离合器式、真空式、挡片式和扰流柱式几种典型的空损抑制机构，分别通过降低动轮转速、减小工作腔内气体密度或扰动气体循环流动的方式实现空损的抑制和车辆功率利用率的提升。

3.1.1　离合器式空损抑制机构

在离合器式空损抑制机构（图3-1）中，在制动时，离合器接合，所产生的制动转矩通过转子 6、离合器主从动摩擦片 7 和 8 经一对斜齿轮 9、2 啮合增扭后传到车辆主传动轴 3，使车速降低；在不制动时，离合器分离，斜齿轮 9 带动离合器从动摩擦片 8 空转，液力缓速器转子 6 处于静止状态，腔内不会形成气流，可以彻底消除泵气损失，但其缺点是需要专门的控制执行机构[5]。

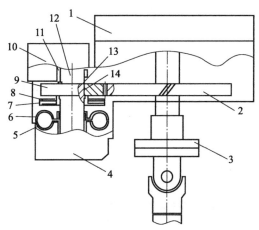

图 3 - 1　离合器式空损抑制机构

1—变速器；2，9—斜齿轮；3—主传动轴；4—热交换器；5—定子；6—转子；7—主动摩擦片；
8—从动摩擦片；10—机体；11—圆柱轴承；12—输入轴；13—挡圈；14—轴套

3.1.2　真空式空损抑制机构

真空式空损抑制机构（图 3 - 2）是根据液力缓速器空转时工作腔内的气体密度与动轮转矩成正比的关系，通过降低缓速器工作腔 12 内的空气压强或密度以达到降低空转损失的目的[6]。其工作过程如下：

（1）传感器 13 判断转子转速，挡位是否为零。

（2）比较缓速器工作腔 12 空气压强 p_N 与设定的压强值 p_S。

（3）若 $p_N > p_S + A$（其中 $p_J < p_S < p$，式中 p_J 为真空泵 3 能达到的最低极限空气压强，p 为标准大气压，A 为压强常数），则真空泵 3 通电，开启抽气管道 2 的电磁阀 1，开始工作抽气。

（4）同时，比较缓速器工作腔 12 空气压强 p_N 与设定的压强值 p_S。

（5）若 $p_N < p_S - A$，则关闭抽气管道 2 的电磁阀 1 且真空泵 3 停止抽气工作。

这套装置虽然可以有效降低空损，但其由于需要真空泵、电磁阀、传感器和控制机构等一系列外加机构，不但增加成本，而且装在车上占用较大的空间，所以给车辆总布置带来较大难题。

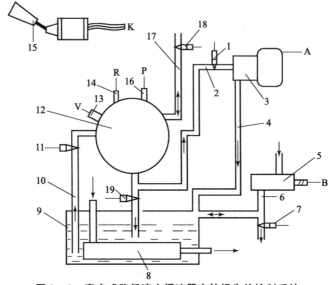

图 3 - 2　真空式降低液力缓速器空转损失的控制系统

1—电磁阀；2—抽气管道；3—真空泵；4—排气管道；5—空气比例阀；
6—压缩空气管；7—排气电磁阀；8—散热器；9—储油箱；10—进油道；11—进油道电磁阀；
12—缓速器工作腔；13—转子转速传感器；14—油压传感器；15—挡位开关；
16—空气压强的传感器；17—大气压管道；18—通气电磁阀；19—旁通电磁阀

3.1.3　挡片式空损抑制机构

挡片式空损抑制机构（图 3 - 3）是通过挡住部分流道，减小循环圆有效直径，对空气流动进行扰动来降低空损。

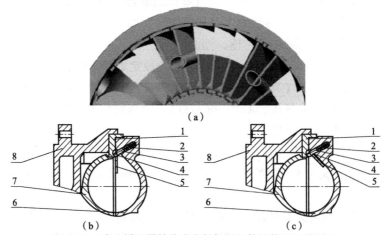

图 3 - 3　液力缓速器挡片式空损抑制机构结构及工作原理

（a）液力缓速器挡片机构结构；（b）装置起效时；（c）装置无效时

1—销轴安装座圈；2—弹簧；3—钢球；4—挡片旋转销轴；5—挡片；6—定轮；7—泵轮；8—壳体

当车辆处于正常行驶的非制动工况时，挡片开启（图 3 – 3（b）中挡片与定轮轴面平行），挡住部分流道，减小了缓速器循环圆的有效直径，改变了气体循环流动平均速度，进而降低了空转损失。当车辆制动时，因油液的密度和流速相对较高，油液以较高流速及较大的力冲击挡片，挡片被推开至与定轮叶片贴合（图 3 – 3（c）），这样油液就没有受到任何阻隔进入定轮流道内循环流动，此时缓速器循环圆有效直径恢复原来的大小，与没有安装挡片时相同，不会影响正常制动转矩的产生。在制动过程结束后，缓速器内部油液排出到油箱内，挡片在弹簧的作用下回到初始位置，通过减小循环圆有效直径来继续降低空损[7]。这种结构的缺点是挡片可能出现卡住失效现象，不能有效地降低空损和提供有效制动转矩。

3.1.4　扰流柱式空损抑制机构

柱塞式扰流装置如图 3 – 4 所示，与挡片式类似，其是通过减少循环圆通流面积，对气体流动进行扰动来降低空转功率损失，而在制动时该装置不起作用以保证循环流道正常运行。

当液力缓速器空转时，气体在扰流柱挡片两侧形成压差较小，不足以克服弹簧力将挡片压入扰流柱腔体内，伸出的挡片阻碍空气循环流动可以降低空损；而当缓速器充入油液时，循环流动的油液会冲击扰流

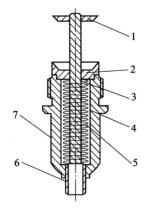

图 3 – 4　柱塞式扰流装置
1—扰流盘；2—扰流盘座；
3—弹簧座；4—导向杆；
5—压缩弹簧；6—导管；
7—壳体

柱挡片，挡片两侧形成的压差可以克服弹簧力而将挡片压入扰流柱腔体内，此时扰流柱不会对制动油液的循环流动产生影响，处于未起效状态[8]。

这种空损抑制机构不但可以有效降低空损，而且相比于其他几种抑制空转损失的结构，其具有结构简单、成本低廉、可靠性高和更换方便等优点，本章主要对扰流柱式空损抑制机构开展研究。

|3.2　扰流柱式空损抑制机构|

3.2.1　扰流空损抑制性能分析

动轮与定轮的结构分别如图 3 – 5（a）、（b）所示，扰流柱被安装在定轮

靠近外环处，其分布状态如图 3 – 5（b）所示。

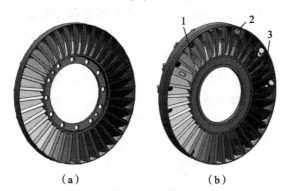

（a）　　　　　　　　（b）

图 3 – 5　某车用液力缓速器的结构

（a）动轮；（b）定轮

1—进油孔；2—扰流柱；3—出油孔

扰流柱由挡片和腔体两部分组成，其结构如图 3 – 6 所示。挡片顶端一般为圆台结构并靠近定轮入口迎向来流方向，为避免挡片与叶片干涉，挡片中心轴线在相邻两叶片中间分布。扰流柱腔体内装有弹簧，挡片可在外部油液压力作用下克服弹簧力轴向运动，其受力平衡方程为

$$F_0 + k \cdot \Delta x = A \cdot \Delta p \tag{3.1}$$

式中，F_0 为弹簧预紧力，N；k 为弹簧刚度，N/mm；Δx 为扰流柱挡片位移，mm；A 为挡片顶部面积，mm^2；Δp 为挡片顶部所受平均压差，MPa。

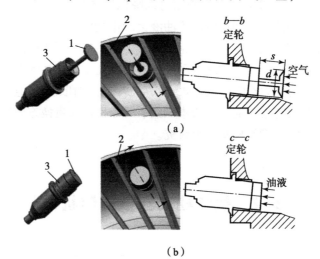

（a）

（b）

图 3 – 6　扰流柱结构

（a）空转状态下扰流柱状态；（b）充液状态下扰流柱状态

1—扰流柱挡片；2—定轮叶片；3—扰流柱腔体

当液力缓速器不充液即空转时，气体在扰流柱挡片两侧形成压差较小，不足以克服弹簧力将挡片压入扰流柱腔体内，此时扰流柱起效的工作状态如图3-6（a）所示，伸出的挡片阻碍空气循环流动可以降低空损；而当缓速器充入油液时，循环流动的油液会冲击扰流柱挡片，挡片两侧形成的压差可以克服弹簧力而将挡片压入扰流柱腔体内，如图3-6（b）所示，此时扰流柱不会对制动油液的循环流动产生影响，处于未起效状态。

为研究液力缓速器在空转及低充液率状态下的特性，将叶片简化并忽略进出油口。取含有两个叶片、两个扰流柱的周期流道作为计算模型，如图3-7（a）所示；另外为有效衡量扰流柱对空损的抑制作用，取未安装扰流柱的周期流道如图3-7（b）所示，以进行对比研究。图3-8所示为两种状态下对应的网格计算模型。在网格划分环节中，对于安装扰流柱的定轮流道，采用几何适应性强的四面体非结构网格[9]，而对于流道结构相对简单的动轮则采用更利于计算的六面体O形结构网格，并对动、定轮之间的流动交互面区域与扰流柱区域进行局部网格加密处理[10]，整套网格总数约为380 000，如图3-8（a）所示；而对于未安装扰流柱的流道模型，由于其动轮与定轮流道结构较为简单，故统一采用六面体O形结构网格，整套网格总数约为67 000，如图3-8（b）所示。以上两套网格质量均高于0.45。

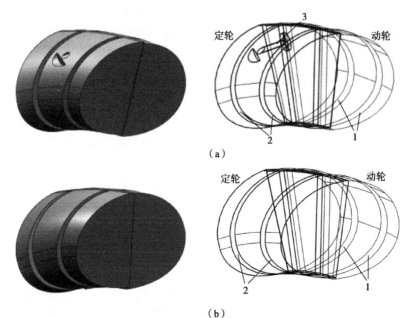

图3-7 周期流道

（a）空转状态下流道模型；（b）充液状态下流道模型

1—动轮叶片；2—定轮叶片；3—扰流柱

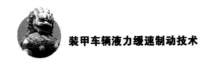

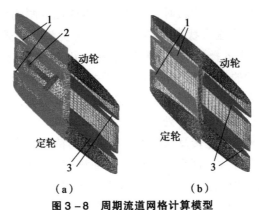

（a）　　　　　　　　　　（b）

图3-8　周期流道网格计算模型

（a）空转状态下流道网格模型；（b）充液状态下流道网格模型

1—定轮叶片；2—扰流柱；3—动轮叶片

　　当液力缓速器不充油液即处于空转工况时，工作介质为空气，假设其密度不随温度的变化而变化。当轮腔内未充注液体而全为空气时，内部压力较低，将腔内参考压力设为1个大气压。由于液力缓速器动轮高速旋转而定轮静止不动，因此将动、定轮流道控制体网格置于动、静同轴旋转坐标计算域下进行计算。流场分析采用循环周期边界条件。由于扰流柱分布的结构特征，这里取与动轮与定轮对应的两片叶片，未开设进油孔的叶片为叶片1，开设的为叶片2。在动轮最高转速下，液力缓速器是否安装扰流柱的两种情况的空气循环流线分布如图3-9所示。

　　对于未安装扰流柱的模型，空气的循环流动比较规则，其从循环圆外环到中心的速度梯度较大，最高速度为250 m/s，并有强烈的涡旋在循环圆内部产生。动轮叶片以极高速度搅动空气使其速度升高，在动轮流道中速度由入口到出口逐渐增加，在出口靠近外环处达到最大值；在定轮流道中由于气体能量逐渐消耗，因此速度在入口处为最大值，并且由入口到出口逐渐降低。在动轮出口与定轮入口处出现空气流动高速区，如图3-9（a）的A处。而对于安装扰流柱的模型，由于扰流柱挡片安装在定轮入口处，这对此处的空气循环流动产生较强的阻碍，如图3-9（b）的B处，因此空气整体流速降低，高速区分布范围也相应减小。由于扰流柱影响了空气的循环流动，流线分布较为杂乱且流速降低，涡旋现象也没有未安装扰流柱时强烈。另外，扰流柱周围的流线分布较为稀疏，即气体在扰流柱位置处的流量降低。由此可见，在动轮转速相同的条件下，扰流柱在起效工况下可以降低空气循环流动面积，即减小工作腔循环圆的有效直径，减弱涡旋强度并降低空气流速，有效阻碍空气的正常循环流动，从而降低空转损失。

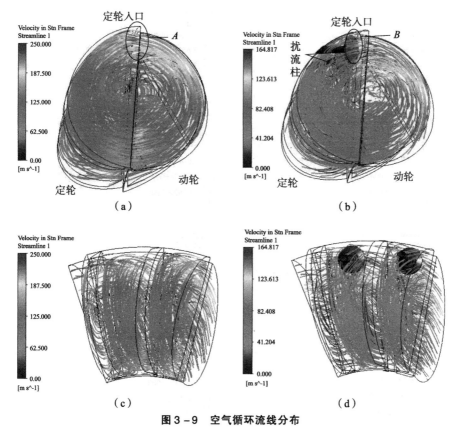

图 3-9　空气循环流线分布

（a）未安装扰流柱切向视图；（b）安装扰流柱切向视图；
（c）未安装扰流柱轴向视图；（d）安装扰流柱轴向视图

在动轮最高转速工况下，在有扰流柱与无扰流柱情况下动轮叶片压力面的压力分布如图 3-10 所示，定轮压力面的压力分布如图 3-11 所示。

在叶片压力面上压力分布有明显的层状分布特性，即低压区出现在叶片内侧（循环圆中心），而从叶片内侧到叶片外侧（循环圆外环），压力逐渐增大，这是由于外环处速度大，冲击作用强，因此在叶片表面产生的压力变大。由于直接搅动空气，在动轮压力面根部出现高压区，同样由于受到动轮流出的高速空气冲击，定轮冲击面根部也出现了部分高压区。

扰流柱圆片上端由于处于迎风位置，在其轴面上也出现了高压区。由于动轮叶片 2 结构更复杂，其表面的压强值比叶片 1 表面的压强值更高，分布更加不均匀，这证明了不同的叶片结构对其表面的压强值及其他性能有很大的影响。

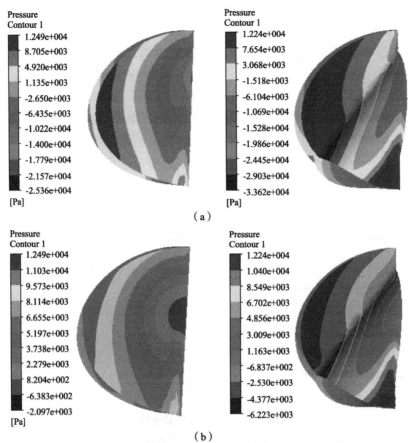

图 3-10　有、无扰流柱情况下动轮叶片 1 和叶片 2 压力面的压力分布
（a）未安装扰流柱；（b）安装扰流柱

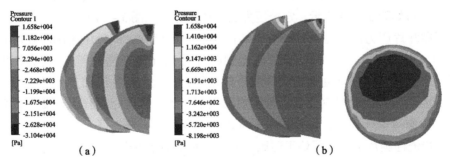

图 3-11　有、无扰流柱情况下定轮叶片压力面的压力分布及扰流柱挡片压力分布
（a）未安装扰流柱；（b）安装扰流柱

由图 3-11 分析可知：安装扰流柱的叶片比未安装扰流柱的叶片压力面的压强值小，并且叶片上高压区的分布也不如无扰流柱情况下的范围广。这是因

为扰流柱对工作腔内的气体流动产生扰动效应，空气流速降低，相应的气体动量降低，撞击叶片产生的压力也就随之降低，从而产生的转矩降低，空转功率损失降低。这进一步说明了液力缓速器在安装扰流柱后可以有效降低空气流速，减小空气对叶片的冲击，从而抑制空损效应带来的功率损失。另外，叶片表面压力低可以保证其他条件相同的情况下，安装扰流柱的缓速器的叶片寿命较长。

　　分别计算不同动轮转速下的转矩和空损，得到有、无安装扰流柱液力缓速器的空损抑制效果如图 3 – 12 所示。由图可见，在仿真最高动轮转速工况下，

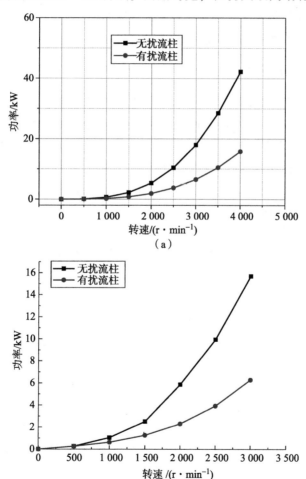

图 3 – 12　扰流柱空损抑制效果

（a）空损仿真结果；（b）空损试验结果

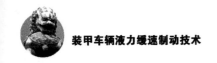

加装扰流柱后的空损不到无扰流柱机构的40%，扰流柱的空损抑制效果明显。通过对微观流场参量分析对比得到，缓速器在安装扰流柱后叶片上的压力和气体的流速均有所降低，且流线更加混乱，涡旋强度降低，这进一步说明了缓速器安装扰流柱可以有效降低空损，提高车辆的行驶效率。

3.2.2 扰流柱结构参数对空损的影响

制动转矩的降低主要是由循环圆有效直径 D 降低或者内部气体流速的降低引起的，我们可以从这两方面着手来分析空损的机理。以下通过分析扰流柱挡片尺寸、扰流柱数量及扰流柱分布形式3个参数对缓速器空损和流场特性的影响，来指导后续的扰流柱结构设计。

1. 扰流柱挡片尺寸

扰流柱挡片尺寸影响叶片之间流道过流截面的大小，进而影响工作腔循环圆的有效直径。挡片尺寸过小，在同样结构尺寸下达不到扰流、降低空损的效果；挡片尺寸增加可以减小空气循环流动面积，即减小工作腔循环圆的有效直径，起到阻碍空气循环流动、降低空气流速与减弱涡旋强度的作用，从而降低空损。但是挡片尺寸并不能无限增大，必须考虑到叶片之间空间的约束，保证扰流柱机构能够被装进去而不形成干涉。根据缓速器样机叶片之间的间隔确定扰流柱挡片的最大直径，对选定的3个直径挡片，即16 mm、19.5 mm和24 mm分别进行气相数值仿真计算，并对比分析其结果。

图3-13~图3-16所示为在扰流柱挡片尺寸不同时，两种动轮叶片、定轮叶片以及挡片压力面的压力分布，由图可见动轮叶片明显比定轮叶片上的压力高，这是由于动轮叶片直接搅动空气，气体的流速高，因此相应叶片上的压力高。压力分布在叶片上呈现出明显的层状分布特性，即低压区出现在叶片内侧（循环圆中心），而从叶片内侧到叶片外侧（循环圆外环），压力逐渐增大。扰流柱挡片上端由于处于迎风位置，其轴面上也出现了高压区。

随着扰流柱挡片尺寸的增加，动轮、定轮、扰流柱挡片上的压力明显呈逐渐降低的趋势。这是因为扰流柱挡片降低了气体的流通面积，进而降低了缓速器循环圆有效直径，从而降低了转矩及空损。随着扰流柱挡片尺寸的增加，扰流柱遮挡气体流动的空间越多，循环圆有效直径越小，从而气体的流速越小、对叶片和挡片的冲击作用越弱，则叶片上的压力越低，产生的转矩越小，进而空损越小。

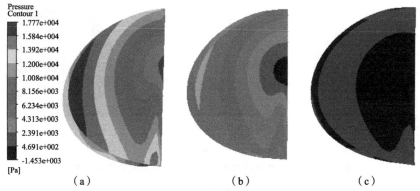

图 3 - 13　扰流柱挡片尺寸不同时动轮叶片 1 压力面的压力分布

（a）$D = 16$ mm；（b）$D = 19.5$ mm；（c）$D = 24$ mm

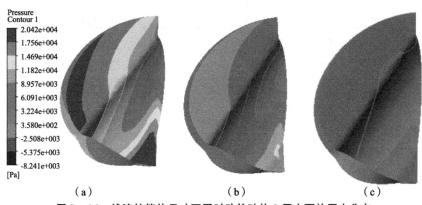

图 3 - 14　扰流柱挡片尺寸不同时动轮叶片 2 压力面的压力分布

（a）$D = 16$ mm；（b）$D = 19.5$ mm；（c）$D = 24$ mm

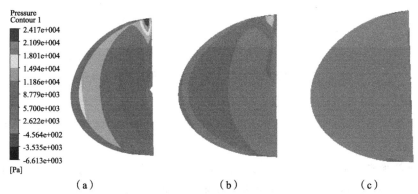

图 3 - 15　扰流柱挡片尺寸不同时定轮叶片压力面的压力分布

（a）$D = 16$ mm；（b）$D = 19.5$ mm；（c）$D = 24$ mm

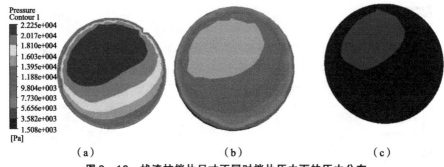

图3-16 扰流柱挡片尺寸不同时挡片压力面的压力分布

（a）$D = 16$ mm；（b）$D = 19.5$ mm；（c）$D = 24$ mm

从图3-17的速度矢量分布可以看出，定轮入口、动轮出口处均出现了局部流速较高的区域。这是由于气体在动轮的带动下旋转，从动轮入口到出口是一个气体加速的过程，其到动轮出口处达到最大值，冲击定轮叶片；从定轮入口到出口是一个消耗气体能量的过程，流速逐渐降低，则在定轮入口处流速最高。对三种不同尺寸挡片时的速度矢量分布进行比较可知，随着扰流柱挡片尺寸的增加，流道内部整体速度矢量逐渐减小。这是由于随着扰流柱挡片尺寸的增加，扰流柱遮挡气体流动的空间增大，循环圆有效直径减小，从而气体的流速、动量减小，产生的转矩变小，进而空损减小。这进一步说明了在空间允许的情况下，扰流柱挡片的尺寸越大，其空损抑制效果越好。

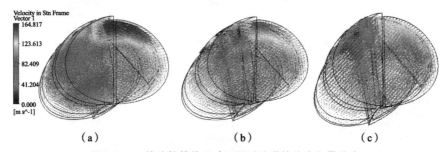

图3-17 扰流柱挡片尺寸不同时流道的速度矢量分布

（a）$D = 16$ mm；（b）$D = 19.5$ mm；（c）$D = 24$ mm

扰流柱挡片尺寸不同时，在不同转速下缓速器产生的转矩和空损的曲线如图3-18所示。

随着扰流柱圆形挡片面积的增大，转矩和空损都呈明显的下降趋势，而且当直径达到24 mm的时候，缓速器产生的转矩不足10 N·m，空损为4.5 kW，与不带扰流柱时的空损相比降低了近90%。这样大幅度降低了空损，达到了优化的目的。由此可以得到在定轮叶片之间空间允许的情况下，挡片面积越

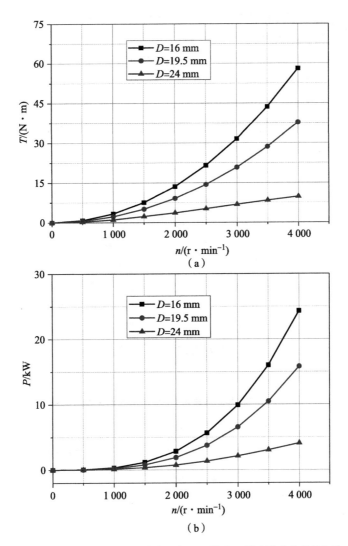

图 3－18　安装不同尺寸扰流柱挡片时在不同转速下缓速器产生的转矩和空损

（a）制动转矩；（b）空损

大，降低空损效果越好的结论。这是因为挡片尺寸增加可以减小空气循环流动面积，即减小工作腔循环圆的有效直径，又因转矩与有效直径的 5 次方成正比，则转矩相应大幅度降低。扰流柱结构起到阻碍空气循环流动、降低空气流速与减弱涡旋强度的作用，从而降低空损。

2. 扰流柱数量

由上述分析可知，扰流柱可以降低气体的流通面积，进而降低缓速器循环圆的有效直径，从而降低空损。为进一步验证这个结论的普遍适用性，我们改变扰流柱的数量，研究其对空损的影响。

为对应 24 个定轮叶片数，选取扰流柱的数目分别为 24 个（叶片间隙全部分布扰流柱）、12 个（隔一个叶片分布一个扰流柱）和 8 个（隔两个叶片分布一个扰流柱），对这 3 种扰流柱均布的情况进行对比分析。为了有效研究扰流柱数量对转矩产生的影响，我们用全流道模型进行仿真计算，图 3－19 所示为扰流柱数目为 24 个时定轮的全流道模型。

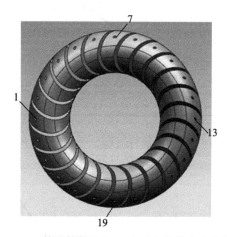

图 3－19　扰流柱数目为 24 个时定轮的全流道模型

在动轮最高转速工况下，动轮及定轮上的压力分布如图 3－20 和图 3－21 所示。在相同扰流柱数量及分布下，动轮上的压力比定轮上的稍高一些，高压区的范围也较大。这是因为动轮直接搅动空气，其附近的流速比定轮的高，动量也相应较高，其对动轮的冲击作用相应增加。

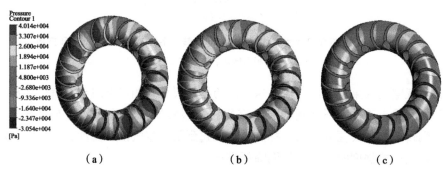

图 3－20　扰流柱均布个数不同时动轮的压力分布

（a）8 个扰流柱；（b）12 个扰流柱；（c）24 个扰流柱

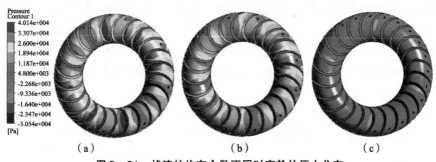

图 3 - 21 扰流柱均布个数不同时定轮的压力分布

（a）8 个扰流柱；（b）12 个扰流柱；（c）24 个扰流柱

当扰流柱均布时，随着扰流柱数 Z 的增加，动轮和定轮上的整体压力逐渐降低，高压区的范围逐渐减小。由于扰流柱数量越多，扰流柱遮挡气体流动的面积越多，从而缓速器的循环圆有效直径越小，因此气体的流速越低，对叶片的撞击力越小，则叶轮上的压力越低。这进一步说明了扰流柱数量越多，对气体的扰动程度越大，流速越低，产生的转矩越小，进而空损相应降低。

选取相同位置处的扰流柱挡片压力，将其绘成挡片压力曲线。当扰流柱均布且其数目分别为 8 个、12 个、24 个时，在相同扰流柱位置处的挡片压力变化情况如图 3 - 22 所示。一方面，随着扰流柱数目的增加，挡片上的压力逐渐降低，即 24 个扰流柱均布时挡片压力最低。挡片上的压力越小，在行程不变的情况下，需要弹簧的刚度越小，则在设计弹簧刚度时，可以相对选软一些的弹簧。

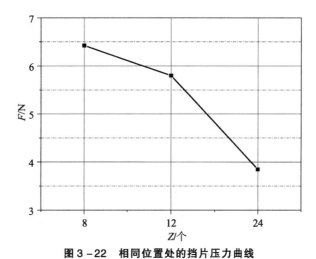

图 3 - 22 相同位置处的挡片压力曲线

另一方面，随着扰流柱数量的增多，定轮流道内气体的流速逐渐降低，高压区的范围逐渐减小。12 个扰流柱与 8 个扰流柱的气体流速相差不是很大，而 24 个扰流柱比其他两种模型的气体速度降低很多、气体流速分布更加均匀。这说明在空间允许的情况下，扰流柱数目增多有利于降低空气流速，进而降低空损，且使缓速器运行更加平稳、波动减少，如图 3 – 23 所示。

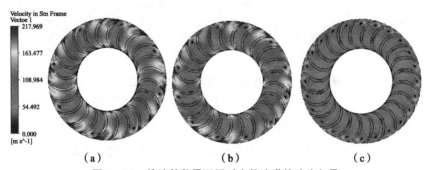

（a）　　　　　　　　　　（b）　　　　　　　　　　（c）

图 3 – 23　扰流柱数量不同时定轮流道的速度矢量

（a）8 个扰流柱；（b）12 个扰流柱；（c）24 个扰流柱

从图 3 – 24 所示的扰流柱数目与空转制动转矩的关系曲线可见，当扰流柱数量相同时，随着动轮转速的升高，缓速器的转矩逐渐升高，这符合转矩和转速的平方成正比的规律。另外，随着扰流柱数量的增多，缓速器的转矩降低。当扰流柱数目达到 24 个时，转矩最低，这大幅度地降低了空损。由上可知，在空间允许时，扰流柱数目越多，降低空损效果越好。这是因为扰流柱数目增加时，空气循环流动面积随之减小，工作腔循环圆的有效直径也相应减小，则转矩相应大幅度降低，从而空损降低。

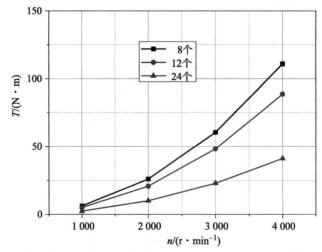

图 3 – 24　扰流柱均布数目与缓速器空转制动转矩的关系曲线

3. 扰流柱分布形式

为比较扰流柱均匀分布还是集中分布抑制空损的效果好，我们选取扰流柱个数为 8 个和 12 个，分别建立均匀分布和集中分布的计算模型进行分析。

以扰流柱数目为 8 个为例，图 3 – 25 和图 3 – 26 所示为 8 个扰流柱均匀分布与集中分布的动轮和定轮的压力分布。定轮在安装有扰流柱的位置压力值较低，未安装扰流柱处的压力高且高压区范围大。这说明扰流柱可以有效降低叶轮上的压力，进而降低空损。当扰流柱均匀分布时，叶轮上的压力大小是周期性变化的，压力大小相差不大；当扰流柱集中分布时，叶轮上的压力大小是不均匀分布的，压力大小相差明显。

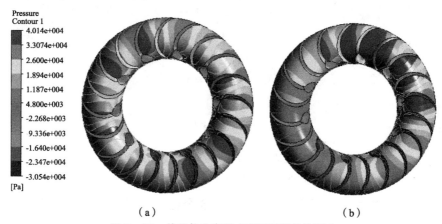

（a）　　　　　　　　　　　　　　（b）

图 3 – 25　扰流柱分布形式不同时动轮的压力

（a）扰流柱均匀分布；（b）扰流柱集中分布

（a）　　　　　　　　　　　　　　（b）

图 3 – 26　扰流柱分布形式不同时定轮的压力

（a）扰流柱均匀分布；（b）扰流柱集中分布

对应速度场也有类似结果，如图 3 - 27 所示。扰流柱均匀分布相比于集中分布，其流道内气体流速小且速度较高的区域均匀分布；而集中分布时的气体流速高且高速区分布不均匀。因动轮带动气体高速冲击定轮叶片，则高速区集中在定轮入口处，而加装扰流柱的流道在定轮入口处的流速比不加装扰流柱的低，这样很好地起到了降低空气流速，进而降低转矩和空损的作用。均匀分布扰流柱使得速度场分布较为均匀，转矩波动小，缓速器运转更加平稳。

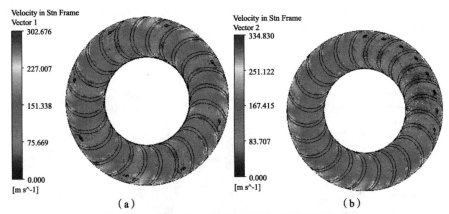

图 3 - 27　扰流柱分布形式不同时流道的速度矢量

（a）扰流柱均匀分布；（b）扰流柱集中分布

由图 3 - 28 可知，无论扰流柱数目是 8 个还是 12 个，扰流柱集中分布的转矩均高于均匀分布的。由此得出，扰流柱均匀分布的比集中分布的抑制空损效果更好。

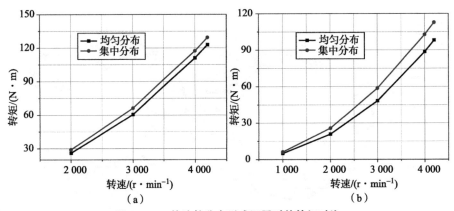

图 3 - 28　扰流柱分布形式不同时的转矩对比

（a）8 个扰流柱分布；（b）12 个扰流柱分布

|3.3　仿生非光滑表面空损扰流抑制|

3.3.1　表面减阻机理概述

仿生非光滑表面减阻的研究不仅从微观流场的角度对生物非光滑表面降低阻力的机理进行了解释，对其结构参数进行参数化分析，探究简单的结构参数（如沟槽深度、直径等）变化对减阻效果的影响，而且被应用在原油输运管道、泳衣、高速列车、飞机、风机和水泵等实际应用场合，由此取得了良好的减阻效果。将仿生非光滑表面减阻技术应用到液力元件中，这将成为从本质上降低液力元件内部流场损失、提高综合传统效率的有效手段。

对于减阻机制的解释，目前尚无统一的定论。现在主要存在三种假设性的解释："第二涡群"论、"突出高度"论以及"微型空气轴承"理论。"第二涡群"论指出，旋转方向相反的流向涡与在沟槽顶部形成的二次涡相互作用，二次涡减弱了流向涡并将低速流体保留在沟槽内，从而阻碍形成低速带和流体的展向运动，相邻沟槽间的相互作用变弱，运动不稳定性降低[11]。

凹槽尖峰到凹槽表观起点的距离即为突出高度[12]。"突出高度"论认为在表观起点以下的凹槽内，流动大部分会受到黏性阻滞，使得边界层中黏性底层的厚度增大，壁面附近的速度梯度减小，因此当流体流过凹槽结构表面时，由湍流运动引起的瞬时横向流动受到了阻碍，减弱了边界层内的湍流动能变化，从而沟槽表面的摩擦阻力相应降低。Bechert 等利用黏性流动理论，通过深入研究，推导出沟槽表面速度型的平均起点的计算公式，并建立了较为完整的理论，为"突出高度"论提供了理论基础[13]。

潘家正、徐中等提出了"微型空气轴承"理论，认为按一定间距在湍流边界层底部安置尺寸恰当的横向小肋条，有可能将流动的小涡"锁住"，小涡被肋条挡住后会在合适的凹坑内滞留，像空气轴承一样继续转动或不动。由于滚动摩擦比滑动摩擦小很多，因此在湍流边界层底层与横向肋条高度量级基本相当的位置工作介质的流动受到的摩擦力是滚动摩擦而非滑动摩擦，该处层与层间的摩擦力得到有效降低[14-15]。

在生物界蜣螂头部和前胸背板表面随机分布着一些凸起，这些凸包结构可有效降低黏附，进而减少摩擦系数。我国学者对蜣螂的皮肤结构、防粘减阻特性及机理进行了研究。任露泉教授等发现，蜣螂体表的不同部位具有不同几何非光滑形态。许多凸包分布在蝼蛄的头和爪子上，同时有近似椭圆的凹坑分布在蝼蛄的胸节背板表面。研究表明，土壤动物具有防黏减阻特性的原因之一就是其拥有几何非光滑体表。当动物在土壤中运动时，其可降低土壤和动物体表的接触面积，从而降低摩擦阻力，达到脱土降阻的效果[16]。

作为一种新兴的仿生非光滑表面减阻方法，凸包表面减阻相关研究机理仍不完善。这种技术与沟槽条纹减阻、脊状减阻相接近，但模型的微观结构形状和大小对减阻效果有很大的影响，因此本章对仿生凸包结构表面进行模型设计及仿真。

以下从空转损失性能、速度矢量、压力、壁面剪切应力四个方面对仿真结果进行分析，研究仿生凸包结构降低空损的原因及效果。

3.3.2 扰流柱凸包仿生表面减阻特性

湍流中动能的损耗是随着边界层厚度的增大而增大的，仿生非光滑表面减阻增效主要是依靠降低边界层厚度，使边界层内部的流动分离得到推迟或抑制，因此可以依据边界层的厚度估算仿生非光滑单元体高度的尺寸。因为边界层流动分离基本发生在对数律区间内，故拟用如下公式对非光滑单元体的高度进行估算：

$$y^+ < 30 \sim 70, \quad y < 0.2\delta$$

式中，δ 为边界层厚度；y 为非光滑单元体的高度[20]。

利用平板湍流边界层厚度公式来估算扰流柱挡片处的边界层厚度。扰流柱挡片的直径为 19.5 mm，基于前期仿真模拟结果，在整个运动过程中气体相对扰流柱挡片上表面的流速为 1.31 ~ 13.82 m/s，边界层的厚度通过以下公式[21]计算获得：

$$\begin{cases} \delta = 0.37 l Re^{-1/5} \\ Re = Ul/\nu \end{cases} \tag{3.2}$$

式中，l 为平均长度，取扰流柱挡片直径为 19.5 mm；Re 为雷诺数；空气的运动黏度系数为 $\nu = 14.8 \times 10^{-6}$ m²/s；经计算，挡片处边界层厚度 δ 为 0.63 ~ 1.62 mm；非光滑单元体高度 y 为 0.126 ~ 0.277 mm。在建模时取非光滑单元体高度 $y = 0.2$ mm。在设计凸包型单元体尺寸时，主要考虑直径、横向间距、纵向间距和凸包高度等参数。为避免设计与加工不便，取高度为直径的一半，本文中选取直径为 0.4 mm，横向和纵向间距均为 1 mm。以矩形方式排列，对液力缓速器扰流柱挡片上表面进行处理，如图 3 - 29 所示。

图 3 - 30 所示为边界层的分区结构。在进行三维流场仿真模拟时，文献中基本采用增强壁面函数法或标准壁面函数法对近壁面位置处的网格进行划分。

图 3 - 29　扰流柱挡片凸包矩形排列计算模型及其局部网格

这里计算采用增强壁面函数法中将湍流流动分为两个区域的双层区模型：其一为雷诺数大于 200 的黏性影响占主导作用的区域，其二为雷诺数小于 200 的完全湍流区域[22]。

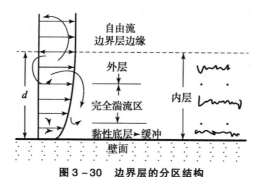

图 3 - 30　边界层的分区结构

用增强壁面函数法处理壁面区域对壁面网格的要求非常高，不但要求网格细密，而且要求网格分布平整、疏密得当，并确保在黏性底层及缓冲区内布置相当多的节点，网格的法向节点布置如图 3 - 31 所示。

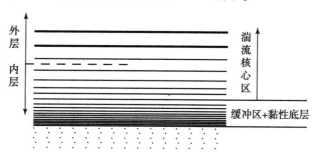

图 3 - 31　边界层内网格的法向节点布置

通过下式对第一层网格至壁面的距离进行估算：

$$\Delta y = \frac{\mu y^+}{\rho u_{\mathrm{r}}} = \frac{\nu y^+}{u_{\mathrm{r}}} \tag{3.3}$$

式中，ν 为流体的运动黏度；y^+ 为第一层网格至物面的无量纲距离，y^+ 小于 5

是可以被接受的[23]，此处取 2，近壁面网格的增长率取为 1.1；u_r 为壁面摩擦速度。因为

$$C_f = 2\frac{\rho u_r^2}{\rho U_\infty^2} = 2\left(\frac{u_r}{U_\infty}\right)^2 \tag{3.4}$$

式中，U_∞ 为流体稳定运动时的速度。将式（3.4）代入式（3.3）有

$$\Delta y = \frac{\nu y^+}{U_\infty \sqrt{C_f/2}} \tag{3.5}$$

式（3.5）中的平均摩擦阻力系数项可以通过下式来估算：

$$C_f/2 = 0.037 Re^{-1/5} \tag{3.6}$$

由此可以求出在不同速度下第一层网格到壁面的距离，当边界层厚度 δ 为 0.63 ~ 1.62 mm 时，凸包第一层网格到壁面的距离为 3.5 ~ 246 μm，取 2 μm 的凸包第一层网格到壁面距离，其边界层网格如图 3 – 32 所示[24]。

图 3 – 32　凸包壁面边界层网格

为了研究带有仿生非光滑表面的扰流柱抑制空损的效果，我们对比分析不带仿生非光滑表面和带有凸包表面的扰流柱在缓速器不同转速空转状态下的转矩分布规律。另外，由于空损是随着动轮转速的升高而升高的，因此取动轮最高转速时的速度矢量图、压力云图和壁面剪切应力图，从微观角度进行非光滑表面降低空损机理分析。

由图 3 – 33 和图 3 – 34 可见，不带仿生结构的定轮及动轮内部速度矢量分布较为有序，而带有仿生结构的速度矢量分布较为杂乱。速度矢量分布杂乱说明了气体流动受到扰流柱扰动的影响大，相应产生的空损降低。整体看来，带有两种不同结构扰流柱的缓速器内部流场的流速相差不多，而在定轮叶片根部靠近扰流柱的局部位置处，安装有凸包结构扰流柱的比不带凸包结构扰流柱的流速稍微高一些。这进一步说明仿生结构对其周围的流场产生了一定的扰动，使流场分布有较大变化。

图 3 – 35 所示为不带仿生结构与带凸包的扰流柱挡片上速度矢量分布对比，而从图 3 – 36 的速度矢量局部放大可见，扰流柱挡片上对应低压区的流速也较低，带有仿生结构和不带仿生结构的扰流柱挡片上的流速分布基本相同。带有凸包仿生结构的在低速区时气体是基本贴合凸包的表面的，随着速度的增大，气体渐渐脱离凸包表面。

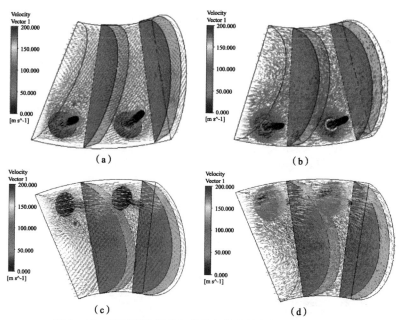

图 3 - 33　不带仿生结构与带凸包的定轮内部速度矢量分布

（a）不带仿生结构正面；（b）有凸包结构正面；（c）不带仿生结构反面；（d）有凸包结构反面

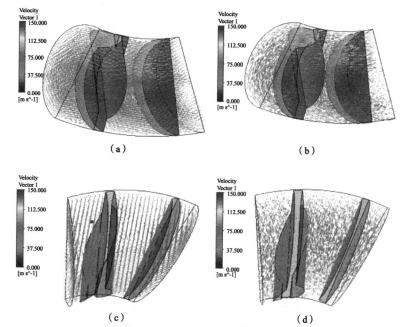

图 3 - 34　不带仿生结构与带凸包的动轮内部速度矢量分布

（a）不带仿生结构正面；（b）有凸包结构正面；（c）不带仿生结构反面；（d）有凸包结构反面

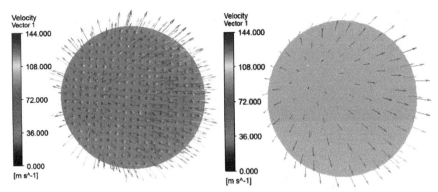

图 3 - 35　不带仿生结构与带凸包的扰流柱挡片上速度矢量分布

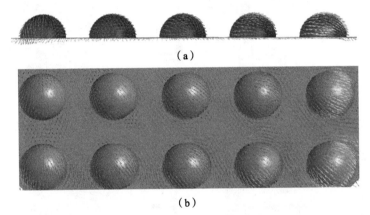

（a）

（b）

图 3 - 36　带凸包的扰流柱挡片上速度矢量局部放大

（a）主视图；（b）俯视图

　　为分析叶片和挡片上压力和空损的关系，对比带有仿生结构与不带仿生结构扰流柱的缓速器叶片及挡片上的压力分布，取有不带仿生结构的动轮在最高转速工况下的压力面和吸力面压力分布进行分析，其仿真结果如图 3 - 37 ~图 3 - 40 所示。

　　由对比结果可知，带仿生结构的叶片压力面的压力比不带仿生结构的叶片压力面压力小。叶片上的压力越高，证明气体冲击叶片的速度越高。带仿生结构的叶片压力低，则证明气体冲击叶片的速度低，相应产生的冲击损失也低，即产生的转矩降低，空损也相应降低，这间接说明仿生结构可以大幅降低空损。虽然在吸力面上有和压力面上相似的分布规律，但是吸力面上的压力值比压力面上的值小很多，带有非光滑单元体扰流柱缓速器的叶片压力远小于不带有非光滑单元体扰流柱的。

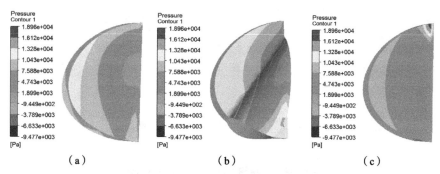

图3-37 不带仿生结构的叶片压力面的压力分布

（a）动轮叶片1；（b）动轮叶片2；（c）定轮叶片

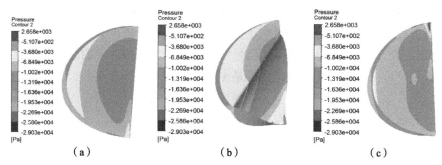

图3-38 带仿生结构的叶片压力面的压力分布

（a）动轮叶片1；（b）动轮叶片2；（c）定轮叶片

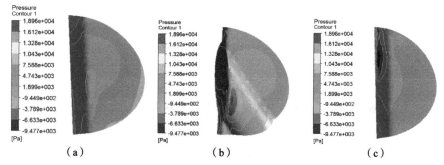

图3-39 不带仿生结构的叶片吸力面的压力分布

（a）动轮叶片1；（b）动轮叶片2；（c）定轮叶片

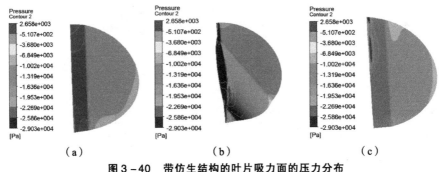

图 3 – 40　带仿生结构的叶片吸力面的压力分布

（a）动轮叶片 1；（b）动轮叶片 2；（c）定轮叶片

在扰流柱表面，不带仿生结构和带凸包的扰流柱挡片的压力分布如图 3 – 41 所示。带凸包结构的比不带仿生凸包结构挡片的高压区有所缩小，而且挡片上压力值下降一个数量级，说明了仿生结构可以有效降低其周围的压力，进而降低空损。通过以上分析可知，凸包结构不但降低了挡片上的压力，而且大大降低了叶片上的压力。而转矩主要是由于叶片搅动气体产生的，尤其是动轮叶片搅动气体产生的。则可以得到缓速器叶片上压力降低，相应的空气撞击叶片产生的撞击损失降低，从而空损大大降低的结论。

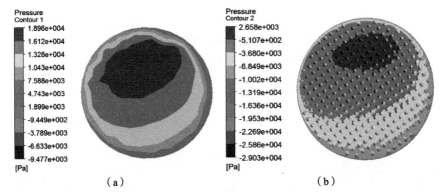

图 3 – 41　不带仿生结构与带凸包的扰流柱挡片的压力分布

（a）不带仿生结构；（b）带凸包结构

壁面剪应力由流体与物体壁面的强烈相互作用产生，与壁面摩擦阻力正相关，其值的大小可反映出壁面流速及壁面摩擦阻力的大小。

图 3 – 42 ~ 图 3 – 45 所示为不带、带仿生结构的压力面和吸力面壁面剪应力的分布情况。在压力面上有和吸力面上相似的分布规律，只是压力面上的剪切应力值比吸力面上的值略小。带有凸包的壁面剪应力远小于不带有凸包的。

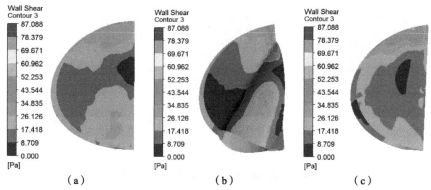

图3-42 不带仿生结构的叶片压力面壁面剪应力分布

（a）动轮叶片1；（b）动轮叶片2；（c）定轮叶片

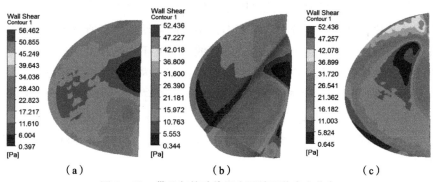

图3-43 带凸包的叶片压力面壁面剪应力分布

（a）动轮叶片1；（b）动轮叶片2；（c）定轮叶片

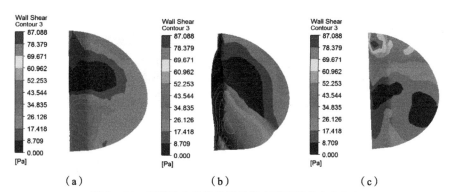

图3-44 不带仿生结构的叶片吸力面壁面剪应力分布

（a）动轮叶片1；（b）动轮叶片2；（c）定轮叶片

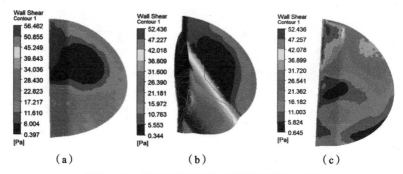

（a）　　　　　　　　　（b）　　　　　　　　　（c）

图 3 - 45　带凸包的叶片吸力面壁面剪应力分布

（a）动轮叶片 1；（b）动轮叶片 2；（c）定轮叶片

可见定轮叶片上的剪切应力大于动轮叶片上的剪切应力，尤其是在定轮入口处，剪切应力达到最大值，这是因为气体从动轮出口流出时，以较高的速度冲击定轮叶片，从而产生较大的摩擦力，相应的剪切应力有所增加。同时，循环圆外环的壁面剪切力高于内环的。外环的流速高于内环，则壁面摩擦阻力也是外环高于内环，相应的壁面剪应力亦为外环高于内环，符合上述规律。不带凸包的叶片吸力面的最高壁面剪应力为 87 Pa，带有凸包的叶片吸力面的最高壁面剪应力为 52 Pa。带有凸包的壁面剪应力远小于不带凸包的，凸包结构降低了其附近区域内非凸包区表面即叶片的剪切应力，尤其是动轮叶片上的壁面剪切应力。

从图 3 - 46 可见，带凸包仿生结构的比不带仿生结构的壁面剪切力大，其最高为 112 Pa。凸包结构虽然提高了挡片上的壁面剪切力，但是大大降低了叶

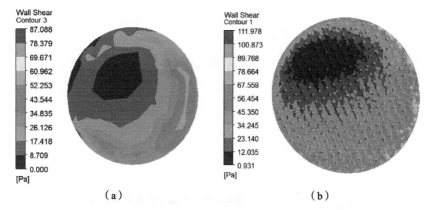

（a）　　　　　　　　　　　　　　　（b）

图 3 - 46　不带仿生结构与带凸包的扰流柱挡片壁面剪应力分布

（a）不带仿生结构；（b）带凸包结构

片上的壁面剪切力，且动轮叶片上的壁面剪应力比定轮叶片上的小得多，而转矩主要是由于叶片搅动气体产生的，尤其是动轮叶片搅动气体产生的，则可以得到叶片上壁面剪切力减小，相应地造成摩擦损失降低，即空损大大降低的结论。

图 3-47 所示是带凸包结构和不带有仿生结构的扰流柱挡片安装在缓速器定轮上时产生的转矩对比图。随着转速的升高，液力缓速器空转产生的转矩逐渐升高。安装有带凸包仿生结构扰流柱的缓速器产生的转矩比不带仿生结构扰流柱的低，由于空损与转矩成正比，因此其对应的空损也大大降低[25]。

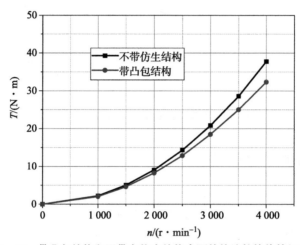

图 3-47　带凸包结构和不带有仿生结构表面的扰流柱挡片转矩对比

为更加清晰说明凸包结构降低转矩的幅度，即降低空损能力的强弱，这里给出无量纲的减阻比定义。T_0 代表安装有普通扰流柱的缓速器产生的转矩，T_b 代表安装有仿生结构扰流柱的缓速器产生的转矩，ε 代表减阻比。则

$$\varepsilon = \frac{T_0 - T_b}{T_0} \qquad (3.7)$$

减阻比越大，表示带有仿生结构扰流柱的转矩越低，即其抑制空损的效果越好。图 3-48 所示为各转速下减阻比的大小。可见随着转速的升高，减阻比逐渐上升，在 1 000 r/min 时，减阻比为最低，为 0.75 左右，但仍然大大降低了空转转矩，进而降低空损。与不带有仿生结构表面的扰流柱挡片相比，其最高可降低约 15% 的转矩。

在扰流柱表面设置仿生非光滑单元体，能够对空损实现一定程度的抑制，而微观结构具体尺寸和排列方式的优化则有望进一步提升扰流柱的空损抑制能力。由减阻比定义可知，减阻比越高，则在给定动轮转速下空损转矩和功率越低，下面分别分析不同凸包尺寸和排列方式对空损的影响。

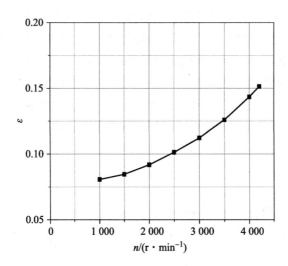

图 3 - 48　带有凸包表面的扰流柱挡片减阻比

1. 凸包尺寸对空损的影响

为了对比分析凸包尺寸大小对空损的影响，凸包排列设置为矩形排列，选取凸包间隔 $t = 3$ mm 时，凸包直径分别为 0.4 mm、1 mm 和 2 mm 的 3 种情况，以及选取凸包间隔 $t = 2$ mm 时，凸包直径分别为 0.4 mm 和 1 mm 共 5 种情况进行对比分析。数值模拟后计算减阻比如图 3 - 49 所示。

带有仿生结构的扰流柱可以有效降低空损，随着转速的升高，带有各不同尺寸凸包结构的扰流柱的减阻比均有所上升。对于不同间隔的模型，直径为 0.4 mm 的减阻比均最高，直径为 2 mm 的减阻比最低，因此选取凸包直径为 0.4 mm 的模型可以有效降低空损。

2. 凸包排列方式对空损的影响

为了对比分析凸包排列方式对空损的影响，选取凸包直径为 0.4 mm，间隔为 2 mm，凸包排列方式分别为矩形、菱形、等差排列时的三种情况进行对比分析，其排列方式分别如图 3 - 50（a）、（b）、（c）所示，其实际效果分别如图 3 - 51（a）、（b）、（c）所示。

图 3 - 51 所示为各排列方式的实际效果图，需保证凸包个数基本相同以减少变量。凸包等差排列时之所以选择外密内疏的形式，是因为由前述仿真可知，挡片外侧的流速大多高于内侧，为了有效降低流速，需让外侧的凸包结构增多，则形成了图 3 - 51（c）所示的结构排列形式。

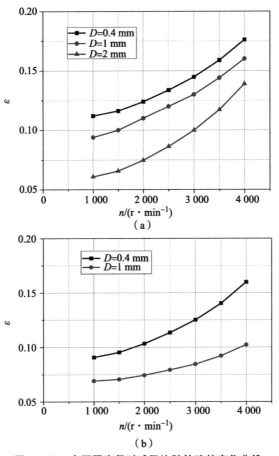

图 3-49　在不同直径时减阻比随转速的变化曲线

（a）间隔 3 mm；（b）间隔 2 mm

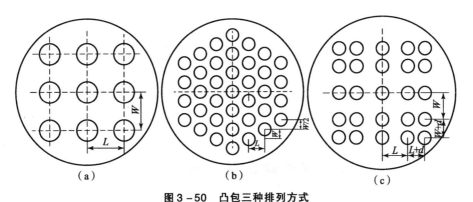

图 3-50　凸包三种排列方式

（a）矩形排列；（b）菱形排列；（c）等差排列

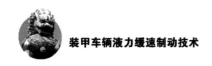
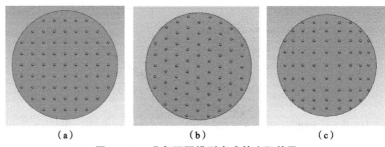

（a）　　　　　　　（b）　　　　　　　（c）

图 3 – 51　凸包不同排列方式的实际效果

（a）凸包矩形排列；（b）凸包菱形排列；（c）凸包等差排列

由图 3 – 52 可见，带凸包仿生结构的扰流柱可以有效降低空损，其最高减阻比在 0.16 以上。随着转速的升高，带有各不同尺寸凸包结构的扰流柱的减阻比逐渐升高。减阻比大小排序为等差排列 > 矩形排列 > 菱形排列，又因为减阻比的大小代表了降低空损能力的强弱，则降低空损的排序与上述顺序相同。因此排列方式的优选结果是等差排列最好，矩形排列次之，菱形排列最差。

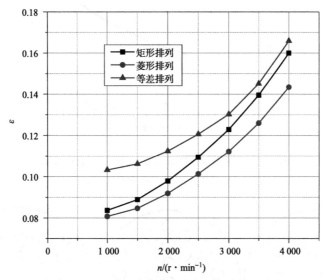

图 3 – 52　凸包结构在不同排列方式时的减阻比对比

3.4　扰流柱起效条件判定方法

当液力缓速器不充液即空转时，气体在扰流柱挡片两侧形成压差较小，不足以克服弹簧力将挡片压入扰流柱腔体内，伸出的挡片阻碍空气循环流动可以降低空损；而当缓速器充入油液时，循环流动的油液会冲击扰流柱挡片，挡片两侧形成的压差可以克服弹簧力而将挡片压入扰流柱腔体内，此时扰流柱不会对制动油液的循环流动产生影响，处于未起效状态。

但在充液过程中，对在什么充液率取值范围扰流柱可以运动，即充液率起效点的确定目前尚无相关研究，缺少扰流柱内部机构及弹簧设计的理论依据。因此本节将从液力缓速器扰流柱的起效条件判定角度出发，对低充液率（0%～23%充液率）下的带有扰流柱液力缓速器的内外特性进行对比分析，研究低充液率下扰流柱抑制空损的工作机理，为扰流柱结构参数设计提供理论支持[26]。

为揭示低充液率下缓速器工作腔内气相主导的流动规律，并基于此规律确定在不同转速和充液率下扰流机构的起效条件，我们将计算模型取为扰流柱结构完全伸出起效状态，对在充液率分别取 0%、7.5%、10%、13%、15%、18%、20%、23%，动轮转速分别为 500～4 000 r/min 的工况，分别进行数值仿真和对比分析。

以某液力缓速器为例，其不同充液率及转速下的动轮转矩如图 3-53 所示。当充液率不变时，转矩随着动轮转速的增大而增大。转速不变时，在充液率为 18% 以前，缓速器转矩随着腔内充液率的增加而增大；而当充液率为

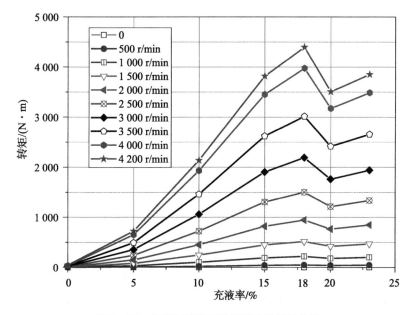

图 3-53　不同充液率及转速下动轮转矩曲线

20%时，转矩值有一个向下的阶跃，明显低于18%充液率时的转矩，23%充液率下的转矩也比充液率为18%时的低。这一现象说明，充液率低于20%时，扰流柱如果处于完全伸出的状态，则阻碍液力缓速器内部流体的循环流动，能够有效降低空损；而如充液率高于20%时扰流柱仍处于完全伸出状态，则由于扰流柱对流体进行扰动，降低流体的流速进而降低制动转矩，则影响车辆的缓速制动效果。也就是说，在充液率为20%以下，流道内气液两相混合流体产生的压力应将扰流柱压入其腔体内，否则将影响液力缓速器的正常制动性能。

图3-54所示为在不同充液率及转速下扰流柱挡片上的压力差值曲线。从总体趋势看来，在不同充液率时挡片压力分布的趋势基本相同。当充液率不变时，挡片上的压力差值随着转速的增加而增加；当转速不变时，挡片上的压力差值随着充液率的增加而增加。即挡片上压力差随动轮输入转速和充液率的增加都是单调上升的。

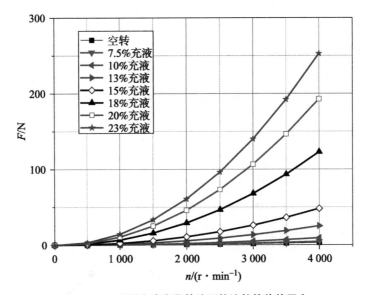

图3-54　不同充液率及转速下扰流柱挡片的压力

为保证扰流机构既能抑制空损又不至于影响缓速器的正常充液制动，应满足当液力缓速器空转时，即使处于最高输入转速下，作用在扰流机构挡片上的压力也不能克服弹簧预紧力将挡片压进扰流柱腔体内；而当缓速器充液率高于设定值后，即使是在低转速下，扰流柱挡片也应在旋转流体产生的压力与弹簧力的共同作用下被压入扰流柱腔体内。为了满足上述要求，在为扰流结构选取弹簧时，可以依据液力缓速器未充液且处于最高转速时扰流柱挡片上的压力差值来选取。

扰流柱挡片压力较低时的压力放大如图 3 – 55 所示。在 18% 以上充液率、800 r/min 的较低转速下，令扰流柱挡片上的压力差值大于预紧力，则此时扰流柱挡片被压入其腔体内，即在 18% ~ 23% 及以上充液率下都可以满足要求，扰流柱起效的界点在这个范围内，为了研究方便，后续设计扰流柱可以在这个范围内取中间值 20% 充液率作为设计参考点。

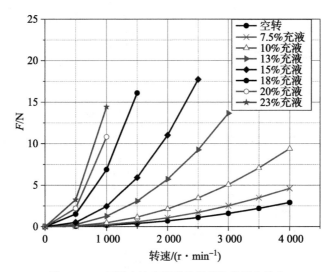

图 3 – 55　不同充液率下扰流柱挡片的压力放大

以转速 1 000 r/min 为例，对比在 15%、18%、20%、23% 充液率下流道的容积率特性，对低充液率下气液两相流动状态进行分析。

油液的容积率分布如图 3 – 56 所示，其中循环圆外环处区域油液为 1，即完全被油液占据；循环圆中心处区域油液为 0，即代表被空气占据；两相交界面处则处于两相混合交互渗透状态。在 15% 和 18% 充液率下，动轮的油液和空气分层现象明显；而 20% 和 23% 充液率下油液和空气分层现象则不明显，气相和液相相互掺杂和渗透加剧。

随着充液率的提高，扰流柱挡片处的油液逐渐增多，如图 3 – 57 所示。在 15% 和 18% 充液率时，油液没有完全作用到挡片处；从 20% 充液率开始，油液基本作用到挡片压力面上。

上述现象从微观层面上说明，与宏观转矩曲线发生明显波动类似，在充液率达到 20% 以后，在动轮叶片工作面和扰流柱挡板工作面上，气液两相流场容积率的分布状况发生了显著的变化。

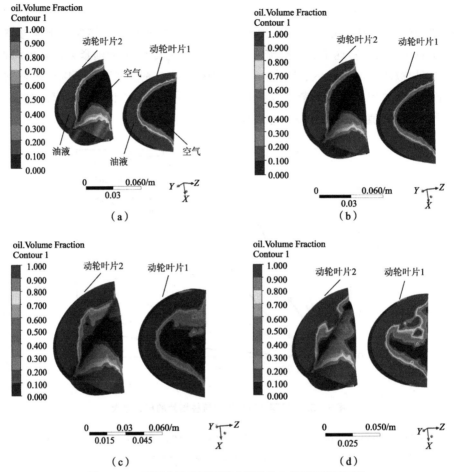

图3-56　不同充液率下两种动轮叶片工作面容积率对比

（a）15%；（b）18%；（c）20%；（d）23%

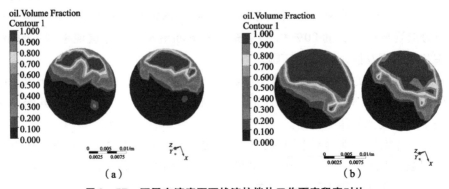

图3-57　不同充液率下两扰流柱挡片工作面容积率对比

（a）15%；（b）18%

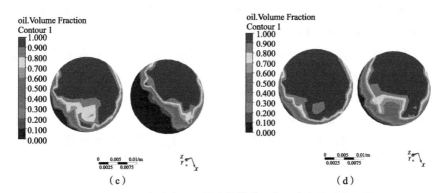

图 3-57　不同充液率下两扰流柱挡片工作面容积率对比（续）

（c）20%；（d）23%

参 考 文 献

［1］王奎洋．何仁，唐金花，等．液压控制式消除液力缓速器空损能耗及提高低速性能装置：中国，CN201310381835．1［P］．2013-11-27．

［2］黄俊刚，李长友．液力缓速器空转损耗的全流道仿真计算与试验［J］．农业工程学报，2013，29（24）：56-62．

［3］吴超，徐鸣，李慧渊，等．重型车辆液力缓速器空损试验研究［J］．车辆与动力技术，2012（1）：23-25．

［4］魏巍，穆洪斌，闫清东．扰流柱对车用液力缓速器空损抑制效应分析［J］．哈尔滨工业大学学报，2015，47（7）：73-77．

［5］江苏大学．一种能消除泵气损失的液力缓速器结构：中国，CN200810020498．2［P］．2008-8-13．

［6］魏光元．真空式降低液力缓速器鼓风损失的控制系统和控制方法：中国，CN200910174842．8［P］．2011-5-4．

［7］武汉理工大学．具有降低鼓风损失装置的液力减速制动器：中国，CN200820068580．8［P］．2009-6-3．

［8］陕西法士特齿轮有限责任公司．用于减少空转损失的柱塞式扰流装置：中国，CN201220243514．6［P］．2013-1-23．

［9］Yan Qingdong, Liu Cheng, Wei Wei. Numerical simulation of the flow field of a flat torque converter［J］. Journal of Beijing Institute of Technology（English Edition），2012，21（3）：309-314．

［10］付文智，李明哲，蔡中义，等．滑阀式换向阀三维流体速度场的数值模拟［J］．哈尔滨工业大学学报，2007，39（1）：149-152．

[11] 郭杰，耿兴国，高鹏，等. 边界层控制法减阻技术研究进展 [J]. 鱼雷技术，2008，16（1）：1-6.

[12] 王柯. 水下条纹沟槽表面的减阻特性研究 [D]. 西安：西北工业大学航海学院，2006.

[13] Bechert D W, Bartenwerfer M. The viscous flow on surfaces with long itudinal ribs [J]. J. Fluid Mech. 1989，206：105-129.

[14] 潘家正. 湍流减阻新概念的实验探索 [J]. 空气动力学报，1996，14（3）：305-310.

[15] 徐中，徐宇，王磊，等. 凹坑形表面在空气介质中的减阻性能研究 [J]. 摩擦学学报，2009，29（6）：579-583.

[16] 任露泉，丛茜，佟金. 界面粘附中非光滑表基本特征的研究 [J]. 农业工程学报，1992，8（1）：16-22.

[17] 沈仲书，刘亚飞. 弹丸空气动力学 [M]. 北京：国防工业出版社，1984.

[18] 田丽梅. 空气-旋成钝体界面非光滑减阻的仿生研究 [D]. 长春：吉林大学，2005.

[19] 韩占忠. 工程流体力学基础 [M]. 北京：北京理工大学出版社，2012.

[20] 李志强，田涛. 窄流道内单个鱼鳞型凹坑影响流动与传热特性的数值研究 [J]. 热科学与技术，2010，9（1）：23-30.

[21] [德] 史里希廷. 边界层理论 [M]. 徐燕侯，徐立功，等译. 北京：科学出版社，1991.

[22] Fluent Inc. Introductory FLUENT notes for fluent v6. 1 [M]. Fluent Inc.，2003.

[23] Parker R G. Efficient Eigen solution, dynamic response and Eigen sensitivity of serpentine belt drives [J]. Journal of Sound and Vibration，2004，270（1）：15-38.

[24] An Yuanyuan, Wei Wei, Li Shuangshuang, et al. Research on the mechanism of drag reduction and efficiency improvement of hydraulic retarders with bionic non - smooth surface spoilers [J]. Engineering Applications of Computational Fluid Mechanics，2020，14（1）：447-461.

[25] 魏巍，安媛媛，李双双，等. 一种用于液力缓速器的仿生表面泵气损失抑制装置：中国，201611077216. 3 [P]. 2019-02-18.

[26] 魏巍，李双双，安媛媛，等. 液力缓速器低充液率工况扰流柱起效条件判定方法 [J]. 北京理工大学学报，2017，37（7）：672-676.

第 4 章
叶栅系统设计优化

液力缓速器叶栅系统设计，实质上是对叶片和工作轮内部壳体构成的空间流道边界进行设计。

目前针对液力缓速器内流道结构优化的流场仿真研究，对几何模型的处理一般仍然采用根据流道参数建模或对液力缓速器整体结构模型提取内流道的传统方法，这样当对于变叶栅参数的液力缓速器进行仿真时，需要重复建立多个结构相似但局部参数改变的流道模型，工作烦琐、费时费力。而参数化设计则是在产品设计过程中，保持设计对象的结构形状基本不变的前提下，用一组参数来约束几何模型的尺寸关系[1]。因此有必要基于参数化建模方法，对液力缓速器叶栅系统结构模型和流道模型进行参数化建模，实现液力缓速器内流道循环圆和叶片几何形状的参数可控，并能快速、准确地自动生成叶栅系统结构和流道模型，为液力缓速器叶栅系统制动特性及后续包括电液控制系统的动态缓速制动特性设计提供便利。

|4.1　循环圆设计模型|

液力缓速器的叶栅系统结构主要包括循环圆和叶片两部分。由于液力缓速器是液力耦合器的一个分支，故液力缓速器循环圆的类型一般参考液力耦合器循环圆，按有无内环分为有内环和无内环循环圆；按循环圆形状分为等截面流速循环圆、扁圆形循环圆、桃形循环圆、多角形循环圆、圆形循环圆、长圆形循环圆等几种类型[2]。

车用液力缓速器的设计有以下几个特点：

（1）较大的转矩系数（制动能容）。车用液力缓速器的主要功用是消耗车辆行驶动能，辅助车辆制动，因此必须提供足够大的制动转矩和制动功率。

（2）液力损失大。液力变矩器、液力耦合器使用工况中的大多数情况仍然是希望液力损失越小越好。只有在少数耦合器工况中通过适当增加液力损失来控制降低过载系数，而车用液力缓速器是通过将车辆传动系统机械能转化为油液内能的方式来实现制动，因此希望内流场的各项能量损失（冲击、摩擦）越大越好。

（3）轴向尺寸小。为了提高车辆传动系统功率密度，则要求液力缓速器轴向尺寸尽量小。

（4）加工方便、成本低廉。液力缓速器循环圆的叶片形状应该尽量简单，以便于加工。

　　液力缓速器相当于液力耦合器 $i=0$ 的特殊工况，以上介绍的几种循环圆中，有内环循环圆液力耦合器已经基本被淘汰。等节面流速循环圆设计复杂、难以加工。扁圆形循环圆、桃形循环圆、多角形循环圆等在传动比 $i=0$ 工况点转矩系数 λ_0 过低，不适合被应用于液力缓速器。圆形循环圆和长圆形循环圆在 $i=0$ 工况点转矩系数 λ_0 高、形状简单、加工方便，适合被应用于液力缓速器。但相比之下，长圆形循环圆比圆形循环圆更利于设计出较小轴向尺寸的高功率密度液力缓速器。因此，结合以上特点，车用液力缓速器循环圆设计一般采用的是光滑过渡的无内环长圆形和类长圆形循环圆。

　　液力缓速器的循环圆多采用长圆形循环圆，为保证光滑过渡，循环圆一般由 3 段相切圆弧组成[3]。如某车用液力缓速器循环圆的几何参数如图 4－1 所示，图中 O_1 为上半圆弧段圆心，O_2 为下半圆弧段圆心，O_3 为上下圆弧相切圆弧段圆心。总体尺寸包括循环圆的宽度 B 和循环圆大径 D_1、小径 D_2 三个参数（其中 $D_1=2R$ 为液力缓速器循环圆的有效直径，$D_2=2r$）。

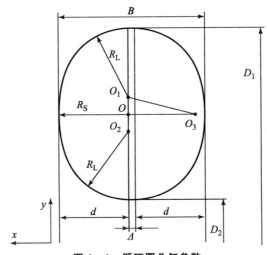

图 4－1　循环圆几何参数

　　轴向占据空间尺寸一维束流设计方法没有理论上的限制，而是采用经验公式对其进行约束，且经验公式中的宽度值 B 与大径 D_1 和小径 D_2 存在耦合关系[4]，导致其轴向空间设计利用率不高。在对循环圆参数特点进行分析的基础上，我们借鉴液力变矩器宽度参数设计方法[5,6]和液力缓速器相关研究基础[7,8]，提出一种变宽度循环圆设计方法[9]，实现宽度参数和径向参数间解耦，以利于叶栅系统集成设计优化。

在车辆总体设计中一般会根据具体整车制动性能需求和传动系统的布置形式对液力缓速器提出总体尺寸的设计指标，循环圆的宽度 B 和循环圆大径 D_1、小径 D_2 三个参数直接决定了液力缓速器的空间尺寸，在参数化设计程序中经验值可自定义或者按照经验公式确定。由液力缓速器的制动外特性计算公式可估算出循环圆大径尺寸 D_1 为

$$D_1 = \sqrt[5]{\frac{T_R}{\lambda_M \rho g n^2}} \tag{4.1}$$

式中，T_R 为车辆减速所需制动转矩；λ_M 为转矩系数；n 为动轮转速。根据已有液力缓速器设计的统计数据，建立以下经验公式。

循环圆小径 D_2 为

$$D_2 = (0.25 \sim 0.6) D_1 \tag{4.2}$$

动轮和定轮之间的间隙值 Δ 为

$$\Delta = 3 \sim 4 \text{ mm} \tag{4.3}$$

以循环圆宽度 B 为设计变量，令上下圆弧段圆心间距 $\overline{O_1 O_2}$ 取值为

$$\overline{O_1 O_2} = (D_1 - D_2 - 2B + 2\Delta) / (2 - 2k) \tag{4.4}$$

式中，k 为切点系数，控制相切圆弧的切点位置。$k = 0$ 等同于用直线代替过渡圆弧段与上下圆弧相切并连接切点，相切圆弧段的半径 $R_S = \infty$，圆心在无穷远处，两个切点为直线分别和上下圆弧的交点。

当 $k = 1$ 时，过渡圆弧圆心在 $\overline{O_1 O_2}$ 中点，与上下圆弧段满足相切条件的圆弧取到最小半径值 $R_S = R_L + \overline{O_1 O_2}/2$，则切点在整个循环圆的最高点和最低点处。

如图 4 – 2 所示，当 $0 < k < 1$ 时，切点处在两者之间，参考取值 $k = 0.2$。

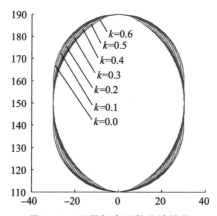

图 4 – 2　不同切点系数设计结果

由此可得，上下圆弧圆心坐标 $O_1(0, D_1/2 - R_L)$，$O_2(0, D_2/2 + R_L)$ 以及半径

$$R_L = \frac{(D_1 - D_2) - 2\overline{O_1O_2}}{4} \tag{4.5}$$

令单个工作轮的循环圆宽度 d 为

$$d = \frac{B - \Delta}{2} \tag{4.6}$$

根据勾股定理可知

$$(\overline{O_1O_3})^2 = (\overline{OO_1})^2 + (\overline{OO_3})^2 \tag{4.7}$$

由此推导出连接圆弧的圆心坐标为 $O_3(R_S - d, (D_1 + D_2)/4)$，以及连接圆弧半径计算公式为

$$R_S = \frac{4d^2 - 4R_L{}^2 + (\overline{O_1O_2})^2}{8(d - R_L)} \tag{4.8}$$

在 xy 坐标系中，定义扁平比为循环圆宽度和循环圆有效径之比，有

$$e = B/D_1 \tag{4.9}$$

不同扁平比下的液力缓速器循环圆设计结果如图 4-3 所示。

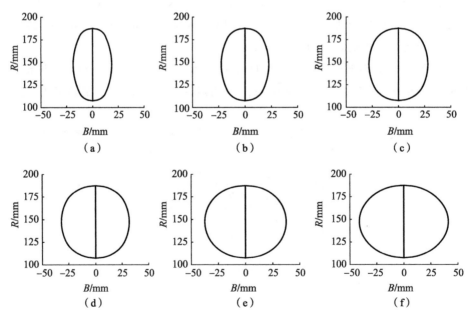

图 4-3　不同扁平比下的循环圆设计结果

(a) $e = 0.10$；(b) $e = 0.12$；(c) $e = 0.15$；(d) $e = 0.18$；

(e) $e = 0.20$；(f) $e = 0.22$

|4.2　叶片设计模型|

4.2.1　等厚前倾直叶片模型

液力缓速器一般采用等厚、具有前倾角度的直叶片。如图 4 – 4 所示，以坐标系中 yz 平面为基准面，建立具有叶片厚度 δ 和叶片前倾角 α 两参数信息的单叶片截面模型。

在坐标系中设置方向矢量 $\boldsymbol{f}$，生成具有叶片前倾角 α 的叶片，图 4 – 4 所示的 β 为液流角。

$$\boldsymbol{f} = x\boldsymbol{i} + y\boldsymbol{j} + z\boldsymbol{k} \qquad (4.10)$$

以 xz 平面为参考平面，则方向矢量 $\boldsymbol{f}$ 为叶片平面在参考平面上的投影，叶片延展方向矢量为

$$\boldsymbol{f} = (x, y, z)^{\mathrm{T}} = (1, 0, \tan\alpha)^{\mathrm{T}} \qquad (4.11)$$

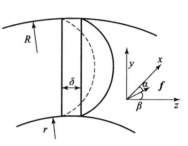

图 4 – 4　单叶片几何模型

在参数化建模程序中，将叶片截面沿延展方向矢量拉伸到循环圆旋转生成的曲面上，即得到具有所需参数信息的单叶片三维模型。当动轮叶片数目 z_R 和定轮叶片数目 z_S 被确定之后，两相邻叶片之间的动轮间隔角 θ_R 和定轮间隔角 θ_S 分别为

$$\begin{cases} \theta_\mathrm{R} = 360^\circ/z_\mathrm{R} \\ \theta_\mathrm{S} = 360^\circ/z_\mathrm{S} \end{cases} \qquad (4.12)$$

由于循环圆内壁曲面关联着循环圆的宽度 B 和循环圆大径 D_1、小径 D_2 三个参数信息，所以用基于三相切圆弧空间曲面方程来描述循环圆几何形状[10]。

图 4 – 5 所示为液力缓速器循环圆左侧 1/2 截面的几何参数。以循环圆截面的旋转轴为 x 轴，以旋转中心为坐标原点建立空间三维坐标系，可以分别建立 3 段圆弧绕 x 轴旋转一周后生成的圆弧面的空间数学表达式：

$$\left(\sqrt{(y - y_{0i})^2 + (z - z_{0i})^2} - R_{0i}\right)^2 + (x - x_{0i})^2 = r_i^2 \quad (0 \leqslant x \leqslant d) \qquad (4.13)$$

式中，$i = 1$、2、3 分别代表 O_1 圆弧面、O_2 圆弧面、O_3 圆弧面。其中 $O_{hi}(x_{0i}, y_{0i}, z_{0i})$ 分别为三个空间圆环面的中心位置坐标。因为 O_1 和 O_2 圆环中心位置 O_{h1} 和 O_{h2} 重合，所以为简化计算将 O_{h1} 坐标设为坐标原点。O_3 圆环中心 O_{h3} 位于 x 轴上，可得其坐标为

$$\begin{cases} x_{O3} = -(R_S - d) \\ y_{O3} = 0 \\ z_{O3} = 0 \end{cases} \tag{4.14}$$

R_{O1}、R_{O2}、R_{O3} 分别为 O_1、O_2、O_3 圆弧段圆心到各自圆环面中心的距离：

$$\begin{cases} R_{O1} = R - R_L \\ R_{O2} = r + R_L \\ R_{O3} = (R_1 + R_2)/2 \end{cases} \tag{4.15}$$

r_1，r_2，r_3 为各圆弧段的半径：

$$\begin{cases} r_1 = R_L \\ r_2 = R_L \\ r_3 = R_S \end{cases} \tag{4.16}$$

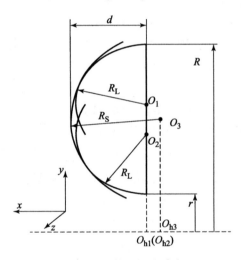

图 4 – 5　循环圆几何参数

由于液力缓速器叶片模型是包含叶片前倾角 α 和叶片厚度 δ 参数信息的两个平面，实际液力缓速器叶片平面受到与循环圆内壁曲面相交形成的叶片外轮廓曲线约束，因此对叶片平面数学建模必须先确定出叶片外轮廓曲线。设一个液力缓速器其中一个叶片表面经过 y 轴，其和 yz 平面有 $\beta(\beta = 90° - \alpha)$ 的夹角，则在坐标系中建立该叶片表面的数学方程如下：

$$\begin{cases} x = z\tan\beta \\ 0 < x < d \\ r < y < R \\ 0 < z \end{cases} \tag{4.17}$$

在得到一个平面的离散点坐标集合后，距离为叶片厚度 δ 的另外一叶片平面或者间隔角为 θ 的叶片平面点集合可以通过点坐标平移或旋转等空间几何关系映射的方法来求得，因此以上假设具有一般性。由循环圆壁面数学模型可将求解叶片外轮廓曲线问题转化为叶片平面和循环圆内壁曲面的相交曲线求解问题。

本小节中将分别采用基于曲面方程求解的直接求解法和基于空间几何关系求解的离散点几何映射法两种方法对叶片外轮廓曲线进行求解计算并进行比较。

1. 直接求解法

直接求解法的总体思路是：采用数值离散方法，通过对式（4.17）、式（4.13）联立求解，得出叶片与循环圆面交点的离散点，再将交点拟合得到相交曲线。直接求解法流程如图 4-6 所示。

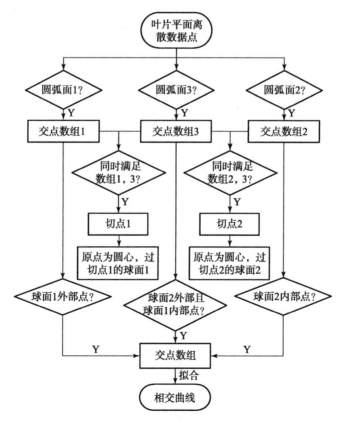

图 4-6 直接求解法流程

将平面方程式（4.17）代入曲面方程式（4.13）求解即得到 3 条交线方程如下：

$$\left(\sqrt{(y - y_{0i})^2 + (z - z_{0i})^2} - R_{0i} \right)^2 + (z\cot\beta - x_{0i})^2 = r_i^2 \, (0 \leqslant x \leqslant d)$$

$$(4.18)$$

式中，$i = 1$，2，3。在 yz 坐标面上进行数据点离散并将其代入方程（4.18），满足各个方程的数据点为各圆环面与叶片平面的交点数组。分别求得 3 段圆弧在循环圆回转曲面与叶片平面交线上的交点合集，将其拟合即可得到 3 段弧线光滑过渡连接的叶片外轮廓空间曲线。

2. 离散点几何映射法

基于空间几何关系的离散点几何映射求解方法流程如图 4 - 7 所示。由特殊角度的叶片平面和循环圆交线离散点根据空间几何关系，映射出任意叶片角度的交线离散点。

```
┌──────────┐      ┌──────────┐ 空间几何 ┌──────────┐      ┌──────────┐
│α=0°叶片外│ 离散 │α=0°叶片外│ 映射关系 │任意角度叶片│ 拟合 │任意角度 │
│轮廓曲线  │─────▶│轮廓离散点│─────────▶│外轮廓离散点│────▶│叶片外轮 │
│          │      │集合      │          │集合      │      │廓曲线   │
└──────────┘      └──────────┘          └──────────┘      └──────────┘
```

图 4 - 7　离散点几何映射法流程

如图 4 - 8 所示，当叶片平面与 yz 平面夹角为 0°时，叶片平面在 xy 坐标面上，容易在 xy 二维平面上求出此时的叶片平面与循环圆曲面交线 $\overset{\frown}{DAE}$，在 y 轴上有与之对应的直线段 $\overline{DE}$，设与 yz 平面有 α 角度的叶片平面和循环圆曲面相交于 $\overset{\frown}{DBE}$，$\overset{\frown}{DBE}$ 即为所求任意角度的叶片外轮廓曲线。

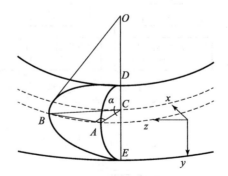

图 4 - 8　空间几何关系

将直线段 $\overline{DE}$ 离散为 n 个离散点，记为

$$\{C\} = \{(C_i, C_i, C_i), i = 1, 2, \cdots, n\}$$

$C(x_C, y_C, z_C)$ 为 $\overline{DE}$ 上离散后任意一点，设以 O 为圆心，y_C 为半径，以 $\overline{AC}$ 为母线的圆柱面与 $\overline{DE}$，$\overparen{DAE}$，$\overparen{DBE}$ 分别交于 $C(x_C, y_C, z_C)$，$A(x_A, y_A, z_A)$，$B(x_B, y_B, z_B)$。则有 $x_A = x_B$，$y_C = y_A$。并且得到 $\{A\}$，$\{B\}$ 为

$$\{A\} = \{(A_i, A_i, A_i), i = 1, 2, \cdots, n\}$$
$$\{B\} = \{(B_i, B_i, B_i), i = 1, 2, \cdots, n\}$$

在三角形 ABC 中，可得

$$\overline{AB} = \overline{AC} \cdot \tan(90° - \beta) = x_A \cdot \cot\beta \tag{4.19}$$

由空间两点距离公式可得

$$\overline{AB} = \sqrt{(x_A^2 - x_B^2) + (y_A^2 - y_B^2) + (z_A^2 - z_B^2)} \tag{4.20}$$
$$\overline{AB} = \sqrt{(y_A^2 - y_B^2) + (z_A^2 - z_B^2)}$$

又因为 B、C 两点均在同一个圆柱面上，有

$$y_A^2 + z_A^2 = y_C^2 + z_C^2 \tag{4.21}$$

将式（4.19）~式（4.21）联立求解，可得

$$\begin{cases} x_B = x_A \\ y_B = \dfrac{2y_A^2 - (x_A \cdot \cot\beta)^2}{2y_A} \\ z_B = \sqrt{y_A^2 - y_B^2} \end{cases} \tag{4.22}$$

通过以上方法，可求解出 $\overparen{DBE}$ 上离散后任意一点坐标 $B(x_B, y_B, z_B)$，建立三条曲线离散点集合之间的一一映射关系：$\{C\} \rightarrow \{A\} \rightarrow \{B\}$。

得到离散的点集合 $\{B\}$ 后，通过对集合 $\{B\}$ 中的点进行拟合，最终得到任意叶片倾角参数的叶片外轮廓空间曲线。用以上两种方法求得其中一面外轮廓曲线离散点集合后，通过坐标平移的方法建立数据点集合映射 $\{B\} \rightarrow \{B_1\}$，得到另一叶片平面外轮廓曲线离散点。设 $B_1(x_{B1}, y_{B1}, z_{B1})$ 为厚度为 δ 的叶片另一平面交线点集合中任意一点。δ_x，δ_z，δ_y 分别为叶片厚度 δ 在三个坐标轴方向上的分量。通过式（4.23）即得到变叶片厚度 δ 参数的叶片外轮廓曲线。

$$\begin{cases} x_{B1} = x_B + \delta_x \\ y_{B1} = y_B + \delta_y \\ z_{B1} = z_B + \delta_z \end{cases} \tag{4.23}$$

3. 对比分析

以某型液力缓速器动轮为例，分别用直接求解法和离散点几何映射法两种

方法对 $\alpha = 30°$，$\alpha = 45°$，$\alpha = 60°$时的叶片外轮廓曲线进行计算。将所得结果离散点分段拟合成曲线如图 4 – 9 所示。

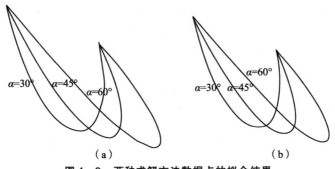

图 4 – 9　两种求解方法数据点的拟合结果

（a）直接求解法；（b）离散点几何映射法

以 $\alpha = 30°$为例，对两种方法生成的叶片外轮廓曲线等弧段采点，并对其进行曲率半径分析，如图 4 – 10 所示。直接求解法所得叶片外轮廓拟合曲线的曲率半径波动较大，而离散点几何映射法所得叶片外轮廓拟合曲线的曲率半径数值比较一致。

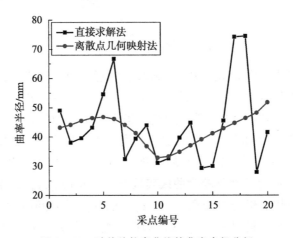

图 4 – 10　叶片外轮廓曲线的曲率半径分析

从曲率分析结果和运行过程上分析，两种方法都可以求得精度较高的结果。直接求解法计算方法简单、计算时间短，但离散点分布不均匀，拟合曲线不够光滑。离散点几何映射法方法复杂、计算量大，但可以有效地确定拟合点个数、离散点分布均匀，拟合曲线光滑。从总体上看，离散点几何映射法优于直接求解法。

液力缓速器叶片在循环圆周向上均匀分布，图 4 – 11 所示为包含叶片的周期流道及周期面几何关系。$\overset{\frown}{DBE}$ 和 $\overset{\frown}{MPN}$ 分别为两个周期面与流道内壁的相交外廓曲线，周期面 1 为循环圆流道任取截面；而位于叶片另一侧的周期面 2 则需要根据单周期流道所占整个循环圆角度 θ 来确定，由式（4.12）可知，θ 由叶片数目参数 z 决定。

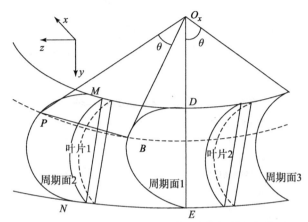

图 4-11　包含叶片的周期流道及周期面的几何关系

$B(x_B, y_B, z_B)$ 为 $\overset{\frown}{DBE}$ 上的任意一点，设以 $O_x(x_B, 0, 0)$ 为圆心，$\overline{BO_x}$ 为半径，以 x 坐标轴为轴线的圆柱面与 $\overset{\frown}{DBE}$，$\overset{\frown}{MPN}$ 分别交于 $B(x_B, y_B, z_B)$，$P(x_P, y_P, z_P)$，可得 $x_P = x_B$。与 $\overset{\frown}{DBE}$ 间隔角为 θ 的 $\overset{\frown}{MPN}$ 离散点集合记为

$$\{P\} = \{(P_i, P_i, P_i), i = 1, 2, \cdots, n\}$$

在 $\triangle OPB$ 中，有

$$\overline{O_x B} = \overline{O_x P} = \sqrt{y_B{}^2 + z_B{}^2} \tag{4.24}$$

由余弦定理可得

$$\begin{cases} \overline{PB} = \sqrt{O_x B^2 + O_x P^2 - 2\,O_x B \cdot O_x P \cos\theta} \\ \overline{PB} = \sqrt{2(1 - \cos\theta)(y_B{}^2 + z_B{}^2)} \end{cases} \tag{4.25}$$

由空间两点距离公式可得

$$\begin{cases} \overline{PB} = \sqrt{(x_P{}^2 - x_B{}^2) + (y_P{}^2 - y_B{}^2) + (z_P{}^2 - z_B{}^2)} \\ \overline{PB} = \sqrt{(y_P{}^2 - y_B{}^2) + (z_P{}^2 - z_B{}^2)} \end{cases} \tag{4.26}$$

又因为 B、P 两点均在同一个圆柱面上，有

$$y_P{}^2 + z_P{}^2 = y_B{}^2 + z_B{}^2 \tag{4.27}$$

将式（4.24）~式（4.27）联立求解，可求解出 $\overset{\frown}{MPN}$ 上离散后任意一点的坐标 $P(x_P, y_P, z_P)$，通过以上几何关系建立两个离散点集合之间的一一映射关

系：$\{B\} \rightarrow \{P\}$。

在得到离散的点集合 $\{P\}$ 后，通过对集合 $\{P\}$ 中的点进行拟合，最终得到任意叶片周向分布角度以及周期面的外轮廓曲线，即变叶片数目参数时的叶片外轮廓曲线。

在程序中，以叶轮原点为圆心，z 为叶片数目，θ 为叶片间隔角，对动、定轮各自的单叶片模型进行圆形阵列，则得到液力缓速器全叶片模型。根据参数化设计需求，编制了液力缓速器叶栅结构参数化建模程序，其参数输入界面如图 4 – 12 所示。

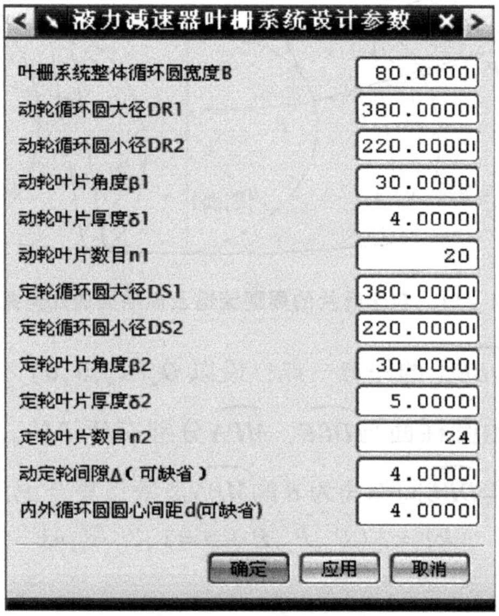

◀ ＼ 液力减速器叶栅系统设计参数 ✕ ▶	
叶栅系统整体循环圆宽度B	80.0000
动轮循环圆大径DR1	380.0000
动轮循环圆小径DR2	220.0000
动轮叶片角度β1	30.0000
动轮叶片厚度δ1	4.0000
动轮叶片数目n1	20
定轮循环圆大径DS1	380.0000
定轮循环圆小径DS2	220.0000
定轮叶片角度β2	30.0000
定轮叶片厚度δ2	5.0000
定轮叶片数目n2	24
动定轮间隙Δ（可缺省）	4.0000
内外循环圆圆心间距d(可缺省)	4.0000
确定　应用　取消	

图 4 – 12　参数输入界面

在交互界面中输入参数，则会自动生成液力缓速器叶栅结构参数化三维模型，如图 4 – 13 所示。

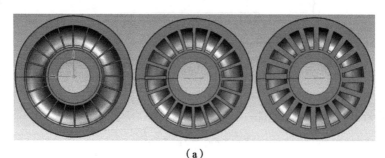

（a）

图 4 – 13　叶轮参数化三维模型

（a）不同 δ 参数定轮模型

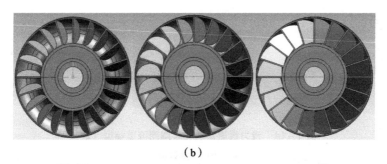

（b）

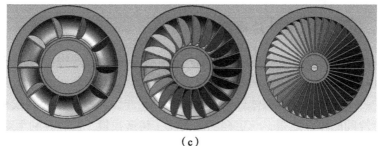

（c）

图 4 – 13　叶轮参数化三维模型（续）

（b）不同 α 参数动轮模型；（c）不同 D 和 z 参数定轮模型

　　为便于仿真分析和优化设计，需要在叶片及叶轮参数化模型的基础上建立液力缓速器内部的流道模型。图 4 – 14 所示为不同叶片前倾角、叶片厚度和叶片数目下的动轮单周期流道参数化模型。

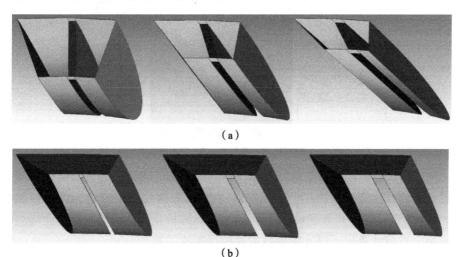

（a）

（b）

图 4 – 14　液力缓速器动轮单周期流道模型

（a）不同 α 参数流道；（b）不同 δ 参数流道

（c）

图 4 - 14　液力缓速器动轮单周期流道模型（续）

（c）不同 z 参数流道

4.2.2　相切圆弧弯叶片模型

一些双循环圆液力缓速器叶轮多采用相切圆弧弯叶片结构形式，其结构相对复杂且叶片数量众多、叶栅参数化设计相对复杂。双循环圆液力缓速器的结构如图 4 - 15 所示，叶片整体呈轴向弯曲状，工作面与垂直轴面约成 90°，这避免了叶片间的相互遮盖，一定程度上简化了铸造拔模工艺，且利于对动轮压力平衡孔的加工。

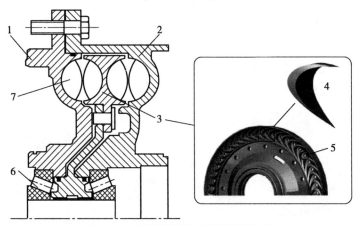

图 4 - 15　双循环圆液力缓速器的结构

1—定轮 a；2—定轮 b；3—动轮；4—弯叶片；5—压力平衡孔；6—轴承；7—叶片

相切圆弧叶形设计方法是以叶形包角与工作面圆弧半径为设计变量，其基本思想是将叶片吸力面与压力面径向 xy 平面投影曲线分别设定为由三段圆弧（内弧、中弧、外弧）相切构成[11]，通过空间解析几何法，建立流道曲线的数学模型，直接计算出不同叶形参数的轮腔周期流道模型。

弯叶片结构如图 4 - 16 所示，叶栅主要参数如表 4 - 1 所示，其中 R_1 为循环圆外环半径，R_0 为循环圆中环半径，R_2 为循环圆内环半径，R 为循环圆半径，Z_R 和 Z_S 分别为动轮和定轮的叶片数。鉴于弯叶片叶形的结构特点，这里提出"相切圆弧叶形设计法"[12,13]，以叶形包角与工作面圆弧半径为设计变量。其基本思想：将叶片吸力面与压力面径向 x，y 投影曲线分别设定为由三段圆弧（内弧、中弧、外弧）相切构成[14]，通过空间解析几何法，建立流道曲线的数学模型，直接计算出不同叶形参数的轮腔周期流道模型。

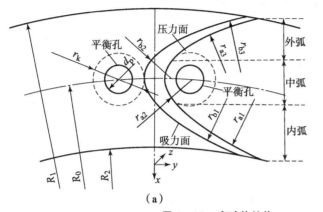 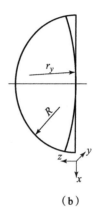

图 4 – 16 弯叶片结构

（a）叶片径向简图；（b）叶片轴向简图

表 4 – 1 液力缓速器叶栅主要参数

参数	动轮/定轮数值
循环圆外环半径 R_1	177 mm
循环圆中环半径 R_0	158 mm
循环圆内环半径 R_2	139 mm
循环圆半径 R	19 mm
叶片数 Z_R/Z_S	47/51

液力缓速器动轮循环圆中径处分布有压力平衡孔，叶片的布置不应与平衡孔干涉，将叶片布置于两孔中间，即两中弧分别与以平衡孔为圆心、r_k 为半径的两圆相切，如图 4 – 16（a）所示；叶片顶端轴向投影为半径为 r_y 的圆弧，其圆心在以循环圆中环半径 R_0 为半径构成的轴向圆柱面上，如图 4 – 16（b）所示。图 4 – 17 所示为叶片工作面包角，其中，$\overset{\frown}{A_1 A_2}$、$\overset{\frown}{A_2 A A_3}$、$\overset{\frown}{A_3 A_4}$ 为叶片压力面在 xy 面投影的外轮廓设计曲线，即压力面与循环圆内壁相交曲线在 xy 面的投影。

在设计初始阶段确定压力面与循环圆内壁各段相交的点阵 $\{C_n\}$，将其记为

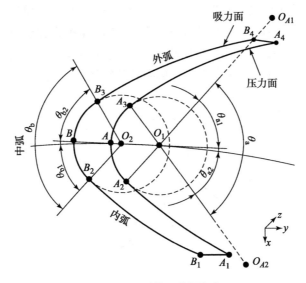

图 4-17　叶片工作面包角

$$\{C_n\} = \{(x_{ni}, y_{ni}, z_{ni}) \mid n = 1, 2, 3; \ i = 1, 2, \cdots, m\} \qquad (4.28)$$

式中，$\{C_n\}$（$n = 1, 2, 3$）依次为内弧、中弧、外弧的离散点。

压力面中弧圆心 O_1 位于循环圆中环半径 R_0 上，θ_a 为中弧包角大小，可由此确定叶片压力面的弯曲程度。循环圆中环半径与中弧交点为点 A，AO_1 与 A_1O_1、A_3O_1 的夹角为 θ_{a1}、θ_{a2}，则有 $\theta_a = \theta_{a1} + \theta_{a2}$。通过计算 A_1、A_2、A_3、A_4 各点坐标，点阵 $\{C_n\}$ 可表示为

$$\{C_1\} = \begin{cases} (x_1 - x_{OA1})^2 + (y_1 - y_{OA1})^2 = r_{a1}^2 \\ z_1 = \sqrt{R^2 - x_1^2 - y_1^2}, y_{A1} \leqslant y_1 < y_{A2} \end{cases} \qquad (4.29)$$

$$\{C_2\} = \begin{cases} (x_2 - x_{O1})^2 + (y_2 - y_{O1})^2 = r_{a2}^2 \\ z_2 = \sqrt{R^2 - x_2^2 - y_2^2}, y_{A2} \leqslant y_2 \leqslant y_{A3} \end{cases} \qquad (4.30)$$

$$\{C_3\} = \begin{cases} (x_3 - x_{OA2})^2 + (y_3 - y_{OA2})^2 = r_{a3}^2 \\ z_3 = \sqrt{R^2 - x_3^2 - y_3^2}, y_{A3} < y_3 \leqslant y_{A4} \end{cases} \qquad (4.31)$$

通过对离散坐标点进行空间拟合，即可建立不同参数弯叶片压力面与循环圆内壁相交的空间轮廓曲线。叶片吸力面轮廓曲线受到压力面的几何约束，其参数可由工作面几何参数表示，如：

$$\begin{cases} \theta_{b1} = \theta_{a1} + \Delta\delta \\ \theta_{b2} = \theta_{a2} + \Delta\delta \\ r_{b2} = r_{a2} \end{cases} \qquad (4.32)$$

　　由于较大叶片的厚度会导致油液在循环圆内流动过程中产生较大的收缩与扩散损失，因此循环圆入、出口的叶片厚度应尽量小，由此设定 $\overline{A_1B_1}$ 与 $\overline{A_4B_4}$ 为较小常数 Δl。另外，吸力面半径 r_{b1}、r_{b3} 亦可由参数 θ_{a1}、θ_{a2}、r_{a1}、r_{a2}、r_{a3} 与 $\Delta \delta$ 推导得出，其计算流程如图 4-18 所示。

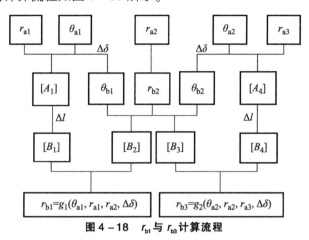

图 4-18　r_{b1} 与 r_{b3} 计算流程

　　由此，即可对叶片吸力面的空间轮廓曲线进行求解。

　　图 4-19 所示为单周期流道周期面与叶片压力面的几何关系，周期面 a、b 点阵可通过叶片压力面坐标旋转获得。$D(x_D, y_D, z_D)$ 为压力面外轮廓空间曲线上任意一点，记为

$$\{D\} = \{(x_{Di}, y_{Di}, z_{Di}), i = 1, 2, \cdots, m\}, D \in \sum_{n=1}^{3} \{C_n\} \qquad (4.33)$$

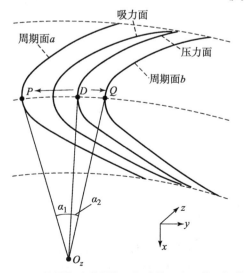

图 4-19　单周期流道周期面与叶片压力面的几例关系

以 $O_z(0,0,z_D)$ 为圆心，$\overline{O_zD}$ 为半径的 $\overset{\frown}{PDQ}$ 与周期面 a、b 分别交于点 $P(x_P, y_P, z_P)$、$Q(x_Q, y_Q, z_Q)$，其中，$\angle PO_zD = \alpha_1$，$\angle QO_zD = \alpha_2$。液力缓速器叶片在循环圆周向上均匀分布，通过求解相邻叶片之间的间隔角即可得到单周期流道所占整个循环圆的角度 α：

$$\alpha = \alpha_1 + \alpha_2 = 360°/Z$$

式中，Z 为叶片数目。

在 $\triangle O_zPD$ 中，由余弦定理可得

$$\overline{PD} = \sqrt{\overline{O_zD}^2 + \overline{O_zP}^2 - 2\,\overline{O_zD}\,\overline{O_zP}\cos\alpha_1} \tag{4.34}$$

D、P 两点位于同一个圆柱面，由空间两点距离公式可得

$$\begin{cases} \overline{PD} = \sqrt{(x_P{}^2 - x_D{}^2) + (y_P{}^2 - y_D{}^2)} \\ \overline{O_zD} = \overline{O_zP} = \sqrt{x_D{}^2 + y_D{}^2} \end{cases} \tag{4.35}$$

联立方程可解出周期面 a 上离散后的任意一点坐标 $P(x_P, y_P, z_P)$，同理可解出周期面 b 上离散点坐标 $Q(x_Q, y_Q, z_Q)$，记为

$$\begin{cases} \{P\} = \{(x_{Pi}, y_{Pi}, z_{Pi}), i = 1, 2, \cdots, m\} \\ \{Q\} = \{(x_{Qi}, y_{Qi}, z_{Qi}), i = 1, 2, \cdots, m\} \end{cases} \tag{4.36}$$

综上，提取出弯叶片叶形设计参数为

$$X = (r_{a1} \quad r_{a2} \quad r_{a3} \quad \theta_{a1} \quad \theta_{a2} \quad \Delta\delta)^T \tag{4.37}$$

利用以上设计变量即可建立不同叶形参数的弯叶片叶栅周期流道，获得轮腔叶栅参数化模型。图 4-20 所示为只改变 θ_{a1} 与 θ_{a2}，而其余参数保持不变时的动轮叶栅设计结果。

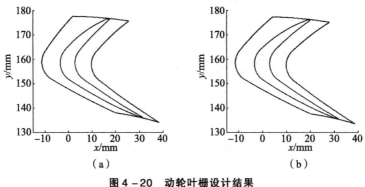

图 4-20 动轮叶栅设计结果

(a) $\theta_{a1} = 55°$，$\theta_{a2} = 40°$；(b) $\theta_{a1} = 55°$，$\theta_{a2} = 45°$

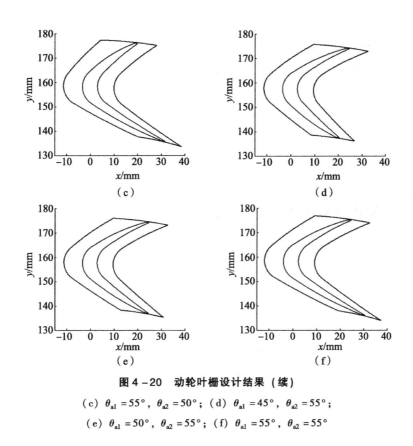

图 4 - 20　动轮叶栅设计结果（续）

（c）$\theta_{a1} = 55°$，$\theta_{a2} = 50°$；（d）$\theta_{a1} = 45°$，$\theta_{a2} = 55°$；

（e）$\theta_{a1} = 50°$，$\theta_{a2} = 55°$；（f）$\theta_{a1} = 55°$，$\theta_{a2} = 55°$

|4.3　叶栅系统集成设计优化方法|

　　流场仿真模型与束流计算模型相比，由于摒弃了大量假设及经验公式的约束，其能够较完整地反映液力元件内部复杂的流动行为，因此被广泛应用于包括液力缓速器在内的液力元件内流场数值模拟及性能预测。但这种方法相对较高的计算成本和复杂性使其通常被局限应用于特性预测计算和校核分析验证，而难以直接被设计。参考液力变矩器的三维流动设计优化方法，构建其叶栅系统集成设计平台和基本流程。

　　在液力缓速器优化设计研究领域，研究人员就 CFD 技术在液力缓速器叶栅参数的优化应用方面进行了探索，江苏大学[15-17]、吉林大学[18,19]、北方车辆研究所[20]等根据以往设计经验近似选取有限组离散参数进行正向验证性质

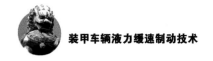

计算，然后选出相对最优方案。但由于未能实现叶栅参数化模型自动生成，因而只能对有限组的样本参数进行仿真计算，仿真结果难以保证最优。由于模型参数涵盖范围窄，实际工作只能被称为叶栅参数"优选"，而非真正意义上的"优化"[21]。

在叶片和流道参数化模型的基础上，结合空间流场仿真分析，建立了液力缓速器三维集成优化设计系统，采用试验设计、近似模型以及优化算法，实现液力元件基本设计理论与 CAD、CFD、DOE、RSM 等技术的高度融合，以实现真正意义上的液力缓速器叶栅参数优化。

4.3.1 集成优化关键技术

对液力缓速器叶栅参数优化的目标是在设计参数范围内使其制动性能达到最优，而令其他方面的性能仍在可接受的约束范围内，如结构强度、重量体积等。在数学上这是一个典型的最优化问题。由于制动转矩与叶栅参数没有明确对应的函数解析关系式，因此集成优化通过集成 CFD 分析程序来对应输入参数和输出参数，以实现优化设计。

三维集成优化设计具有如下特点：

（1）参数多。束流理论由于其局限性，只能对诸如叶片倾角，循环圆直径之类的参数进行分析。三维流动计算以实际三维几何结构流道为模型，进行黏性流体动力学计算，因此涵盖了叶栅结构所有的几何结构参数。

（2）模块多。三维优化集成了多个仿真模块，其中包括流道几何三维参数化建模、网格划分处理、流场前处理、仿真计算以及后处理等，并通过集成仿真平台上批处理命令执行优化循环流程。

（3）耗时长。由于液力缓速器内流场 CFD 计算的复杂性和多模块串行计算的特点，单样本点的 CFD 计算已经相当耗时，以及其需要较高的计算硬件需求，而基于试验设计技术的优化设计往往需要大量设计样本进行 CFD 计算，因此仿真优化通过采用一维束流优化结果作为搜索初值、构建响应面近似模型等方法以加快寻优，减小计算规模。

由于液力缓速器设计参数众多，在采用三维流场仿真作为求解其性能的工具之后，计算时间较长，如果直接进行寻优，则势必需要大量的资源及时间以获得可行优化结果。为了缩短寻优过程，可先进行实验设计，采用有限个样本点进行计算，再利用逼近技术构造自变量与因变量的近似模型，在近似模型上进行寻优。由于近似模型的构造有一定误差，因此在寻优后，将其代入原模型中进行计算，以获取实际最优解，这样可以大大简化优化过程，缩短优化时间。液力缓速器的三维集成优化设计流程主要由试验设计（DOE）、构建响应面近似模型（RSM），以及基于响应面近似模型的优化三部分组成，集成优化技术的一般流程如图 4 – 21 所示。

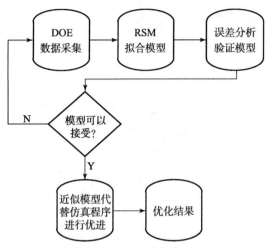

图 4 – 21　集成优化技术的一般流程

4.3.1.1　试验设计

叶栅系统设计涉及大量参数，需要进行由各叶栅参数构成的多因子试验设计，以考察各因子及其之间的交互效应。试验设计是以**概率论与数理统计**为理论基础、合理安排试验的一种方法论。它主要研究如何高效而经济地获取数据信息、科学地分析处理并得出正确的结论，包括确定目标，选择响应、因子和水平，计划与实施试验等几项工作。试验设计要处理的核心问题就是因子（输入变量）和水平（参量取值）的选择，在遵循重复、随机化和分区组三大原则的前提下，应合理地确定因子个数及其取值范围和所取水平，考察因子在不同水平的变化趋势以达到期望结果。因而，试验因子和水平的选择应当力求简明，水平间的差距须适当，使处理的效应差异能显示出来[22]。

1. 试验设计方法

在多因子试验中，将所有的因子都投入的试验叫作全因子试验。由于全因子试验设计方法需要评估所有因子在所有水平上的所有可能组合，因此需要大量试验次数，在实际设计中一般很少被采用。一般只能有规律地选取部分因子进行试验，这种情况叫作部分实施试验。部分实施方法包括析因设计、正交设计、中心复合法、拉丁方设计、优化拉丁方设计等试验设计方法。图 4 – 22 所示为各种试验设计方法。

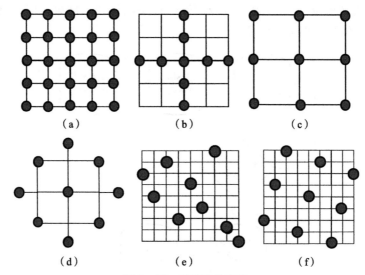

图 4-22　试验设计方法

（a）全因子试验；（b）析因设计；（c）正交设计；（d）中心复合法；
（e）拉丁方设计；（f）优化拉丁方设计

析因设计是每次试验只变化一个参数，在没有交互效应的情况下能以很少的计算费用求得灵敏度，适用于研究某个变量的主效应以及变量间影响不大的情况。

正交设计以保持因子的正交性为原则选择因子，用较少的试验次数来得到尽量多的信息。但由于正交设计数组必须满足整齐可比，因此对于多水平问题，其设置的试验数呈指数增加，因此不适合做多水平的试验。

中心复合法是两水平的全因子法，并添加了各因子的中心试验点，对构建二阶响应面非常适合，其可以有规律、有目的地在试验计划中增添有限次数的各因子的中心试验点和拓展试验点，这为研究曲率的变化趋势、最优区域的确定等提供了极大的便利。但其比正交设计法需要的试验次数更多。

拉丁方设计是在设计空间中均匀随机采样的方法，由于设计点在空间均匀分布，因此所有因子水平相同。通过随机组合水平来指定点数，每个水平都被包含一次，每个因子可以研究更多点和更多组合。

优化拉丁方设计是在拉丁方设计的基础之上做了一定改进，外加一个准则。通过优化设计矩阵每列中各个因子出现的次序，矩阵的因子水平分布尽可能均匀。

在液力缓速器三维集成优化研究中，三维流场计算耗时较长，叶栅参数对制动性能的影响是一个多因子多水平设计问题。为了有效地研究参数相关性以及其对制动性能的影响，试验采用先将各项参数独立出来进行参数敏感性研究以及优化，继而再进行参数总体优化，试验设计运用析因设计和拉丁方设计相结合的方法。

2. 参数效应分析

输入和输出之间的关系被称作主效应。当获得所有的响应信息后，通过建立一个标准的二阶最小二乘多项式响应面来近似实验点，这会产生一系列的多项式系数。通过拟合的多项式的系数来计算输入和输出之间的主效应。以有两个独立因子 x_1，x_2 为例，建立多项式

$$y = c_0 + c_1 x_1 + c_2 x_2 + c_3 x_1^2 + c_4 x_2^2 + c_5 x_1 x_2 \qquad (4.38)$$

二阶拟合多项式求微分后得

$$dy = c_1 dx_1 + c_2 dx_2 + 2c_3 dx_1 + 2c_4 dx_2 + c_5 x_2 dx_1 + c_5 x_1 dx_2 \qquad (4.39)$$

则线性主效应项

$$M(x_1) = c_1 dx_1, \ M(x_2) = c_2 dx_2$$

二阶主效应项

$$M(x_1^2) = 2c_3 dx_1, \ M(x_2^2) = 2c_4 dx_2$$

交互效应

$$M(x_1 x_2) = c_5 (x_2 dx_1 + x_1 dx_2)$$

其中

$$dx = \max(x) - \min(x)$$

主效应为在平均意义上因子如何影响响应提供了参考。主效应数值越大，表明因子对响应的影响越大。正的主效应意味着随着因子的增大，响应也会变大；负的主效应意味着随着因子的增大，响应会变小。存在二阶主效应意味着因子对响应的影响不是线性的。较大的交互效应意味着两个参数同时变化的时候会对响应造成很大影响。

4.3.1.2　近似模型技术

近似模型技术是模拟一系列输入参数与输出参数之间的响应关系的方法，在优化设计中，使用近似模型的方法处理问题，可以有效地降低独立设计变量的维数，减少约束条件，并且通过逼近目标函数和约束条件，减少大量且耗时的详细分析运算。

有些问题的仿真程序对输入参数很敏感，输入参数的微小变化就会引起输出量的很大扰动。在处理这类问题时经常会产生噪声干扰，而噪声干扰通常是设计人员在处理工程问题中所不愿见到的，因为其常常不利于用优化算法顺利

地找到多个局部最优点。如果在设计过程中为原问题创建近似模型后再处理，就会大大地降低计算中产生的噪声干扰。在近似模型（尤其是响应面模型）中响应函数都被进行了平滑处理，这种处理在许多情况下是有利于更快地收敛到全局最优点的。

近似模型技术同时也为快速优化和敏感度分析提供了一种高效的解决方法，而且其适用范围很广，不仅仅局限于优化设计。其在试验设计中、在质量工程里的各种方法中（如蒙特卡罗法、可靠性优化法等），还有在权衡分析中都有广泛的应用。

近似模型主要有响应曲面（Response Surface Methodology，RSM）模型、泰勒级数模型、多重复杂度模型、Kriging 模型等。这里选用响应曲面近似模型，其可以通过较少的试验获得设计变量与性能之间足够准确的相互关系，并且可以用简单的代数表达式展现出来，从而节约时间、降低计算成本，给设计者带来了极大的方便，同时还可以平滑设计空间的噪声，防止数值优化方法陷入局部极小点。

1. 响应曲面近似模型

响应曲面法是利用合理的试验设计方法并通过实验得到一定数据，采用多元回归方程来拟合因素与响应值之间的函数关系，通过对回归方程的分析来寻求最优化，解决多变量问题的一种统计方法。响应面模型示意如图 4 - 23 所示，响应面一经构建，就被作为整个精确求解方法的代理表达式。新的设计变量组合解的获取不需要实际运算整个分析过程，而是被插入响应曲面模型以快速估算模型的响应。

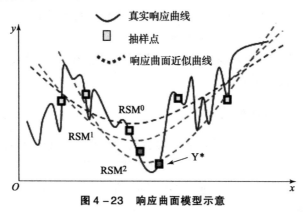

图 4 - 23　响应曲面模型示意

响应曲面近似模型要分析的是包含响应 y 的系统，该响应依赖输入变量 x_1，x_2，$\cdots$，x_k，它们的关系可用下列模型表示：

$$y = f(x_1, x_2, \cdots, x_k) + \varepsilon \tag{4.40}$$

其中真实的响应函数 f 的形式未知；ε 是误差项，它表示不能由 f 涵盖的变异部分。由于响应 y 和 x_1，x_2，$\cdots$，x_k 之间的关系可以用图形的形式描述为 x_1，x_2，$\cdots$，x_k 空间上的一个曲面，故称其为响应曲面。

根据输入因子水平是接近还是远离响应曲面的最优位置，响应曲面有两种不同的构建形式。当远离时宜采用曲面的一阶逼近，此时采用一阶模型：

$$y = a_0 + \sum_{i=1}^{k} b_i x_i + \varepsilon \tag{4.41}$$

式中，b_i 为编码变量 x_i 的斜率或线性效应。当接近或位于最优区域中时，为获取对影响曲面在最优值附近的小范围内的精确逼近，加入对曲度效应的考虑，我们采用二阶或更高阶次的模型，但一般不超过四阶。本文分别采用二阶及二阶以上模型构建响应曲面，对液力缓速器性能进行优化。

$$y = a_0 + \sum_{i=1}^{k} b_i x_i + \sum_{ij(i<j)} c_{ij} x_i x_j + \sum_{i=1}^{k} d_i x_i^2 + \varepsilon \tag{4.42}$$

$$y = a_0 + \sum_{i=1}^{k} b_i x_i + \sum_{ij(i<j)} c_{ij} x_i x_j + \sum_{i=1}^{k} d_i x_i^2 + \sum_{i=1}^{k} e_i x_i^3 + \varepsilon \tag{4.43}$$

$$y = a_0 + \sum_{i=1}^{k} b_i x_i + \sum_{ij(i<j)} c_{ij} x_i x_j + \sum_{i=1}^{k} d_i x_i^2 + \sum_{i=1}^{k} e_i x_i^3 + \sum_{i=1}^{k} g_i x_i^4 + \varepsilon \tag{4.44}$$

式中，k 为因子数目；x_i 为输入因子；a、b、c、d、g 均为多项式系数。

以二阶响应曲面近似模型为例，以 b_i 为编码变量 x_i 的斜率或线性效应，b_{ij} 为 x_i 与 x_j 之间的线性交互效应，b_{ii} 为 x_i 的二次效应，通过对这些回归系数进行分析可以了解各因子设计的重要性以及它们之间的相互关系。通过最小二乘法估计模型中的参数 b，可将其转化为线性回归模型

$$\hat{y} = \hat{b}_0 + \sum_{i=1}^{k} \hat{b}_i x_i + \sum_{i<j}^{k} \hat{b}_{ij} x_i x_j + \sum_{i=1}^{k} \hat{b}_{ii} x_i^2 \tag{4.45}$$

由矩阵的形式表示为

$$\hat{y} = \hat{b}_0 + \boldsymbol{b}^{\mathrm{T}} \boldsymbol{x} + \boldsymbol{x}^{\mathrm{T}} \boldsymbol{B} \boldsymbol{x} \tag{4.46}$$

式中，$\boldsymbol{x} = (x_1, x_2, \cdots, x_k)^{\mathrm{T}}$；$\boldsymbol{b} = (\hat{b}_1, \hat{b}_2, \cdots, \hat{b}_k)^{\mathrm{T}}$；$\boldsymbol{B}$ 为 $k \times k$ 阶对称矩阵：

$$\boldsymbol{B} = \begin{bmatrix} b_{11} & b_{12} & \cdots & b_{1k} \\ b_{21} & b_{22} & \cdots & b_{2k} \\ \vdots & \vdots & & \vdots \\ b_{k1} & b_{k2} & \cdots & b_{kk} \end{bmatrix} \tag{4.47}$$

系数向量 $\boldsymbol{B}$ 的无偏估计可由最小二乘法得到：

$$\overline{\boldsymbol{B}} = (\boldsymbol{x}^{\mathrm{T}} \boldsymbol{x})^{-1} \boldsymbol{x}^{\mathrm{T}} \boldsymbol{y} \tag{4.48}$$

2. 误差分析

生成响应面方程后，需要对其预测能力进行评估，根据已知响应的数据

点，计算模型预测值和已知值之差以确定近似带来的误差，响应曲面近似模型存在误差通常是由于样本不足或数据存在偏差，一般使用均方根差 σ_a、相关系数 R^2 进行准确性评估，其意义分别如下：

$$\sigma_a = \sqrt{\sum_{i=1}^{n} \frac{e_i^2}{n-k}} \tag{4.49}$$

式中，e_i 为误差；n 为样本数；k 为系数数目，比较小的值意味着响应曲面对样本拟合较好。

$$R^2 = \frac{SS_R}{SS_T} = 1 - \frac{SS_E}{SS_T} \tag{4.50}$$

式中，SS_E 为残差平方和；SS_R 为回归平方和；SS_T 为方法总平均和；R^2 是完全拟合的度量值，其反映响应曲面符合给定数据的程度。有时为更全面评估模型的预测性能，我们引入另一相关系数 R_a^2 评价准确性。

$$R_a^2 = 1 - \frac{n-1}{n-k}(1 - R^2) \tag{4.51}$$

如果响应曲面预测能力未满足要求，则可以考虑应用更高阶响应方程或更多次的模拟更新响应曲面以提高近似程度。

4.3.1.3　优化技术

优化理论是一种用数学方法去找到最优的设计，但又无须遍历评估所有的可能的设计。不同的优化方法对优化问题的表达方式是不一样的，此处对三维集成优化问题的数学表述如下。

目标函数：

$$\min\left(\sum_i \frac{W_i}{SF_i} \cdot F_i(X) \right) \tag{4.52}$$

满足等式约束：

$$[h_i(X) - \text{Tar}] \cdot \frac{W_i}{SF_i} = 0 \tag{4.53}$$

不等式约束：

$$\frac{W_i}{SF_i} \cdot [\text{LB} - g_i(X)] \leqslant 0 \tag{4.54}$$

$$\frac{W_i}{SF_i} \cdot [g_i(X) - \text{UB}] \leqslant 0 \tag{4.55}$$

式中，W_i 为权重因子；SF_i 为比例因子；F_i 为待优化函数；h_i 为等式约束函数；g_i 为不等式约束函数；Tar 表示约束中的目标值；LB、UB 分别代表上、下边界。

通过以上公式所有极值问题都被转换成一个加权的最小化问题，每个目标及约束根据重要程度都有相应的权重因子和比例因子。如果一个目标是最大化，那么它的权重因子相应为负。如果需要建立基于罚函数的优化问题，那么只需在后面加上惩罚项。

优化技术大体上可以分为三类：梯度法、直接法和全局探索法。我们在实际优化中初步发现，液力缓速器三维叶栅参数构成的制动转矩响应曲面模型具有单峰、连续的特点，因此采用梯度法优化技术能够快速高效地得到精度较高的优化结果。

4.3.2　三维集成优化流程

本文基于商业软件 Isight 对整个试验设计、建模、网格划分、仿真以及后处理、构建响应曲面模型以及优化过程建立系统集成仿真平台进行优化计算。仿真平台组件如图 4-24 所示。通过对叶轮叶栅系统三维集成优化平台的建立，应用有效优化策略，组织和管理整个系统的设计过程，以获得系统的整体最优解[23]。

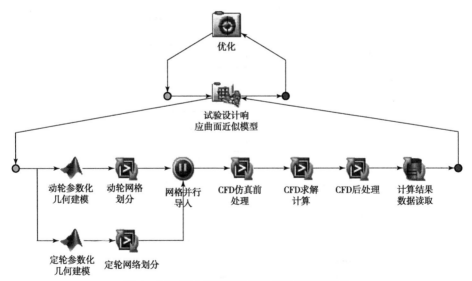

图 4-24　液力缓速器叶栅系统集成仿真平台

在优化过程中，首先构造试验设计表，从全面试验的样本中挑选部分有代表性的样本进行分析，样本通常应具有正交性，即在统计学上每两个因素的水平互不相关，具体体现在均匀分散性（每列各因素水平出现机会均等）和整体可比性（每行各因素水平间配对机会均等）两个方面。

在建模阶段，通过将试验设计参数导入建模程序，直接计算出不同叶栅参数的液力缓速器周期流道模型点阵，再将几何模型信息直接传递到网格划分阶段，利用网格划分工具的建模功能对液力缓速器流道进行点、线、面、体的参数化自动建模并最终进行网格划分。因此，三维集成优化平台必须建立在液力缓速器流道几何模型完全参数化和制动特性准确预测的基础之上。

当进行变量数目很多的大规模优化时，还要在试验设计后进行显著性分析，剔除对目标函数影响相对微弱的设计参量，降低优化设计的规模。在得到全部试验设计样本的计算结果后，优化平台构建响应曲面近似模型，并由优化算法在曲面上寻优，由于响应曲面模型是由样本点拟合而成，存在一定的误差，故响应曲面模型最优解并不一定就是实际最优解，要经过验算才能确定最终实际最优解。由三维流场分析对优化结果进行验算，如果不满足最优条件，则加入该次流场分析结果，重新构建响应曲面模型，更新该响应曲面，直到满足条件为止。优化设计流程如图 4 - 25 所示。

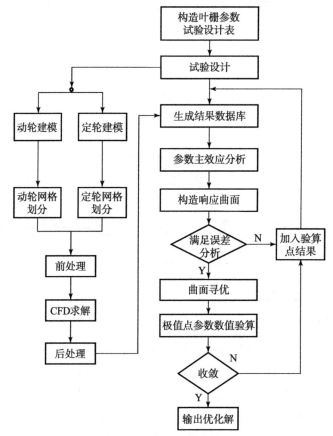

图 4 - 25　液力缓速器三维集成优化设计流程

|4.4 集成设计优化算例|

4.4.1 叶片数目参数优化算例

定义一组动、定轮叶片数目参数输入变量以及优化目标为

$$\begin{cases} X = (z_R \quad z_S)^T \\ \max(T_R(X)) \end{cases} \tag{4.56}$$

式中，z_R、z_S 分别为动、定轮的叶片数目。建立出叶片数目参数化的液力缓速器叶栅周期流道模型并构造试验设计，如表 4 - 2 所示。

表 4 - 2 叶片数目参数试验设计

序号	z_R	z_S	序号	z_R	z_S
1	14	57	11	5	48
2	8	31	12	60	34
3	19	25	13	40	60
4	17	43	14	46	14
5	37	46	15	43	28
6	28	37	16	11	17
7	48	40	17	34	5
8	25	51	18	31	19
9	22	11	19	51	54
10	57	8	20	54	22

通过优化平台对集成程序的反复迭代和对模型的不断更新，实现叶栅系统的三维参数优化计算。主效应分析计算结果如图 4 - 26 所示。

仿真计算 20 个样本点，总共耗时约 40 h。图 4 - 27 所示为根据不同叶片数目参数自动生成的单周期流道模型。

分别采用一至四阶响应曲面近似模型对试验结果进行拟合，其二元三次回归方程曲面构造方程如下：

$$T_R = -2\,753.304 + 261.648z_R + 246.174z_S - 8.304z_R^2 -$$
$$7.519z_S^2 + 0.375z_Rz_S + 0.073z_R^3 - 0.064z_S^3 \tag{4.57}$$

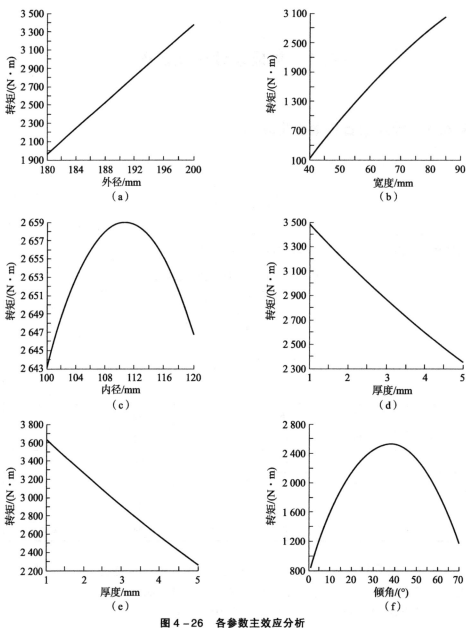

图 4 - 26　各参数主效应分析
（a）循环圆外径；（b）循环圆宽度；（c）循环圆内径；（d）动轮叶片厚度；
（e）定轮叶片厚度；（f）动轮叶片倾角

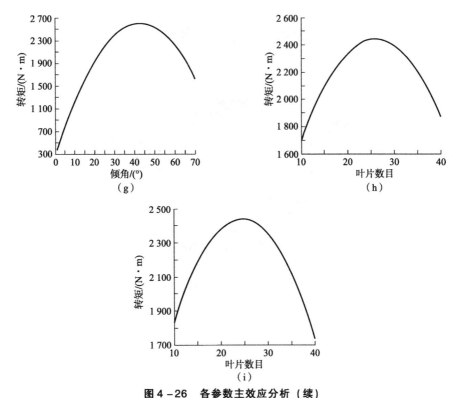

图 4 - 26　各参数主效应分析（续）

（g）定轮叶片倾角；（h）定轮叶片数目；（i）动轮叶片数目

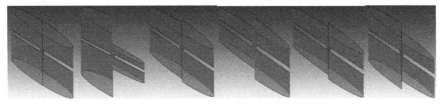

图 4 - 27　不同叶片数目的单周期流道模型

图 4 - 28 所示为根据试验样本计算结果构建的二元三次响应曲面近似模型的三维瀑布图，可见在以动、定轮数目两个设计变量为横坐标，制动转矩为纵坐标构造的三维曲面上，目标值制动转矩存在一个明显的波峰。

基于响应面近似模型，以制动转矩为优化目标，动、定轮叶片数目为设计变量，采用 Isight 内置的自适应模拟退火优化算法在响应曲面上进行寻优，图 4 - 29 所示为叶片数目和制动转矩循环迭代历程，经过 100 次循环迭代，得到计算转矩值 $T_R = 2\,429.568$ N·m 的初始最优解为

$$(z_R \quad z_S)^T = (24 \quad 25)^T$$

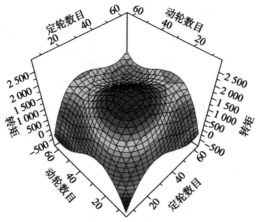

图 4 – 28 二元三次响应面

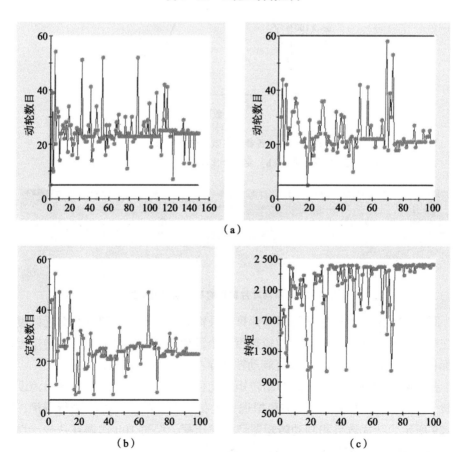

图 4 – 29 循环迭代历程

（a）动轮迭代；（b）定轮迭代；（c）制动转矩迭代

由于响应曲面近似优化结果是针对拟合曲面的优化，存在一定的误差，故需要将优化结果代回原始模型进行验算。以初始最优解为基准点，构造上下限 25% 的邻域进行试验设计，确定出最终计算转矩值 $T_R = 2\,589.356\ \text{N}\cdot\text{m}$ 的最优解为

$$(z_R \quad z_S)^T = (22 \quad 23)^T$$

响应曲面近似优化结果与实际验算结果相差不大，制动转矩极值也仅相差 6%，从而也验证了响应曲面近似模型的精度。为了进一步对优化结果及流动机理进行验证，选取三组典型试验样本重新进行流场计算并进行对比分析。三组样本如下：

（1）少叶片数方案 1：$z_R = 10$，$z_S = 10$。

（2）计算优化方案 2：$z_R = 22$，$z_S = 23$。

（3）多叶片数方案 3：$z_R = 50$，$z_S = 50$。

不同典型叶片数目方案的速度流线如图 4-30 所示。从整体上可见，随着叶片数目的增加，单周期流道空间明显变窄，但这使液流更趋向有效的循环流动。流道外环处流动速度高，循环圆中部区域流动速度较低。因而在靠近定轮循环圆中部区域的 A 处，由于液流冲击和回流形成涡旋区域。在三组方案中，

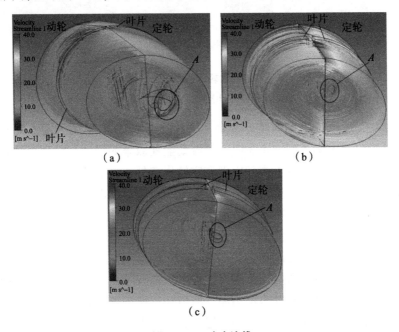

图 4-30　速度流线

（a）方案 1；（b）方案 2；（c）方案 3

经过优化的方案 2 的流线速度最大；方案 1 由于叶片数目少，动轮叶片不能有效对液流加速，液流速度较低，形成的涡旋区域不如方案 2 集中；而方案 3 中叶片数目过多、流道过窄，因而限制了液流速度，形成涡旋现象也不如方案 2 中明显。

不同典型叶片数目方案的定轮压力面的压力分布如图 4 - 31 所示。与流线分布类似，缓速制动性能最优的方案 2 压力分布数值上最大，分层也最明显；方案 1 中由于叶片数目少、流道较宽，从来流入口到出口之间的压力梯度不如从循环圆外环到内环之间的压力梯度明显；而方案 3 由于叶片增多后，流道较窄，压力梯度虽然明显，但数值较小。

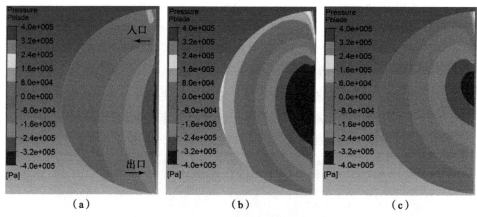

图 4 - 31　定轮压力面的压力分布
（a）方案 1；（b）方案 2；（c）方案 3

图 4 - 32 所示为不同典型叶片数目方案的定轮冲击面湍流动能耗散率分布，可以看出，方案 2 和方案 3 中，湍流动能耗散率的极大值出现在流速较高的循环圆外环处，而方案 1 中却出现在定轮出口处。由于叶片少、流道宽以及流速较低，方案 1 湍流动能耗散率分布的数值最小、梯度最不明显。而优化方案 2 的湍流动能耗散率分布数值最大、梯度最为明显。由于湍流动能耗散率在一定程度上表征了内流场能量耗散的程度，因此可以看出缓速制动性能最优的方案 2 能量耗散的效率也最高。结合图 4 - 30 的速度分析可以得出结论，随着叶片数目增加，摩擦和转向损失增大，进入和离开叶片的扩大和收缩的阻力增大，各种损失增加导致制动转矩增加。但当叶片增加到一定数目后，因速度更趋向于循环流动，沿叶间分布不均匀程度逐渐减小，涡旋强度减小，总制动转矩则开始下降。

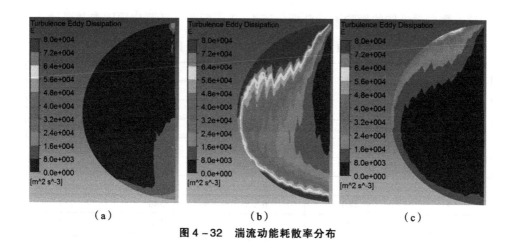

图 4 – 32　湍流动能耗散率分布

(a) 方案 1；(b) 方案 2；(c) 方案 3

　　三组方案中方案 2 的制动外特性远优于另外两组，可见液力缓速器叶片数目存在一个最优值，过多或者过少的叶片数目都会使缓速制动性能变差。图 4 – 33 所示为优化前的方案与优化后的方案的制动性能对比，可以看出，在转速 $n = 1\,200$ r/min 的全充液工况下，优化前的制动转矩为 $5\,089.3$ N·m，采用优化叶片数目方案的液力缓速器制动转矩为 $5\,825.4$ N·m，由此可见原型样机能通过优化叶片数目参数有效地提高缓速制动性能。

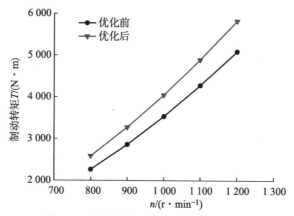

图 4 – 33　优化前后缓速制动性能的对比

4.4.2　循环圆宽度敏感性分析算例

　　基于变宽循环圆液力缓速器的设计方法，在液力缓速器循环圆设计中对总体宽度值 B 与大径 D_1 和小径 D_2 三个参数实现解耦，在对变宽循环圆液力缓速器几何模型参数化的基础上，利用三维集成仿真平台就不同扁平比循环圆对液力缓速器制动性能的影响进行分析。表 4 – 3 所示为循环圆扁平比参数设计。

表 4 – 3　循环圆扁平比参数设计

序号	e	B/mm	D_1/mm	D_2/mm
1	0.100	37.5	380	217
2	0.113	42.4	380	217
3	0.127	47.6	380	217
4	0.140	52.5	380	217
5	0.153	57.4	380	217
6	0.167	62.6	380	217
7	0.180	67.5	380	217
8	0.193	72.4	380	217
9	0.207	77.6	380	217
10	0.220	82.5	380	217

　　结合设计表参数选取的几种不同扁平比参数自动生成的单周期流道网格模型如图 4 – 34 所示。

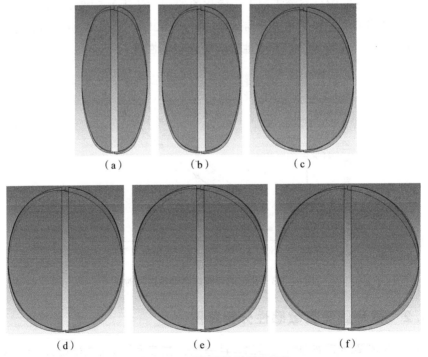

图 4 – 34　单周期流道网格模型

（a）$e = 0.100$；（b）$e = 0.120$；（c）$e = 0.150$；（d）$e = 0.180$；（e）$e = 0.200$；（f）$e = 0.220$

选取 3 组典型试验样本，对其作不同扁平比下液力缓速器周期面速度矢量分布、动轮叶片压力分布以及定轮叶片湍流动能耗散率分布云图。

从图 4 - 35 的循环圆速度矢量分布可见，随着扁平比增大，液力缓速器循环圆宽度逐渐增加，并且流道内的速度场分布数值明显增大。由于小扁平比的循环圆内部流道较窄，阻碍了液流在动轮内部的充分加速，因而内部液流的平均速率较低。扁平比的减小使液流循环流动对涡旋的作用减小，而动、定轮叶片交互作用对涡旋产生的作用增大，导致在动、定轮循环圆中部的低速涡旋区域相应增大。

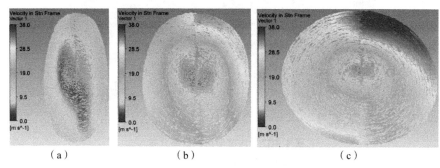

图 4 - 35　速度矢量分布

（a）$e = 0.100$；（b）$e = 0.150$；（c）$e = 0.220$

不同扁平比下液力缓速器动轮压力面的压力分布如图 4 - 36 所示，随着扁平比的增大，叶片宽度和面积也明显增大，而叶片上的压力分布由循环圆内环向外环递增的分层效果也更加明显。由于小扁平比的循环圆流道较窄、液流平均速率较低、对叶片冲击作用也较小，因此随着扁平比的减小，压力分布不仅分层不明显，而且数值也有所降低。

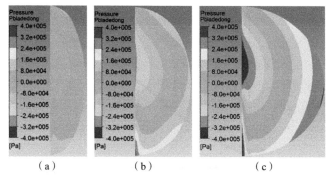

图 4 - 36　动轮压力面压力分布

（a）$e = 0.100$；（b）$e = 0.150$；（c）$e = 0.220$

图 4 - 37 所示为不同扁平比下液力缓速器定轮冲击面湍流动能耗散率的分布，可见随着扁平比的增大，液流在动轮腔内充分加速，其对定轮叶片的冲击作用也更加明显，因此定轮冲击面上的湍流动能耗散率分布数值更大。小扁平比的液力缓速器循环圆虽然叶片较小，轴向空间较小，但截面形状不利于流体循环运动，整体流场流速小，形状涡旋的质量流量较小，因此冲击损失和摩擦损失较小，能量耗散效率较低。

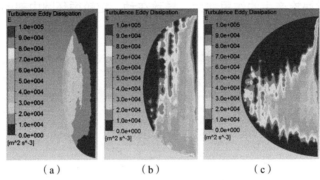

（a）　　　　　　（b）　　　　　　（c）

图 4 - 37　湍流动能耗散率分布

（a）$e = 0.100$；（b）$e = 0.150$；（c）$e = 0.220$

图 4 - 38 所示为当转速 $n = 800$ r/min 时，制动转矩随扁平比的变化曲线，当液力缓速器循环圆轴向宽度为 $B = 82.5$ mm、扁平比为 $e = 0.220$ 时，制动转矩为 2 693 N·m；而若将循环圆轴向宽度压缩到 $B = 37.5$ mm、扁平比为 $e = 0.100$ 时，制动转矩仅为 241.2 N·m。从图上也可以看出，随着扁平比和轴向宽度的减小，制动转矩呈非线性降低。由此可以看出，通过压缩液力缓速器轴向宽度节省轴向布置空间是以牺牲部分制动性能为代价的，因此在实际液力缓速器设计中，减小宽度需要通过优化其他叶栅参数来补偿制动转矩的减小。

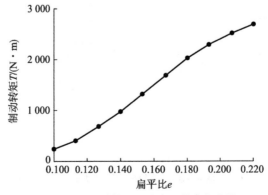

图 4 - 38　制动转矩随扁平比的变化曲线

4.4.3　双循环圆弯叶片倾斜方位优化算例

为发掘双循环圆液力缓速器的制动性能潜力，我们对不同倾斜方位弯曲叶片叶栅系统对其影响规律进行研究。基于某双循环圆液力缓速器样机，我们对叶片倾斜方位作参数化定义，采用实验设计方法建立不同参数下动轮与定轮单流道模型。利用三维流场仿真技术，分别针对不同参数配置下流道模型进行数值计算，分析叶片倾斜方位对液力缓速器内流场速度分布以及湍流动能等参量分布的影响规律，获取制动外特性随叶片倾斜方位的变化规律。

叶栅系统参数是决定液力缓速器制动功率密度的关键因素，其主要包括有效直径、叶片结构形式、叶片数目和叶片倾角及楔角等参数。考虑到缓速器的安装空间有限，在有效直径不变的前提下，对叶栅其他参数进行优化是液力缓速器制动性能优化的主要手段。在对缓速器叶片倾角优化的过程中，对叶片空间姿态变化考虑尚不够全面。这里针对某双循环圆液力缓速器，基于 CFD 仿真技术，通过对不同叶片倾斜方位下的液力缓速器内部流动仿真分析，获取叶片倾斜方位对双循环圆液力缓速器制动性能的影响规律，寻求相对最优的叶片倾斜方位[24]。

叶片倾斜方向可由它与坐标轴的夹角确定，如图 4 – 39 所示。保持叶片在叶轮交互面简图上形状、尺寸、方位不变，将其沿着图中轴线方向按一定尺寸拉伸可得到叶轮叶片。倾斜轴线的方向决定叶片的倾斜方位，称其为叶片特征轴；θ 表示根部叶形不动而顶部叶形平移时叶片总体偏离 x 轴的程度，称为方位角；γ 表示根部叶形不动而顶部叶形平移时叶片的俯仰程度，称为倾角。

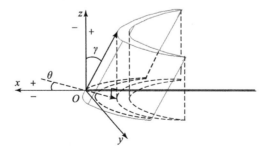

图 4 – 39　叶片倾斜方向的确定

倾斜轴线的方向可以由 θ、γ 确定。其中 θ 为轴线在 Oxy 平面内投影与 x 轴的夹角，正负规定如图 4 – 39 所示；γ 为叶片特征轴与 z 轴的夹角，正负规定如图 4 – 39 所示。在叶片建模过程中，坐标系 z 轴与叶轮旋转轴线重合；y 轴过压力面、吸力面中弧顶点连线中点；x 轴方向符合右手定则；坐标原点 O 位于叶轮交互面上。设置定轮与动轮叶片具有相同的倾斜方位。

当 $\gamma = 0°$ 时，叶片特征轴与 z 轴重合，其方位与 θ 无关，得到的叶片为零倾角叶片；当 $\gamma \neq 0°$ 时，叶片特征轴方位随 θ、γ 的不同而不同。由于叶片前倾时的制动性能优于后倾，因此本文针对前倾的叶片进行建模分析，此时 $\gamma \geqslant 0$。

为进一步优化体系的建立，以制动转矩为优化目标，以倾角 γ 和方位角 θ 为优化变量，变量约束取 $0° \leqslant \gamma \leqslant 40°$，$-20° \leqslant \theta \leqslant 30°$。需要注意的是，液力缓速器制动性能的因素有循环圆形状、有效直径、叶片数目、叶片前缘倒角、叶片倾斜方位等，寻求不同叶片倾斜方位下的最优是在其他条件一定下的最优。根据两个因素的取值范围，采用部分因子设计方法构造出二因子二十水平的设计矩阵列，如表 4 – 4 所示。

表 4 – 4　二因子二十水平试验表

序号	$\gamma/(°)$	$\theta/(°)$	序号	$\gamma/(°)$	$\theta/(°)$
1	0	− 20	16	25	0
2	5	− 20	17	30	0
3	10	− 20	18	40	0
4	15	− 20	19	0	10
5	20	− 20	20	10	10
6	25	− 20	21	20	10
7	0	− 10	22	25	10
8	10	− 10	23	30	10
9	20	− 10	24	0	20
10	30	− 10	25	5	20
11	0	0	26	20	20
12	5	0	27	25	20
13	10	0	28	0	30
14	15	0	29	15	30
15	20	0	30	20	30

由设计矩阵中数据建立对应的几何模型，经流场仿真得到对应的制动转矩。可以定量分析制动转矩对叶片倾角 γ、叶片方位角 θ 的敏感性。图 4 – 40 （a）、（b）所示分别为 γ、θ 对制动转矩的主效应分析。随着 γ、θ 分别增加，制动转矩均出现先增加后减小的现象。当 $\gamma = 29.22°$、$\theta = 0°$ 时，制动转矩达到极大值；当 $\gamma = 0°$、$\theta = 0.31°$ 时，制动转矩达到极大值。制动转矩随叶片倾

角 γ 变化的幅值较其随叶片方位角 θ 变化的幅值大，即制动转矩对叶片倾角 γ 的变化更为敏感。

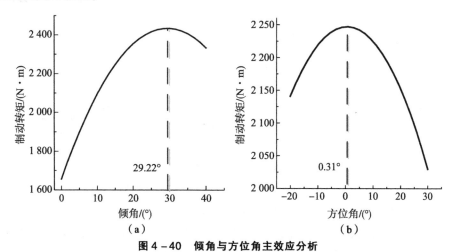

图 4 – 40 倾角与方位角主效应分析

（a）制动转矩随倾角变化；（b）制动转矩随方位角变化

根据制动转矩计算结果构建的制动转矩随 γ、θ 变化的二因子四次响应曲面近似模型如图 4 – 41 所示。随着叶片方位角与叶片倾角的变化，制动转矩出现单一峰值。采用非线性二次规划算法（NLPQL）在相应面上进行迭代寻优，求解最优组合，寻优过程如图 4 – 42 所示。最终结果显示，当 $\gamma = 30.63°$、$\theta = -0.06°$ 时，叶片倾角和方位角组合最优，此时制动转矩达到极大值。该角度组合与敏感性分析得到的角度 $\gamma = 29.22°$ 和 $\theta = 0.31°$ 不同，这是由于后者考察的是单一变量对液力缓速器制动性能的影响。

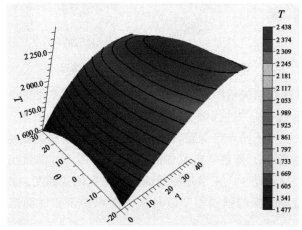

图 4 – 41 制动转矩随倾角和方位角变化的响应曲面近似模型

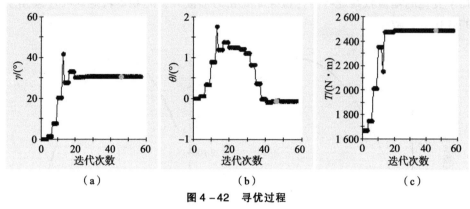

图 4 - 42　寻优过程

（a）叶片倾角；（b）叶片方位角；（c）制动转矩

为对优化结果进行验证，将原方案（$\gamma = 0°$、$\theta = 0°$）与优化方案（$\gamma = 30.63°$、$\theta = -0.06°$）的内部流场特性进行对比分析。图 4 - 43 所示为优化前、后轮腔内部流线的分布情况，由图可见，油液在优化后轮腔内部的循环流动速度较快；油液在动轮的 A 区域与定轮的 B 区域存在涡旋，优化后涡旋更加明显。

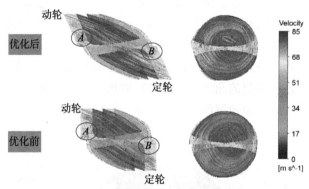

图 4 - 43　优化前、后流线的分布情况

通过速度流线图与矢量图仅可以定性地观察出循环流动的状况，为进一步量化分析缓速器制动能力的强弱，引入涡量分析与湍流耗散率。

涡量能够表征流体质点自身旋转的速度，流体质点涡量值越大，说明其自身旋转的速度越高[25]，其数学定义如式（4.58）所示。涡量出现的原因在于流体具有黏性，从运动学上来讲是流线弯曲和速度切变梯度，其大小在一定程度上能够表征流场涡旋的强烈程度以及流体质点由于黏性而造成的能量损失大小。

$$\boldsymbol{\omega} = \nabla \times \boldsymbol{V} = \begin{vmatrix} \boldsymbol{i} & \boldsymbol{j} & \boldsymbol{k} \\ \dfrac{\partial}{\partial x} & \dfrac{\partial}{\partial y} & \dfrac{\partial}{\partial z} \\ v_x & v_y & v_z \end{vmatrix} \tag{4.58}$$

图 4-44 所示为优化前、后涡量分布对比，由图可见，两者涡量较大值均分布在叶片吸力面附近，且优化后涡量明显变大。这说明优化后流体质点自身旋转速度变大，由于油液黏性造成的能量损失变大，同时在一定程度上说明了优化方案中油液循环流动的速度较高，缓速器制动性能较优。

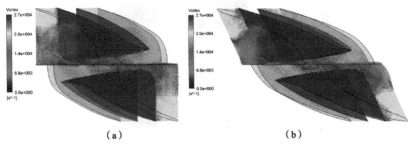

（a）   （b）

图 4-44   优化前、后涡量分布对比

（a）优化前；（b）优化后

为进一步观察叶片倾斜方位对缓速器内部流场的影响，我们对优化前、后缓速器轮腔不同截面上油液的分布进行对比分析，结果如图 4-45（a）、（b）所示。动轮轮腔在第 5 个平面处涡旋流动比较明显，在第 6 个平面处涡旋减弱；定轮轮腔在第 4 个平面处涡旋流动比较明显，在第 5 个平面处涡旋变弱。定轮与动轮中涡旋出现的位置存在稍许差异。

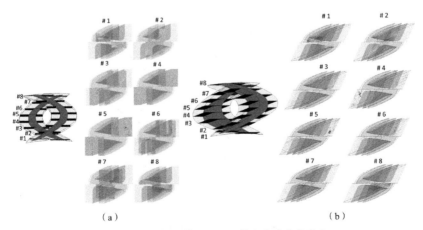

（a）   （b）

图 4-45   优化前、后不同截面上油液的分布

（a）优化前；（b）优化后

湍流耗散率指在分子黏性的作用下由于湍流动能转化为分子热运动动能的速度，其可以通过单位质量流体在单位时间内耗散的湍流动能来衡量。图4-46所示为优化前、后定轮周期面上湍流耗散率的分布。可见优化后湍流耗散率在定轮循环圆外环入口 A 处以及出口 B 处变大。这是由于在优化后，油液在入出口处流速加快，冲击外环后造成的冲击损失变大。为进一步量化分析优化后的效果，我们求湍流耗散率在周期面上的积分值。结果显示，优化前积分值为 5 960 m^2 · s^{-3}；优化后积分值为 6 793 m^2 · s^{-3}，增幅为 13.9% 。

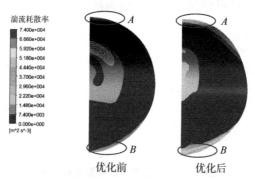

图4-46 湍流耗散率的分布

为进一步验证优化后缓速器的制动性能，对在全充液工况，其他转速下的制动转矩进行仿真计算。图4-47所示为优化前与优化后方案的液力缓速器在转速分别为 500 r/min、600 r/min、700 r/min、800 r/min、900 r/min 和 1 000 r/min时制动转矩的对比。可见倾角优化后制动转矩明显增加，在不同转速下其平均增幅在58%以上。在其他叶轮参数不变的情况下，通过调整叶片的倾角能够得到相对更优的制动性能。

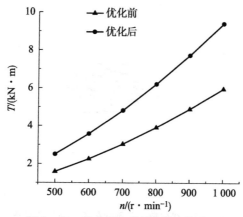

图4-47 优化前、后制动转矩的对比

参 考 文 献

［1］李慎龙. 基于液力变矩器的参数化设计及其虚拟装配技术研究 ［D］. 北京：北京理工大学，2006.

［2］刘应诚. 液力耦合器实用手册 ［M］. 北京：化学工业出版社，2008.

［3］邹波，陈日军，唐正华，等. 液力减速器内流道数值建模方法研究 ［J］. 机床与液压，2011，39（9）：100 – 104.

［4］朱经昌，魏宸官，郑慕侨. 车辆液力传动（上下册）［M］. 北京：国防工业出版社，1982.

［5］魏巍，刘城，闫清东. 柔性扁平循环圆液力元件叶栅系统设计方法 ［J］. 农业机械学报，2011，42（4）：33 – 38

［6］朱喜林，黄伟，刘春宝，等. 不同宽径比无内环液力变矩器设计与性能分析 ［J］. 农业机械学报，2011，42（6）：33 – 37.

［7］何仁，严军，鲁明. 不同流道轴面形状的液力缓速器内流场的模拟 ［J］. 系统仿真学报，2009，21（24）：7743 – 7746.

［8］李雪松. 基于非稳态流场分析的车用液力缓速器参数优化方法研究 ［D］. 长春：吉林大学，2010.

［9］魏巍，邹波，闫清东. 变宽循环圆液力减速器设计与性能分析 ［J］. 汽车工程，2013，35（2）：164 – 167.

［10］邹波. 车用液力减速器性能预测设计方法研究 ［D］. 北京：北京理工大学，2012.

［11］王企鲲. 具有组合式叶片的导流型垂直轴风力机气动性能的数值研究 ［J］. 机械工程学报，2011，47（12）：126 – 132.

［12］闫清东，穆洪斌，魏巍，等. 双循环圆液力缓速器叶形设计方法 ［J］. 哈尔滨工业大学学报，2015，47（7）：68 – 72.

［13］闫清东，穆洪斌，魏巍，等. 双循环圆液力缓速器叶形参数优化设计 ［J］. 兵工学报，2015，36（3）：385 – 390.

［14］王企鲲. 导流型垂直轴风力机内部流场数值模拟中若干问题的探讨 ［J］. 机械工程学报，2011，47（4）：147 – 154.

［15］严军. 车用液力缓速器设计理论和控制方法的研究 ［D］. 南京：江苏大学，2009.

［16］严军，何仁，鲁明. 液力缓速器变叶片数的三维数值模拟 ［J］. 江苏大学学报：自然科学版，2009，1：27 – 31.

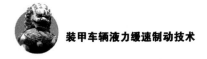
[17] 严军, 何仁. 液力缓速器叶片变角度的缓速性能分析 [J]. 农业机械学报, 2009, 4: 206 – 209, 226.

[18] 李雪松. 基于非稳态流场分析的车用液力缓速器参数优化方法研究 [D]. 长春: 吉林大学, 2010.

[19] 何延东. 基于 CFD 的大功率调速型液力耦合器设计 [D]. 长春: 吉林大学, 2009.

[20] 郭刘洋, 杜明刚. CFD 为基的液力缓速器结构优化仿真 [J]. 现代制造工程, 2009 (1): 104 – 106, 115.

[21] 魏巍, 闫清东. 液力变矩器泵轮叶片优化设计研究 [J]. 系统仿真学报, 2008, 20 (23): 6549 – 6552, 6556.

[22] 李云雁, 胡传荣. 试验设计与数据处理 [M]. 北京: 化学工业出版社, 2005.

[23] 魏巍, 刘旭, 刘博深, 等. 基于厚度变化的液力变矩器轻量化潜力研究 [J]. 哈尔滨工业大学学报, 2020, 52 (1): 91 – 99.

[24] 魏巍, 韩雪永, 穆洪斌, 等. 叶片方位对双循环圆液力缓速器制动性能影响 [J]. 华中科技大学学报: 自然科学版, 2016, 44 (9): 94 – 98.

[25] Hunt J, Wray A, Moin P. Eddies, stream, and convergence zones in turbulent flows [J]. Center for Turbulence Research Report CTR – S88, 1988: 193 – 208.

第 5 章

充液调节系统特性

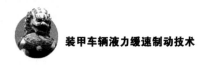

|5.1 充液率调节方案|

液力缓速器主要依靠对轮腔进行适时适量的充放液来改变轮腔充液率，进而实现对输出制动转矩的调节。因此，液力缓速器制动转矩的快速响应、精确调节与持久输出，在很大程度上取决于对充放液的有效控制[1]。

近年来，随着对缓速器内流场认识的深入、液压气动设计理念的更新以及电控技术的引入，国外主要缓速器厂商（如 Voith、Allison、ZF、Scania 等公司）均对充放液控制技术进行了深入研究并取得了丰硕成果[2-5]，但鲜有关于各技术路线的归纳总结和对比分析的文献，仅有的一些文献均停留在对控制功能和主要元件的介绍上，未能深入阐述液压、气动的原理、控制策略和技术侧重点，也未能加以清晰地分类归纳，给以后的借鉴和改进带来了不便[6,7]。下文从充液率调节技术角度，对当前主要技术路线进行总结、分析与比较，并介绍本项目组所采用的电液比例充液调节系统特性。

5.1.1 充液率的流量调节

液力缓速器的轮腔充液率 q 为进液流量 Q_{in} 与放液流量 Q_{out} 之差对时间的积分与轮腔容积 V 之比，如式（5.1）所示。因此，大部分充液率调节系统都是通过对充、放液流量的调节来达到控制轮腔充液率的目的[8]。

$$q = \int (Q_{in} - Q_{out}) \, \mathrm{d}t / V \tag{5.1}$$

1. 充、放液控制

一些技术方案设计了两套彼此独立的液压、气动控制回路，对充、放液流量分别进行独立控制。图 5-1 所示为由德国 Voith 公司劳克曼提出的一套液力缓速器充放液控制系统[9]。

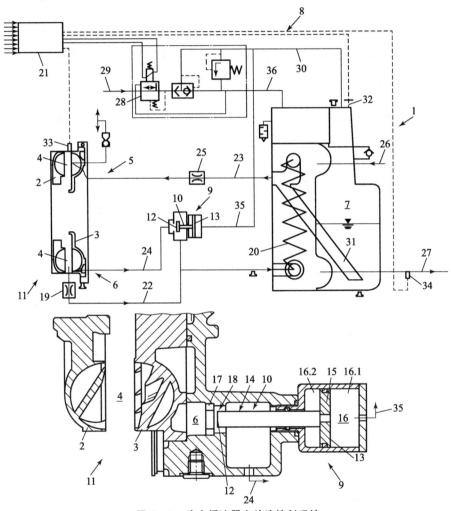

图 5-1　液力缓速器充放液控制系统

1—工作介质循环回路；2—转子；3—定子；4—工作腔；5—入口；6—出口；7—储备腔；
8—加载压力系统；9—节流阀；10—阀体；11—液力减速器；12，13—表面；14—活塞杆；
15—活塞；16—活塞腔；16.1，16.2—子腔；17—阀部件；18—阀座；19—节流器；
20—工作介质冷却器；21—控制装置；22，23，24—连接线路；25—节流器；
26—冷却介质的输入线路；27—冷却介质的输出线路；28—电磁阀；29—压缩空气线路；
30—工作线路；31—通道；32—压力传感器；33，34—温度传感器；
35—控制压力线路；36—排气线路

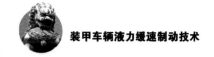

在充液流量控制方面，采用电磁阀28调节进油箱液面上方的气压，间接控制进油箱内的油压，从而调节进入缓速器轮腔的流量；在放液流量控制方面，采用活塞式节流阀，通过电磁气压阀调节放液支路节流阀9调节腔（右腔）中的气压大小来控制阀门通断，从而控制放液流量。

2. 放液控制

另有一些方案仅对充液或放液流量进行调节，可称之为"单路调节控制系统"[9]。图5-2所示为Allison公司AT545R双循环圆液力缓速器液压控制回路[10]，其通过出口流道通流面积（即充液量调节阀开度）的变化实现对充液率的调节。

此缓速器充放液控制系统主要由充放液主阀、压力先导阀、充液量调节阀、50%充液电磁阀（起效电磁阀）、100%充液电磁阀以及恒压的控制油源等构成。只要缓速器起效工作，不论充液率是何值，50%充液电磁阀都通电，向充放液主阀输出恒定的控制油压使其阀芯始终处于图中位置，充液路径保持全开，充液流量恒定。系统只依靠充液量调节阀对放液流量进行调节来实现对充液率的控制。

这种系统的充液通路仅有开、关两种状态，而只对放液流量进行连续调节，因而控制策略易于被制定。由于充液开关阀只有通、断两种工作状态，可采用翻板、锥阀等结构简单、响应快速的阀体结构，故这种单路控制系统较适用于大轮腔容积、对制动响应速度要求较高的液力缓速器中。但其充液流道仅有全开和全闭两种状态。在缓速器起效的初始阶段，充液流道即达到全开，充液流量较大，有可能导致充液率和制动转矩出现较大的超调量，这是此类单路控制系统的缺点。特别是当缓速器目标充液率较小时，其可能导致实际值与目标值偏差较大，影响控制精确度。

3. 充液控制

图5-3所示为某开式液力缓速器充液率的控制回路[11]，该系统为只对充液流量进行分挡主动调节的系统。

当液力缓速器工作时，车辆根据制动需求（制动挡位高低）用脉宽调制的方式控制电液比例控制阀的开度（流道同流面积）的大小，从而控制充液流量；同时电磁溢流阀得电，为液力缓速器提供出口背压，但背压不可调节。因此，对缓速器充液率的控制主要依靠按制动挡位调节充液流量来实现。

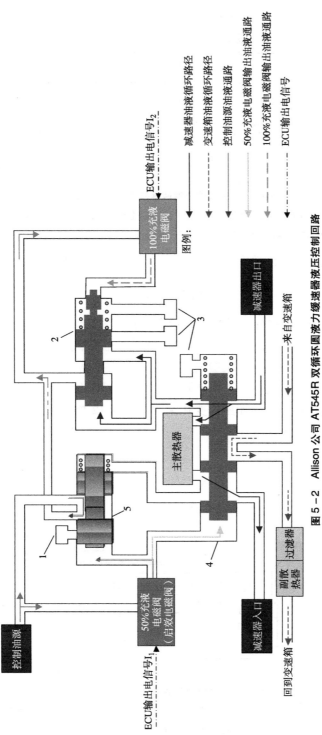

图 5-2 Allison 公司 AT545R 双循环圆液力缓速器压液控制回路

1,3—油池;2—充液量调节阀;4—充放液主阀;5—压力先导阀

图例：

减速器油液循环路径

变速箱油液循环路径

控制油源油液通路

50%充液电磁阀输出油液通路

100%充液电磁阀输出油液通路

ECU输出电信号

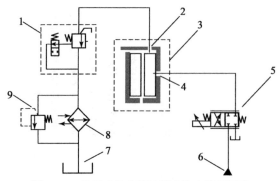

图 5 - 3　某开式液力缓速器充液率控制回路

1—电磁溢流阀；2—液力减速器轮腔放液口；3—液力减速器轮腔；4—液力减速器轮腔充液口；

5—电液比例节流阀；6—高压油源；7—低压油箱；8—散热器；9—溢流阀

流经节流孔的流量公式为

$$q = C_d A \sqrt{\frac{2}{\rho} \Delta p} \qquad (5.2)$$

式中，C_d 为孔口流量系数；A 为孔口通流面积；ρ 为液体密度；Δp 为孔口两侧压差。由式（5.2）可知，可通过压差的变化调节充液率。

压差调节式的典型代表为某缓速器充放液控制系统[12]，如图 5 - 4 所示。利用两个电液比例流量阀控制进出储能器的高压气体流量，从而调节储能器中的气压，即通过储能器中的油压的变化来改变油管 12 处的背压，间接调节经此口流入或流出轮腔的流量。

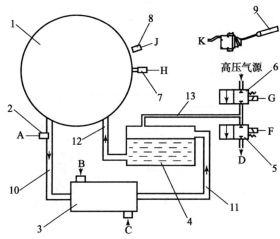

图 5 - 4　某缓速器充放液控制系统

1—轮腔；2—温度传感器；3—热交换器；4—储能器；5，6—电磁阀；7—压力传感器；

8—速度传感器；9—挡位开关；10，11，12—油管；13—气管

目前，压差调节式系统广泛采用气动阀进行气压调节，再通过"气顶液"的形式控制充放液压力。气动系统可利用车辆气压制动系统备有的压缩空气作为压力源。气动调节阀组结构紧凑、作用迅速。另外，某些压差调节式系统采用了压力反馈传感器，使压力控制更为精确。但在气液作用室容积较大的情况下，压力的建立和响应速度调节得较慢，且气液分离、排气噪声抑制等都是待解决的难题。此外，控制气压源的压力波动也会对流量控制精度产生较大影响。

5.1.2　充液率回路的布置方式

调节放液流量的液压或气动回路又大致可分为串联、并联两种布置方式。

在串联式放液调节系统中，缓速器轮腔只有一个出口，流量控制阀串联在轮腔出入口上，所有放液液流均通过流量控制阀导入油池。在这种串联式放液调节系统中，所有工作液均由流量控制阀流出，为计算放液流量、调整控制参数带来了方便，此时控制响应也更快、流量信号跟随性更好。并且由于轮腔只需开设一个放液出口，因此其对腔内流场影响较小，但为了满足工作液循环散热需求，放液流量控制阀不可被完全关闭，还需为散热循环留出一定的通流面积，这为阀芯位移的控制增加了难度。另外，串联式系统控制阀在过阀流量需求较大时，要选用锥阀、翻板等大流量阀结构，这使得阀组尺寸更加庞大，这是串联式系统的弊端。

在并联式放液流量调节回路中，除了可对放液流量进行控制的支路外，还专门设置了一条放液流量不受控、直接通向散热器的散热循环支路，与放液控制支路并联，如图 5 - 2 的液力缓速器液压控制回路，其放液路径分为两条支路：一支通过充放液主阀直接流向主散热器，流量不受控；另一支经过充液量调节阀再流向油池，起到调节充液量的作用。这种并联式放液回路在保证散热的同时，减小了流经放液控制阀的液流流量，因此，额定流量较小、结构更紧凑的放液控制阀特别适用于对阀组尺寸限制严格的缓速器。但在设计这种并联式放液流量调节回路时，必须规划好两支路的流量配额（通流面积比）。若散热支路通流面积过大，则大部分液流都由不受控的散热支路流出，放液控制阀起到的流量控制作用甚微；若散热支路通流面积过小，则其失去了设置意义。

本项目根据以上分析，分别提出了一种串联方案和并联方案，介绍如下。

5.1.2.1　串联式充液率调节方案

图 5 - 5 所示为某型液力缓速器控制设计的充放油控制系统原理[13]。缓速器的充放油控制回路主要实现通过对缓速器的轮腔内充油和放油流量的控制，改变轮腔内部充液率，使缓速器输出预期的制动转矩的功能。缓速器的工作特

性要求充放油系统具有响应快速（制动起效快）、调节准确（转矩控制精准）、流量大（保证可靠散热）等特点。

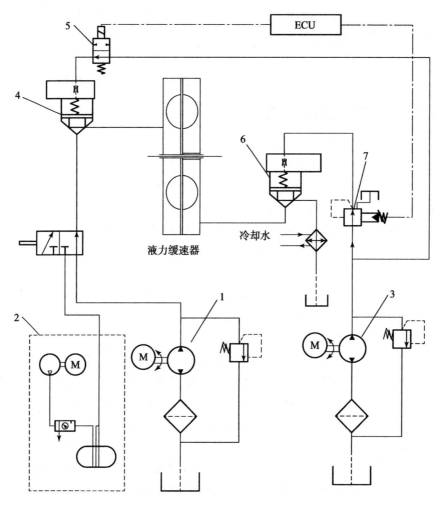

图5-5　液力缓速器充放油控制系统的原理
1—主供油泵；2—压力油箱；3—控制油泵；4—充油控制主阀；5—充油先导阀；
6—放油控制主阀；7—放油先导阀

　　以缓速器为中心，控制回路可以分为充油支路、放油支路两部分，分别对缓速器轮腔的充、放油流量进行控制。液压回路主要由供油系统（包括供油泵组与压力油箱）、控制阀组（充、放油控制主阀及其先导阀）、散热器等组成。

　　由于液力缓速器要求制动起效快，且在高转速时极大的制动功率对系统产生较大的热负荷、系统要求的循环流量较大，故充放油控制系统中的充、放油控制主阀采用了大流量二通插装阀，从而在较小的压力损失下保证较大的循环流量。同时液力缓速器以电磁阀作为控制主阀的先导阀，接收电控系统信号，以输出的先导控制油压实现对大流量插装阀的控制。其中，充油控制主阀的先导阀为电磁换向阀，在其控制下的充油主阀只有开、关两种稳定工作状态，控制充油流量的通、断，以加快制动起效时的响应并简化系统控制逻辑；放油主阀的先导阀为电比例减压阀，能够根据电控系统输出的控制电流，成比例地连续调节放油主阀上腔的控制油压，通过放油主阀对缓速器的放油流量进行连续调节，改变轮腔内部充液率，从而达到控制缓速器制动转矩的目的。

此外，由于液力缓速器在紧急制动时要求在较短的时间内实现起效充油，故对该工况下的充油、供油流量提出了很高的要求。为保证短时间内的大流量供油，本系统中的供油部分采用了蓄能器原理的压力油箱（图5-6），在紧急制动时为缓速器供油。油箱在不工作时，由压缩空气对油箱内的油液进行加压蓄能；在紧急制动时，通过充油控制主阀为缓速器实现瞬时大流量的供油；在缓速器工作在恒车速、恒制动转矩等稳定工况时，则采用泵组为其供油，以提供持续、稳定的系统流量。

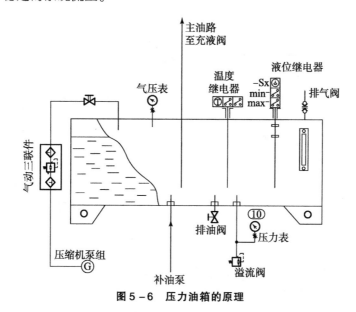

图5-6 压力油箱的原理

5.1.2.2 并联式充液率调节方案

图5-7所示为某采用并联式充液率调节方案的液力缓速制动系统[14]，其基于电控电液比例技术，采用响应速度快、控制精度高且体积小巧的电磁阀控

制液力缓速器充放油，既可以满足缓速器对快速、精确控制的需求，也便于引入不同的制动控制策略与方法。此控制方案主要包括起效阀 4（二位二通换向阀 2 以及先导电磁换向阀 3）、充液量调节阀 9（二通插装阀 7 以及先导比例减压阀 8）、控制器 10、换热器 5、系统与控制油源 1 以及相应管件与接头等。

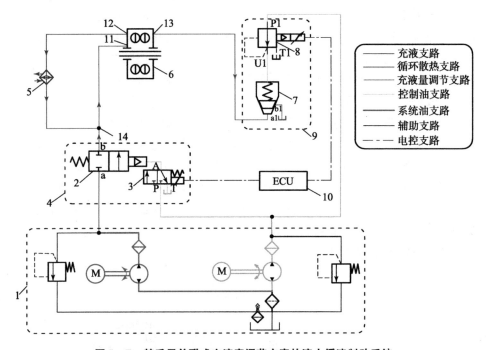

图 5-7　某采用并联式充液率调节方案的液力缓速制动系统

1—系统与控制油源；2—二位二通换向阀；3—电磁换向阀；4—起效阀；5—换热器；
6—轮腔；7—二通插装阀；8—比例减压阀；9—充液量调节阀；10—ECU；
11—进油口；12，13—出油口；14—充液三通接头

液力缓速器轮腔 6 上分布有一个进油口 11 与出油口 12（出口 A）、出油口 13（出口 B），即一路进油（充液支路），两路出油（循环散热支路与充液量调节支路）。来自系统油泵的油液可通过充液支路起效阀 4 流入缓速器轮腔进油口，循环散热支路上安装有换热器 5，保证由缓速器轮腔出口 A 流出的油液可以得到有效散热，冷却后的油液可通过充液三通接头 14 流回充液支路。从出口 B 流出的油液流入充液量调节支路，充液量调节阀 9 通过调节出口 B 的流量，以实现对轮腔充液率的控制。ECU 10 用于控制两个先导阀的工作状态。控制油泵输出的控制油液分别供给两个先导阀。

该系统工作流程为：在液力缓速器起动后，电控模块发出电信号控制电磁换向阀关闭，则充液控制插装阀上腔控制压力减小，使得充液控制插装阀打

开。此时压力油箱中的油液进入缓速器轮腔内，电控模块实时监测压力传感器检测的缓速器轮腔壁面的反馈压力，当轮腔壁面的反馈压力达到预设值时，电控模块通过调节比例溢流阀的控制电流，间接控制放液控制插装阀的开度，从而控制出口流量。电控模块通过轮腔出口处的压力传感器获得出口油压，依据轮腔壁面的反馈压力与出口油压之间的关系推算得到当前缓速器流量，依据缓速器流量和制动转矩之间的映射关系，得到当前制动转矩。将当前制动转矩与预设的目标控制量，即目标转矩进行对比，结合传动轴转速信号，依据控制策略确定控制油压，电控模块依据控制油压，输出针对比例溢流阀的控制电流，实现对缓速器轮腔内充液率的调节，最终实现对制动转矩的控制。

当缓速器停止工作时，电控模块控制电磁换向阀换向，充液控制插装阀被关闭，停止向轮腔内部充油液。进一步地，该系统中在轮腔的出口处还设置排油阀，当缓速器停止工作时，电控模块控制排油阀打开，使轮腔内部的油液被排尽。

ECU 10 控制电路连接电磁换向阀与比例减压阀的控制输入端，根据内部控制策略对液压系统控制阀系进行控制。驾驶员可根据车况控制液力缓速器制动踏板，ECU 10 可根据驾驶员制动踏板的操作情况以及车辆的当前状态，实时计算出当前车辆所需的目标制动转矩。ECU 10 可通过车辆上布置的传感器实时监测车辆制动车速与减速度，进而反推得到液力缓速器轮腔 6 当前的输出制动转矩，基于智能闭环控制算法实时对缓速器充液量调节阀进行控制，调节液力缓速器轮腔 6 内部充液情况，以实现对输出制动转矩的连续调控。

驾驶员操控制动踏板，ECU 10 根据制动踏板动作情况确定液力缓速器轮腔 6 的目标制动转矩。不同的制动转矩对应不同的液力缓速器工作状态，其具体可以被分为以下四个工况：未工作工况、起效工况、稳定工况与关闭工况。

1. 未工作工况

当液力缓速器未工作时（所需制动转矩为 0），ECU 10 不给电磁换向阀 3 与比例减压阀 8 控制信号，两个先导阀关闭，来自控制油泵的控制油液被堵塞在电磁换向阀 3 的 P 口与二通插装阀 7 P1 口处，即没有控制油压输出给二位二通换向阀 2 右端的控制腔与二通插装阀 7 上端的控制腔，来自油泵的系统油液被堵在二位二通换向阀 2 进口 a 处，其无法通过充液支路进入缓速器轮腔 6 中，此时没有制动转矩输出。

2. 起效工况

当液力缓速器需要工作时（所需制动转矩不为 0），ECU 10 给电磁换向阀 3 换向信号，电磁换向阀 3 迅速起效，来自控制油泵的控制油液通过电磁换向阀 3 的 P 口流到电磁换向阀 3 的 A 口，进而作用在二位二通换向阀 2 右端的控制腔，控制油液可迅速压缩二位二通换向阀 2 左端的回位弹簧，使二位二通换向阀 2 的阀芯向左侧运动至完全开启，即起效阀 4 快速起效。来自油泵的系统油液可快速通过二位二通换向阀 2 的进出口 a、b 与充液支路进入液力缓速器轮腔 6 中，液力缓速器轮腔 6 中的充液量快速上升，产生制动转矩。

与此同时，为保证缓速器制动转矩快速起效，此时充液量调节阀 9 应处于关闭状态。ECU 10 给比例减压阀 8 输出高控制电流（500 mA），使其阀芯开度较大，来自控制油泵的控制油液流入比例减压阀 8 的 P1 口，通过比例减压阀 8 流到其输出端 U1，由于此时控制电流较大，U1 端输出控制油压亦较大，较大的比例减压阀 8 输出控制油压作用于二通插装阀 7 上端的控制腔。而液力缓速器轮腔 6 中部分油液可通过旋转轮腔离心力的作用，通过液力缓速器轮腔 6 的出油口 13 与充液量调节支路流到二通插装阀 8 进口 a1，但二通插装阀 8 上端控制腔的油压远高于二通插装阀 8 进口 a1 处油压，因此二通插装阀 8 阀芯关闭，没有油液可通过二通插装阀 8 出口 b1 流出到二通插装阀开式油箱。

此外，液力缓速器轮腔 6 中也有部分油液可通过旋转轮腔离心力的作用，通过出油口 12 流入循环散热支路流到换热器 5，进行冷却散热，而后流到充液三通接头 14 处。由于二位二通换向阀 2 出口 b 处油压高，而液力缓速器轮腔 6 进油口 11 的油压低，因此来自循环散热路的油液通过充液三通接头 14 直接流回充液支路，进入液力缓速器轮腔 6 的进油口 11，而完成循环散热过程。

3. 稳定工况

当缓速器起效后，通常需要保持一定的输出制动转矩，或维持一定的车速进行持续制动，此时液力缓速器轮腔 6 应可根据使用工况，快速且精确地调节内部充液量。在此工况下，起效阀 4 保持开启状态，充液支路与循环散热支路保持畅通。ECU 10 根据驾驶员制动意图，计算出缓速器目标制动转矩，并实时采集整车速度与车辆减速度信号，以此推算出缓速器输出制动转矩，并通过闭环控制算法输出控制电流，驱动比例减压阀 8 调节其阀芯开度，以调整比例减压阀 8 的输出控制压力，进而调整二通插装阀 7 的阀芯开度，进而快速精确地动态调节 U1 端输出油压，调节过程中比例减压阀 8 排出的控制油液可通过出口 T1 排出到开式油箱。而输出到二通插装阀 7 上端控制腔的控制油压可与二通插装阀 7 进口 a1 的系统油压相互作用，调节二通插装阀 7 阀芯开度，并控制充液量调节支路的输出流量，进而调节液力缓速器轮腔 6 内部的充液量，达到实时精确控制制动转矩的目标，实时满足驾驶员的制动需求。

4. 关闭工况

当液力缓速器需要停止工作时，液力缓速器轮腔 6 内部的油液应快速排出，制动转矩迅速降低。ECU 10 停止给电磁换向阀 3 输出控制信号，二位二通换向阀 2 在回位弹簧的作用下快速关闭，即控制油泵的控制油液在 P 口处堵塞，无法流入二位二通换向阀 2 的液压控制端继续保持二位二通换向阀 2 开启，另外二位二通换向阀 2 右端控制腔储存的具有一定压力的油液可通过电磁换向阀 3 的 A 口流到电磁换向阀 3 的出油口 T，进而流到开式油箱。此时二位二通换向阀 2 在左端回位弹簧的作用下快速关闭，来自系统油泵的系统油液被堵塞在二位二通换向阀 2 的 a 口，即充液支路终止工作，停止为缓速器轮腔充油。

此外，ECU 10 停止给比例减压阀 8 输出控制信号，比例减压阀 8 阀芯在内部回位弹簧的作用下完全关闭，P1 端控制油液无法进入输出端 U1，另外二通插装阀 7 上端控制腔储存的具有一定压力的油液可通过 T1 口快速排出，即二通插装阀 7 上端控制腔油压降低至 0，而来自液力缓速器轮腔 6 出油口 13 的具有一定压力的油液通过充液量调节支路，流到二通插装阀 7 进口 a1，将阀芯完全打开，液力缓速器轮腔 6 中的油液可快速通过二通插装阀 7 出口 b1 流出，流进开式油箱，快速排尽液力缓速器轮腔 6 内的油液，缓速器制动转矩迅速降低，液力缓速器停止工作。

|5.2 充放油阀系流动特性|

作为充放液系统中的关键流动控制元件，充、放油流量控制主阀的流动与轮腔内部的流动直接相联，决定着缓速器轮腔入口和出口的油液流动状态，因此其特性对缓速器整体系统的流动状态和工作特性也具有重要影响。深入研究其流动控制特性、保证其模型的精度对于准确仿真系统整体工作的性能具有重要意义。

传统的建模方法通常利用液压流体力学的推导结果计算阀的流量与受力特性等，但是由于大流量插装阀的结构复杂，在较大的阀芯行程中，节流区域形状及流动状态变化较大，因此理想化的推导结果很难在全行程内较好地预测阀的特性，这给建模带来一定误差。而三维流场仿真则能够从微观流场分布的角度，提供有关阀的流动状态的更多细节，从而能够为阀的建模中一些难以确定的参数，如流量系数、液动力系数、射流角等，提供更为明确的参考，并为阀的结构、形状优化等提供更为可信的手段。在这里，首先通过阀的稳态与瞬态三维流场仿真研究阀的基本特性，研究大流量插装阀的流动参数分布规律，为后续建模提供基础。

5.2.1　阀内流动流场分析

1. 插装阀稳态流场仿真研究

图 5 – 8（a）所示为串联式充液率调节系统中用于充、放油流量控制的大流量二通插装阀的结构与流场计算网络。插装阀主要包括阀芯、阀套、阀座三部分。通过三维几何模型经布尔运算得到流体区域模型，并在前处理软件中经网格划分处理（图 5 – 8（b））后方可进行流场仿真计算。其中，对在阀芯与阀套之间形成的过流断面附近的流动变化剧烈的区域进行局部的网格加密，这有助于仿真计算的收敛。

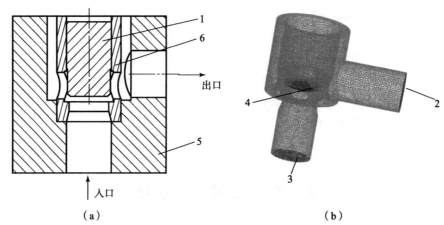

（a）　　　　　　　　　　　　　　　　　（b）

图 5 – 8　大流量二通插装阀的结构与流场计算网格

（a）插装阀结构原理；（b）插装阀流场计算网格

1，4—阀芯；2—出口；3—入口；5—阀座；6—阀套

在数值计算设置中，将油液设为不可压缩流体，其密度为 820 kg/m³，动力黏度为 0.02 Pa·s。湍流模型采用标准 $k – \varepsilon$ 模型；采用有限体积法中常用的 SIMPLE 算法求解离散方程组；边界条件采用压力入口（pressure – inlet）边界和压力出口（pressure – out）边界，并通过调整入、出口的压力设定值，设置不同的入出口压差；设置收敛标准为残差小于 1×10^{-4}，在设置完成后进行迭代计算。

为验证三维流场仿真研究阀流动性能的准确性，我们搭建了简单的流量控制插装阀特性试验台，进行了阀的基本外特性试验，如图 5 – 9 所示。在试验中，设定阀芯上腔控制油压为最小值，保证阀芯在入口压力的作用下始终处于最大开度状态。

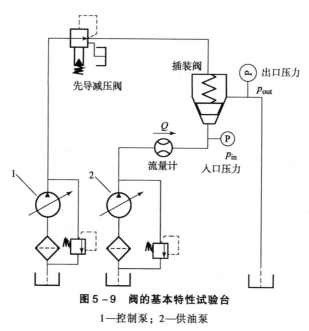

图 5 - 9 阀的基本特性试验台

1—控制泵；2—供油泵

通过调节主泵的供油流量，阀工作在不同的过流流量下，则阀的入口与出口对应的压力损失也将相应变化。采集各流量下对应的阀的入口压力及出口压力，作差得到入出口的压力损失，即得到阀最大开度时的流量 – 压差特性曲线[15]。试验结果与三维流场仿真结果的流量 – 压差特性的对比如图 5 – 10 所示。

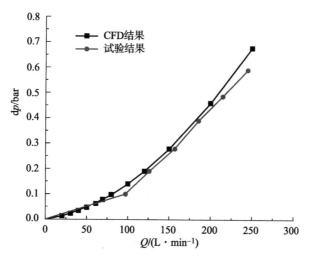

图 5 - 10 阀的流量 – 压差特性流场试验与仿真的对比

结果表明，数值计算所得的流量–压差特性与试验结果有一致的趋势（压力损失与过流流量的平方呈正比），且相对误差在 7% 以内。因此流场仿真对于研究阀的流动特性而言具有较高的精度，可以作为深入研究阀的特性的有效手段。同时流场仿真由于能够提供丰富的流场细节，因此可以弥补传统研究建模方法以及普通的试验研究方法中存在的可研究参数极为有限的缺点，更深入地研究阀的各方面的特性，并利用流场仿真所提供的丰富的流场信息数据辅助阀的特性建模，提高阀的模型精度。

2. 插装阀瞬态流场仿真研究

对于液压控制阀而言，其实现流动控制的实质在于阀芯与阀套之间的相对移动，形成不同开度的过流截面，从而产生不同的流动特性，对油液流动进行控制。因此在阀的工作过程中，阀芯移动以及对应的节流区域的改变是经常出现，且对宏观特性有重要影响的现象。为避免单纯从固定开度稳态流场仿真研究阀的特性的不足，本小节中以动网格技术为基础，对插装阀进行开度变化过程动态流场仿真，研究在阀芯运动工况下，插装阀阀芯全行程的流动特性。

CFD 软件可以通过指定运动自定义程序的方法定义流场区域中某一个面的运动速度，然后通过创建运动面，并配合相应面的变形，实现流场的形态变化；相应地设置对流场网格的光顺与重画，即可得到随时间变化的动态流场网格，从而进行对阀芯运动工况下瞬态流场的模拟与计算。动网格的相关设置如图 5 – 11 所示。

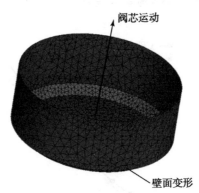

图 5 – 11　阀芯动网格的相关设置

利用上述方法可以指定阀芯开启或关闭的速度，从而进行对阀芯开启、关闭动态过程的仿真。一个典型的阀芯开启动态过程的仿真结果如图 5 – 12 所示，阀芯由关闭状态以设定的速度向上运动，阀的开度逐渐变大，最终达到最大开度。通过连续保存瞬态仿真文件，可以获取阀芯运动过程中每时刻点对应的流场数据，将其作为动态性能研究的基础。

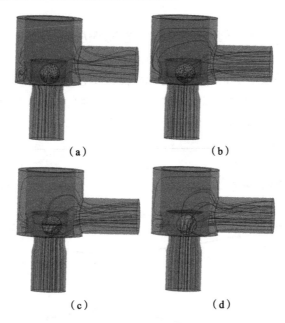

（a）　　　　　　　　　　　（b）

（c）　　　　　　　　　　　（d）

图 5 -12　阀芯开启动态过程的仿真结果

（a）时间步长 = 1；（b）时间步长 = 10；（c）时间步长 = 50；（d）时间步长 = 100

利用阀芯动态运动过程的瞬态流场仿真，可以比稳态流场仿真更进一步地研究阀的流动特性。例如，利用常规的稳态流场仿真无法研究阀芯所受瞬态液动力的规律，而借助动态流场仿真，则可以对瞬态液动力进行研究。

液动力是液压阀的重要特性之一，如果在阀的入出口之间没有油液流动，则在计算阀芯受力时用入口油压乘以阀芯底面积即可。而当有油液流过时，由于在节流口处液流速度在方向和大小上产生突变，故阀芯底面压力分布产生变化，因此阀芯在开启时的实际受力要小于无流动时的理想数值，两者之间的差值即为液动力。液动力产生的根本原因是流体流动状态变化所造成的阀芯底面压力分布情况的变化。从系统动量的角度，也有些文章中指出，液动力产生的原因是油液流过节流口时动量发生变化会产生给阀芯的反作用力[16]。

上述两种对液动力产生机理的解释，对应着在液动力存在的情况下阀芯的受力有两种计算方法：一是直接对阀芯底面的静压进行积分，求得在考虑液动力作用时的阀芯受力；二是对流过过流断面的流体控制体利用动量定理，从动量变化的角度寻求阀芯受力的求解方法。第二种方法是传统研究中常用的方法，易于从液压流体力学角度推导阀芯受力的理论公式，但是推导过程中存在较多理想化假设和简化，尤其对复杂形状的阀而言更加难以准确预测；第一种方法在传统的推理方法中几乎不可能实现，但是 CFD 软件的应用却使得这种方法成为可能。

图 5-13 所示为不同阀芯开度下的稳态流场仿真结果，利用阀芯底面压力积分求得阀芯实际受力 F_{CFD} 与相应的稳态液动力 F_s 的数值。由此可以发现由于稳态液动力的存在，阀芯实际受力比按照入口压力计算的受力 F_0 要小，当不考虑液动力时，图中对阀芯受力的计算可以产生约 100 N 的差值，因此液动力特性对于阀的特性建模而言是一个不可忽略的因素。

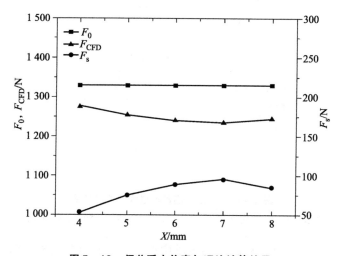

图 5-13　阀芯受力仿真与理论计算结果

在稳态流场仿真及液动力分析的基础上，通过给阀芯设置不同的运动速度和方向，可以仿真阀芯开启和关闭的过程，以及得到阀芯不同运动速度下的瞬态液动力结果。在单独研究瞬态液动力的分布规律时，把阀芯动态仿真所得液动力结果与稳态液动力（二者方向均为阀芯关闭方向）结果作差，即可得到瞬态液动力的数值。在不同运动情况下仿真所得的瞬态液动力分布规律如图 5-14 所示。

仿真结果表明，当阀芯向上运动时（开启过程），瞬态液动力结果为正值，即总液动力与稳态液动力相比有所增加，瞬态液动力方向向下；当阀芯向下运动时，总液动力减小，瞬态液动力方向向上。即液动力实际作用的方向与阀芯的运动方向相反，而且随着运动速度的增加，瞬态液动力的数值也相应增加。

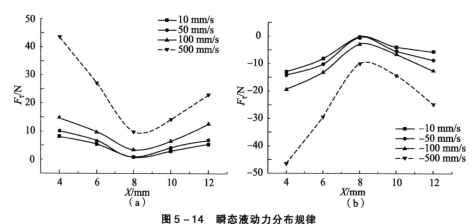

图 5 - 14　瞬态液动力分布规律

（a）阀芯向上运动；（b）阀芯向下运动

液动力在宏观上的变化规律对应着阀芯底面的压力分布，如图 5 - 15 所示，相比于稳态工况，当阀芯处于开启过程和关闭过程的同一开度时，开启过程的压力分布小于稳态工况，而关闭过程的压力分布大于稳态工况，这可以解释瞬态液动力的方向与阀芯运动方向的关系。与稳态液动力相比，在数值上，瞬态液动力要小于稳态液动力。

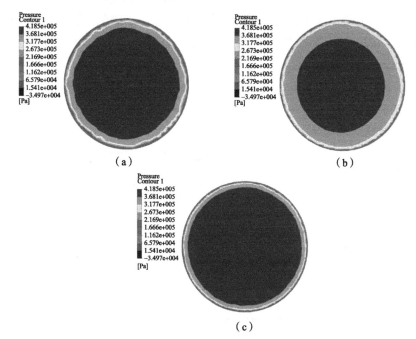

图 5 - 15　不同阀芯运动方向阀芯底面的压力分布

（a）稳态 6 mm 开度；（b）开启 6 mm 开度；（c）关闭 6 mm 开度

瞬态液动力呈现的规律——力的方向与速度方向相反，大小随速度的增加而增加，总结起来体现为阻尼力的特点。为验证这一特性，利用 FLUENT 中的用户自定义函数（User Defined Function，UDF）根据在实际受力情况下（考虑控制油压力及弹簧力）的运动方程控制阀芯的运动，进行控制压力阶跃变化时的动态响应过程仿真。根据阀芯受力以及牛顿第二定律，有

$$F_1 - F_k - F_c = Ma \qquad (5.3)$$

式中，F_1 为入口油液压力，该量由在流场分析中直接对阀芯底面的压力求积分得到，因此包含每时刻的稳态与瞬态液动力的影响；F_k 为弹簧作用力，与阀芯位移及弹簧刚度有关；F_c 为阀芯上腔控制油压；M 为阀芯质量；M，F_k，F_c 均可由阀的结构参数计算得到；a 为阀芯运动加速度。

将式（5.1）以一个时间步长为单位进行离散，对于相邻两时间步 t_0 与 t_1 有

$$dv = \frac{F_1 - F_k - F_c}{M} \cdot dt \qquad (5.4)$$

$$v_1 = v_0 + dv \qquad (5.5)$$

根据上述算法编写 UDF，利用宏命令将计算得到的速度 v 赋给阀芯底面，使其按照该速度运动，在此基础上进行流场网格的光顺与重画，便可以模拟考虑外力（控制压力及弹簧力）作用的真实运动情况下瞬态的流场响应。利用该方法仿真所得的控制油压阶跃变化时的阀芯位移响应曲线如图 5 – 16 所示。

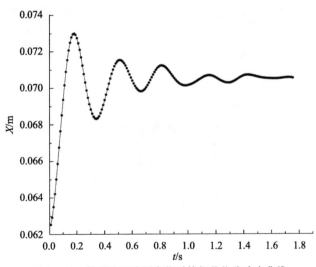

图 5 – 16　控制油压阶跃变化时的阀芯位移响应曲线

从阀芯阶跃响应曲线仿真结果可以看到，当上腔控制油压阶跃时，阀芯位移表现为有阻尼振荡的响应特性。利用图 5 – 16 所示的响应曲线，可以通过衰减振动周期及由弹簧刚度和阀芯质量确定的固有频率求得黏性阻尼系数约为 41.87 N/(m · s⁻¹)，与不同阀芯速度时瞬态液动力仿真结果的平均值基本一致，这说明 F_1 项中的瞬态液动力确实对阀芯的运动响应起到阻尼的作用，在设计阀的结构参数，以及后面建立阀的 AMEsim 仿真模型时，需要考虑这种阻尼力作用的影响。

5.2.2　阀内流动速度场观测

上述阀内流场仿真所得的分布结果需要从微观参数分布层面进行验证。但由于流场微观参数测量的困难，在常见的液压元件研究中，通常仅能通过压力、流量、位移等宏观变量对仿真结果进行验证，对于验证微观流场仿真结果缺乏足够的说服力。这里则利用二维 LDV 系统，构建插装阀速度场测试方案，对阀的出口段进行微观速度场测试，得到两个方向的速度分量；并根据不可压缩流动的控制方程，推导第三维速度数值的预测方法，编制数值计算程序，利用流场仿真结果并设计试验验证数值方法的可行性，从而根据所测得的二维速度分量预测第三维速度分量，最终得到插装阀测试区域的三维速度分量，与 CFD 仿真结果进行对比，从微观流场参数分布的角度为 CFD 仿真结果提供更有说服力的验证。

需要注意的是，由于速度脉动是湍流流动中的固有属性，而 LDV 设备同一时刻仅能对一个点的速度数据进行采集，因此在利用 LDV 测试多点数据组成流场时，仅能将其时均结果组成时均流场，而无法实现对全场参数的瞬态实时测量。因此此处涉及的数值方法、CFD 验证算例以及实际测试试验均是针对在保证系统工作环境不变时的时均结果进行的处理，从而避免湍流脉动的影响。

1. 插装阀 LDV 速度场测试方案构建

激光多普勒测速（Laser Doppler Velocimetry，LDV）是一种利用激光多普勒原理对流场速度进行非接触测量的一种试验装置。其由于具有非侵入式测量（不对原流场产生干扰）、较高的空间分辨率和快速动态响应等突出的优势，在液压、液力元件的复杂内部流动的测试中具有独特的优势[17,18]。本研究所采用的测试设备为丹麦 Dantec 公司所提供的 LDV 系统，其组成如图 5 – 17 所示。

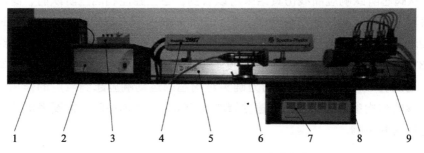

图 5 – 17　Dantec 公司 LDV 系统的组成

1—计算机；2—信号处理器；3—光强控制器；4—激光器；5—LDV 系统支架；
6——维探头；7—冷却器；8—二维测试探头；9—分光器

Dantec 公司 LDV 系统所采用的二维测试探头参数如表 5 – 1 所示。其中，α 为相应的光束半夹角，f 为透镜焦距，d 为光束间距，d_f 为测量体条纹间距，d_x 为测量体 x 方向长度，d_y 为测量体 y 方向宽度，d_z 为测量体 z 方向高度，V_f 为测量体体积，N 为测量体中条纹数目。

表 5 – 1　LDV 二维测试系统探头参数

α /(°)	f /mm	d /mm	$\lambda = 514.5$ nm 绿光					$\lambda = 488$ nm 蓝光					N
			d_f /μm	d_x /mm	d_y /μm	d_z /μm	V_f /mm³	d_f /μm	d_x /mm	d_y /μm	d_z /μm	V_f /mm³	
4.30	500	75.24	3.43	1.002	75.4	75.2	0.002 89	3.18	0.928	69.8	69.6	0.002 36	22

根据光学测试的需求，需要将待测区域进行透明化处理，从而能够保证激光光线的入射及多普勒信号的返回。基于缓速器流量控制插装阀的实际结构及参数及光学测试需求，系统设计并加工了可以满足 LDV 的全透明 LDV 测试用阀样件，如图 5 – 18 所示。

测试用阀的阀座、阀芯、阀套等元件的结构及参数与实际流量控制插装阀均保持一致，从而确保流动的一致性。为保证阀芯在测试过程中的稳定，将实际用阀中的先导阀控制系统改为螺杆连接，在保证固定阀芯的同时，也使阀芯能够通过螺杆的调节，上下移动，改变阀芯的开度实现不同阀芯开度的测量。同时在阀的入、出口处设置了压力传感器，结合流量和两处的压力数据也可以同时获得实际测试时对应的宏观压力 – 流量特性。

图 5－18　LDV 测试用透明阀样件
1—阀套、阀芯插件；2—调节螺杆；3—压力传感器；
4—回油；5—进油

2. LDV 第三维分速度数值预测方法

由于技术与成本的限制，实际应用最广泛的是二维 LDV 系统，即用一个探头的四光束同时对两个方向的速度分量实现测量[19]。虽然有五光束探头能够实现对第三维速度分量的测量，但是由于灵敏度和可靠性的限制，五光束探头的应用远不如二维四光束系统广泛、可靠。利用二维四光束探头配合一维两光束探头虽然可以实现对三维速度分量的测量，但是这将增加试验布置的难度。一方面，对于内流场测试而言，更为困难的是由于利用两个探头，贝惜必然要求一个探头倾斜布置，而空气、壁面、内部油液的折射现象对倾斜布置时的光路造成的影响使得折射后的测试焦点受坐标点的变化影响，难以实现对同一点三维速度分量的实时协同测量。

如图 5－19 所示，垂直入射的探头 A 和倾斜入射的探头 B 在某一位置（位置 1）上保证折射后的焦点在同一点 A，即可以测量该点的三个速度分量；当探头坐标随坐标架向前移动同一距离时（位置 2），垂直入射的光线与倾斜入射的光线不再交于同一点，即不能实现对同一测速点三维速度分量的实时协同测量。该现象是制约内流场测试的普遍问题，由于在试验实施上缺少有效的解决方法，很多内流场测试试验均只进行二维速度分量的测试，而忽略第三维速度分量的测量。

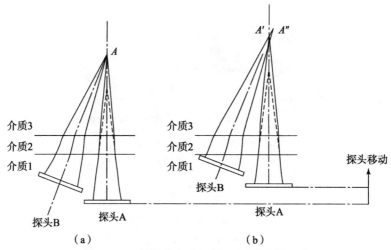

图 5 - 19　折射效应对内流场测试焦点的影响

（a）位置 1；（b）位置 2

此外，对于内流场测试而言，其关注的流动通常是不可压流体的流动。对于不可压缩流动而言，由于流体连续性方程

$$\frac{\mathrm{d}\rho}{\mathrm{d}t} + \rho(\nabla V) = 0 \tag{5.6}$$

其中的密度为恒值，即式中第一项微分项为 0，则式（5.6）可以被简化为

$$\frac{\partial u}{\partial x} + \frac{\partial v}{\partial y} + \frac{\partial w}{\partial z} = 0 \tag{5.7}$$

可见对于不可压缩流动而言，其三个速度分量及对应的坐标位置变量之间存在一定的关系，同时，对于实际的流场测试而言，三个坐标分量为已知量，而利用二维探头垂直入射，可以测得两个速度分量（假设分量 u 和 v）。利用式（5.7）所示的关系，可以求得第三维速度分量（w），求解的基本流程如图 5 - 20 所示。

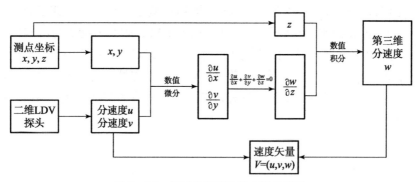

图 5 - 20　第三维速度分量求解的流程

对于一个长方体区域，首先根据 z 坐标将区域划分为不同的切面，对于每个切面，再根据 x 和 y 坐标将切面进行网格划分，得到图 5 - 21 所示的切面网格。在该切面网格上，可以根据前面所述的数学原理进行数值微分和数值积分的运算，通过各速度分量对坐标的偏微分的处理，求解第三维未知速度分量。

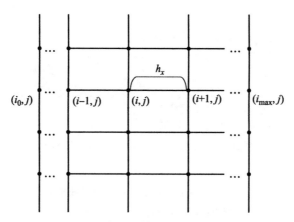

图 5 - 21　数值计算 z 向切面网格划分

首先，对于网格中间区域的节点，利用中心差分格式可以求得

$$\left.\frac{\partial u}{\partial x}\right|_i = \frac{u(x_{i+1}) - u(x_{i-1})}{2h} \tag{5.8}$$

在边界位置，可利用三点格式计算相应的偏微分。在左边界有

$$\left.\frac{\partial u}{\partial x}\right|_i = \frac{-3u(x_i) + 4u(x_{i+1}) - u(x_{i+2})}{2h} \tag{5.9}$$

右边界有

$$\left.\frac{\partial u}{\partial x}\right|_i = \frac{3u(x_i) - 4u(x_{i-1}) + u(x_{i-2})}{2h} \tag{5.10}$$

同样地，可以求得第二维速度分量的偏微分 $\frac{\partial v}{\partial y}$。利用所求得的速度分量偏微分 $\frac{\partial u}{\partial x}$ 和 $\frac{\partial v}{\partial y}$，第三维速度分量的偏微分 $\frac{\partial w}{\partial z}$ 可以根据式（5.7）求得。然后，利用数值积分方法，可以计算得到第三维速度分量 w 为

$$w(z_k) = w(z_{k-1}) + \left.\frac{\partial w}{\partial z}\right|_k \cdot h_z \tag{5.11}$$

3. 插装阀出口段速度场测试试验结果

在上述研究的基础上，通过搭建图 5 - 22 所示的插装阀 LDV 试验系统，

对阀的出口段直管处的速度场分布进行了测试，测试区域为图 5 – 23 所示的出口段的 7 个截面。通过对多个截面速度场的测试，可以为上节提出的数值计算方法提供足够的数值计算节点，保证预测精度。

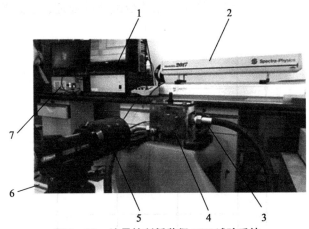

图 5 – 22　流量控制插装阀 LDV 试验系统

1—处理器；2—激光器；3—管路；4—被测阀；5—二维探头；6—坐标架；7—坐标架控制器

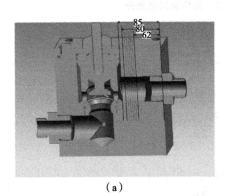 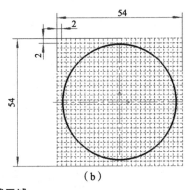

（a）　　　　　　　　　　　　　　　（b）

图 5 – 23　测试区域

（a）出口段测试截面位置；（b）测试截面测试点网格

测试采用折射率匹配方法，即选取折射率数值相近的油液与光学树脂材料，这可以减少油液与壁面之间的折射效应，从而避免内部曲面的折射影响；对于空气与壁面之间折射率不同导致的折射，由于采用二维探头时可以保证每一位置的垂直入射，因此能够确保二维四束光线的聚焦。

为尽可能多地测得截面上的各点数据，在划分测试节点的网格时在测试区域外也布置测试点，在数据后处理中根据数据确信度（Validation）选取确信度在 70% 以上的数据作为有效测试数据。在测试时播撒适当浓度的示踪粒子

（本试验采用直径为 13 μm 的镀银玻璃微珠），并合理设置 LDV 系统相关参数，可以获得较好的数据率和多普勒波型信号，LDV 测试采集面板如图 5 - 24 所示。

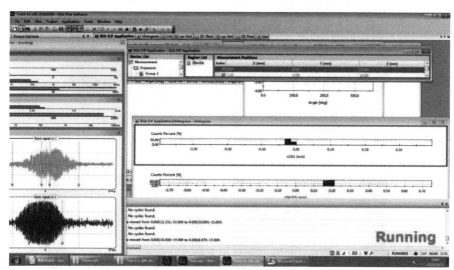

图 5 - 24　LDV 测试数据采集面板

　　由于阀套通孔位置的影响，测试区域的截面在圆形截面上流速并非均匀分布，而是存在一定的高速区域及低速、反向流动区域（图 5 - 25）。

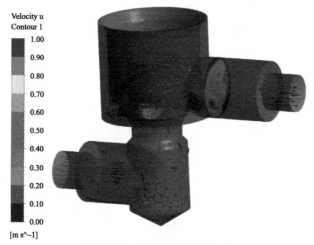

图 5 - 25　测试阀出口段流动

　　而由测试结果可视化的速度场分布云图（图 5 - 26 ~ 图 5 - 27）可见，流场仿真结果与 LDV 测试结果对速度场的不均匀分布，高速区、低速区的位置，以及全场速度幅值的大小分布的结果等均较为吻合。测试得到 7 个截面的二维

速度分布后，由上节方法计算出第三维速度分量，从而得到出口段的三维速度
分布。第三维速度分量可视化处理后的结果如图 5 – 28 所示。

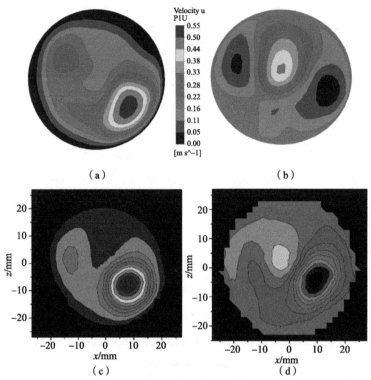

图 5 – 26　20 L/min 工况速度场分布

（a）u – CFD；（b）w – CFD；（c）u – LDV；（d）w – LDV

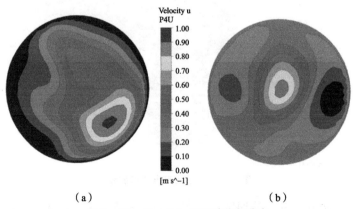

图 5 – 27　40 L/min 工况速度场分布

（a）u – CFD；（b）w – CFD

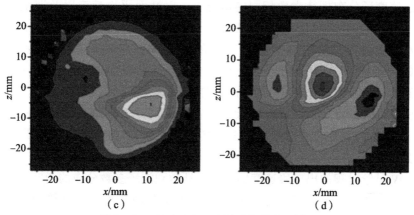

图 5 - 27　40 L/min 工况速度场分布（续）

（c）u - LDV；（d）w - LDV

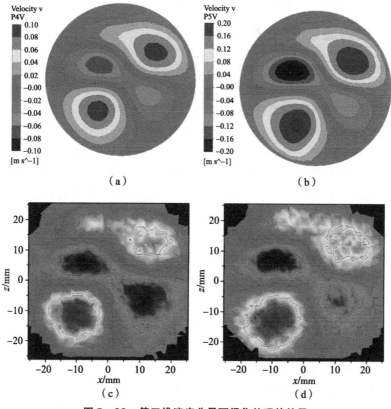

图 5 - 28　第三维速度分量可视化处理的结果

（a）v - CFD - 20 L/min；（b）v - CFD - 40 L/min；

（c）v - CAL - 20 L/min；（d）v - CAL - 40 L/min

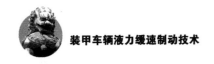

在速度场分布规律大致相同的情况下，以截面平均速度以及速度场内最大值、最小值的相对误差衡量测试与仿真结果的一致性，在 20 L/min 与 40 L/min工况下，三个速度分量对应的速度场的相对误差分别为 6.1%、8.4%、19.5%，4.2%、5.8%、15.7%。由于对于阀的出口段流动而言，流动速度分布主要沿流动方向（u 方向），其余两个方向的速度分量（v 与 w）数值较小，因此相对误差较大。而在主要流动方向（u 方向）较小的相对偏差证明了 CFD 方法对速度场分布的仿真结果与 LDV 测试结果具有较高的一致性。

LDV 试验对阀的出口段速度场的测试从微观流场参数分布的角度为三维流场仿真的结果提供了验证。在此基础上，将利用 CFD 流场仿真得到的阀的微观参数分布和 POD 流场数据降阶与重构方法结合，计算阀的相关特性，从而建立起基于微观流动参数分布的插装阀建模方法，这避免了传统建模公式中的不确定性参数带来的影响，提高了模型精度。

5.2.3　阀内流场 POD 降阶建模方法

流量控制插装阀是充放油控制系统中的关键流动控制元件，建立其准确的仿真模型对准确预测充放油控制系统及缓速器整机系统的工作特性具有十分重要的意义。传统的液压阀建模方法大多是基于液压流体力学的理想化假设，利用一维连续性方程及动量定理等，推导流量、阀芯受力等特性的计算公式，从而建立阀的仿真模型。但此种方法，一方面由于存在较多理想化假设，忽略了较多细节，插装阀这类节流口形状复杂、全行程几何形状变化较大的结构很难用公式准确描述；另一方面，计算公式中存在较多的未知参数，如流量系数、液动力系数、射流角等，对工程经验数据的依赖较大，这为建模带来了不确定性，影响建模精度。

如图 5 – 29 所示，在阀芯开度变化的过程中，实际阀的过流截面的位置、射流角度等均不断变化，同时流动状态的变化也引起流量系数等参数的变化。而一般的阀的特性计算公式大都由几何形状随开度变化差异不大的换向阀或锥阀节流口推导而来，在这种情况下，使用传统的公式和固定的经验参数计算阀的特性必然产生较大的误差，影响系统仿真精度。

上一节对插装阀进行了稳态、瞬态的三维流场仿真，并利用 LDV 流场测试试验从微观速度场分布角度对三维流场仿真的准确性作了验证，证明了三维流场仿真的方法能够准确预测插装阀内部流动的微观流场参数分布。这里利用本征正交分解（Proper Orthogonal Decomposition，POD）的方法，对阀芯全行程变开度瞬态流场仿真所得到的阀的流场信息进行降阶与重构处理，利用降阶重

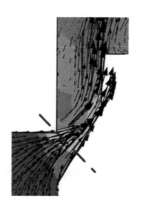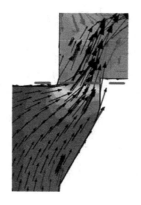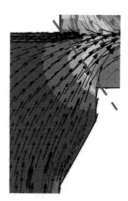

图 5 - 29　阀芯开度变化过程中节流面的流动

构流场数据直接计算阀的流量及阀芯受力等特性，并应用到阀的特性建模中，避免了传统的建模公式中由于理想化假设以及参数的不确定性带来的误差。

1. POD 流场降阶与重构原理

POD 方法最早由 Lumley 于 1967 年提出，用于解决管道流体湍流问题[20]。早期 POD 主要应用于固壁流动（Wall‑bounded Flows）、自由剪切流动（Free Shear Flows）、对流问题（Convection Problems）以及流体控制方程求解等问题当中，并于 20 世纪 90 年代初被引入流体机械的流动特性研究当中[21]。POD 方法的基本原理是：为高阶向量张成的向量空间寻找一组最优基，使原始向量在这组最优基向量上的投影尽可能大。最优是指，对于相同阶次的基函数展开，POD 基比其他正交基在平均意义下包含更多的"能量"（一般用能量代指分解后各阶次占原始数据的比率。因此，在展开式中只需要少量阶数即可较为准确地描述原随机场，这使 POD 方法成为数值模型有力的降阶简化工具。以流场分析为例，POD 能够对流场的特性进行分解，并从"能量"的角度对分解得到的流场结构进行主次排序。可见，POD 方法主要具有以下两个功能：一，以分解得到的流场所含有"能量"的高低为依据，通过舍弃不必要的含能较低 POD 基，保留含能较高的主要 POD 基，有效地对流场数据进行降阶简化；二，由于 POD 分解得到的流场为流场的本征结构组成，因此各阶模态可以被用来对未知情况下流场的重构、进行不同输入参数下流场的预测分析[22,23]。

假设原始向量张成的空间为 $R = \{r(x,t) \in \Omega\}$，POD 通过寻找一组最优基向量 φ_k，使得原始向量在这组基向量上的投影尽可能大[24]，即

$$\begin{cases} \max \dfrac{1}{N} \sum_{i=1}^{N} \parallel (\bar{r}_i, \boldsymbol{\varphi}_k) \parallel^2 \\ i = j, (\boldsymbol{\varphi}_i, \boldsymbol{\varphi}_j) = 1 \\ i \neq j, (\boldsymbol{\varphi}_i, \boldsymbol{\varphi}_j) = 0 \end{cases} \quad (5.12)$$

式中，Ω 为向量空间的定义域；$(\cdot, \cdot)$ 代表向量的内积；$\parallel \cdot \parallel$ 为某向量的二范数；$\tilde{r}(x, y, z, t_i)$ 为通过原始向量操作得到的脉动向量：

$$\tilde{r}(\boldsymbol{x}, t_i) = \tilde{r}(\boldsymbol{x}, t_i) - \bar{r}(\boldsymbol{x}) \quad (5.13)$$

特征值与特征向量方法[25]是求解式（5.12）所示的问题的最常用的方法。求解过程可以表示为

$$\begin{cases} \boldsymbol{C}\boldsymbol{v}_k = \lambda_k \boldsymbol{v}_k, k = 1, 2, \cdots, m \\ \boldsymbol{\varphi}_k = \sum_{i=1}^{N} v_k^i \tilde{r}_i \end{cases} \quad (5.14)$$

式中，$\boldsymbol{C}$ 是矩阵 $\boldsymbol{R}$ 的相关矩阵（$N \times N$ 阶）；$\boldsymbol{v}_k$ 是矩阵 $\boldsymbol{C}$ 第 k 个特征值所对应的单位化的特征向量：

$$\begin{cases} \boldsymbol{C} = \boldsymbol{R}^{\mathrm{T}} \boldsymbol{R} / N = (C_{ij})_{M \times N} \\ C_{ij} = (\tilde{r}_i, \tilde{r}_j) / N \end{cases} \quad (5.15)$$

$$(\boldsymbol{v}_k, \boldsymbol{v}_k) = \frac{1}{N\lambda_k} \quad (5.16)$$

此外，为衡量各 POD 基向量的主次顺序，以矩阵 $\boldsymbol{C}$ 的特征值大小为依据[26]，将累积占比 E_k（即通常所说的"能量"）作为量化前 n 阶模态所捕捉的流场信息的多少：

$$E_k = \sum_{i=1}^{k} \lambda_i \bigg/ \sum_{k=1}^{M} \lambda_k \times 100\% \quad (5.17)$$

利用降阶所得的占"能量"较大的前数阶模态按照以特征值为参数进行线性组合，即可在大量简化原有数据的基础上，还原绝大部分的流场信息，完成流场的重构。根据已有的定义[27]，当用前 l 阶模态重构原始数据时，相应的误差可以表示为

$$\begin{cases} \varepsilon(\boldsymbol{\varphi}_1, \boldsymbol{\varphi}_2, \cdots, \boldsymbol{\varphi}_l) = \left\| \tilde{r}_i - \sum_{k=1}^{l} a_k(t_i) \boldsymbol{\varphi}_k(x, y, z) \right\|_2 = N \sum_{k=l+1}^{r} \lambda_k \\ a_k(t_i) = \dfrac{(\tilde{r}_i, \boldsymbol{\varphi}_k)}{(\boldsymbol{\varphi}_k, \boldsymbol{\varphi}_k)} \end{cases} \quad (5.18)$$

基于以上原理，可以利用 POD 方法对插装阀变开度瞬态流场仿真的结果进行处理，从而在大量简化数据量的同时，捕捉原流场的大部分信息。利用降阶后的数据求解阀的流量与阀芯受力，可以实现更高的建模精度[28]。POD 的

处理流程如图 5 – 30 所示。

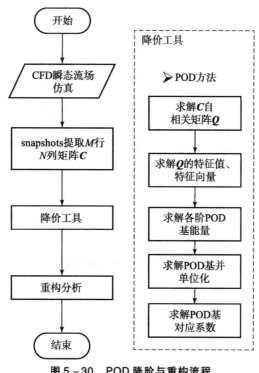

图 5 – 30　POD 降阶与重构流程

2. 基于 POD 流场降阶与重构的插装阀特性建模

利用动网格实现变开度瞬态流场仿真方法，可以得到阀芯在不同移动速度与方向时阀芯不同开度的大量流场数据。利用 POD 数据处理方法对流场数据进行降阶处理，可以使数据量大大简化。利用降阶简化后的数据进行流场参数的重构，并将重构后的参数分布直接用于计算阀的特性数据，便可以得到阀的特性计算模型。本节主要考虑插装阀最为关键的两类特性——流量特性及阀芯受力特性，通过对出口段截面速度场的处理，计算流量特性；对阀芯底面压力场的处理，计算阀芯受力特性。

对阀芯底面压力场进行降阶处理，得到的各阶模态所对应的能量及前 n 阶模态的总能量分布如图 5 – 31 所示。由图可见，第一阶特征值对应的模态占据总量的 89.31%，说明第一阶模态能够捕捉大部分的流场信息。当所用模态数目增加到 10 阶时，总能量比率可以达到 99.53%，即前 10 阶模态能够包含绝大部分的流场信息。因此，试验选择前 10 阶模态对原流场进行重构，还原压力场信息并计算阀芯的受力特性。

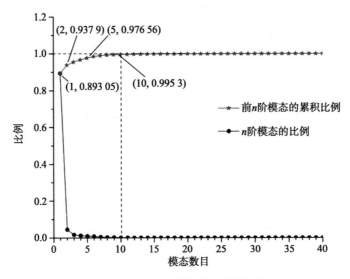

图 5 - 31　阀芯底面压力场各阶能量占比分布

　　图 5 - 32 所示为选取的阀芯在某一开度时的阀芯底面压力场信息。图 5 - 32（a）所示为所有样本的时均压力，将每个时间点对应的压力场与时均场作差即得到用于 POD 处理的脉动场。图 5 - 32（b）所示为降阶所得的一阶模态，其主要捕捉了阀芯靠近节流口的外环周边的压力降低，这也是 5.2 节中所讨论的引起液动力的主要原因。第二阶模态（图 5 - 32（c）所示）显示在阀芯中心位置压力也有一定的降低，但其幅值与一阶模态的压力降低幅值相比，其数值较小。

　　将各阶模态叠加到时均场上，即可得到重构后的各阶流场。图 5 - 33 所示为原流场的阀芯底面压力场与不同阶数模态重构所得压力场。图 5 - 33（a）为阀芯底面的原压力场分布；图 5 - 33（b）~（d）分别为 1 阶、2 阶、10 阶重构后的流场压力分布。可见，1 阶流场重构就可以基本还原原流场大致的压力分布特征，随着所用阶数的增加，更多的流场信息被包含，重构流场与原流场更为接近。而利用前 10 阶模态进行的流场重构可以较好地对原流场信息进行还原。

　　利用重构后的压力场与原流场的相对误差（式（5.17））可以定量衡量重构流场对原流场的还原效果。图 5 - 34（a）所示为不同阀芯开度、不同阶数时的误差分布，图 5 - 34（b）所示为所用阶数为 10 时的相对误差。

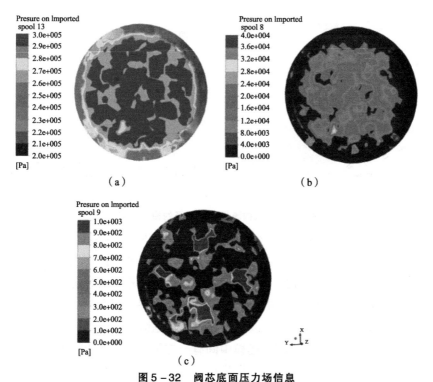

图 5-32　阀芯底面压力场信息

（a）时均压力；（b）第一阶模态；（c）第二阶模态

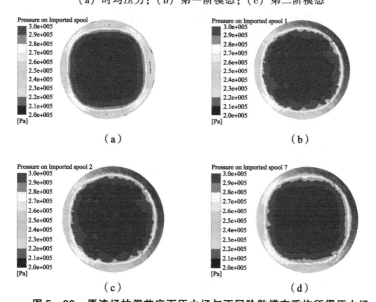

图 5-33　原流场的阀芯底面压力场与不同阶数模态重构所得压力场

（a）阀芯底面的原压力场分布；（b）1 阶重构；（c）2 阶重构；（d）10 阶重构

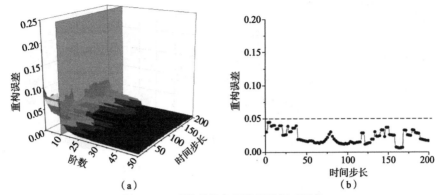

（a）

（b）

图 5 − 34　重构流场与原流场的相对误差

（a）不同阀芯开度及阶数时的误差；（b）10 阶重构误差

由误差分布可见，在整个阀芯行程中，随着所用阶数的增加，相对误差均大幅降低。当所用阶数为 10 阶时，重构流场与原流场的相对误差可以保持在 5% 以下，即用少量的数据达到了对原流场较高精度的还原。

上述流场降阶与重构操作可以对已有仿真数据情况下阀的特性进行较好的还原，但在用于实际的阀的特性建模中尚有一定限制。因为上述操作中所用的流场快照均是在给定的入口压力下所进行，而实际阀的工作入口压力多变，所以这也造成受力情况的改变。为解决该问题，该方法拟通过引入液动力因数，对无因次化液动力因数进行处理，可以使在特定入口压力下的仿真获得数据流场降阶与重构的结果，能够用于不同入口压力下的阀芯受力预测，从而使该方法能够满足插装阀建模的实际运用。

根据液压流体力学原理，液动力与入口压力的关系可以表示为

$$F_s = 2C_d^2 A(x,\theta)\cos\theta p_{in} \tag{5.19}$$

一方面，因此阀芯实际受力为

$$
\begin{aligned}
F &= F_0 - F_s \\
&= p_{in}A_s - 2C_d^2 A(x,\theta)\cos\theta p_{in} \\
&= (1-k)p_{in}A_s
\end{aligned}
\tag{5.20}
$$

式中，$k = 2C_d^2 \dfrac{A(x,\theta)}{A_s}\cos\theta$ 被定义为液动力因数。另一方面，阀芯受力可以直接由阀芯底面液力积分得到

$$F = \int p_s \cdot dA_s \tag{5.21}$$

由式（5.19）和式（5.20），可得对于阀芯底面的每一微元面积而言，液动力因数可以表示为

$$k = 1 - \frac{p_\text{s}}{p_\text{in}} \qquad (5.22)$$

式中，p_s 为阀芯底面实际的压力分布；p_in 为阀的入口压力。利用上述定义，可以先从原流场信息中计算得到液动力因数 k，再将 k 作为 POD 数据降阶与重构的参数，使实际入口压力不再对降阶与重构的过程产生影响，这给 POD 方法在阀的建模中的实际运用带来了方便。

对该型号的插装阀而言，由于阀芯底面存在倒角锥面，而所求阀芯的受力仅为垂直方向压力的积分结果，因此在实际操作中需将阀芯底面液动力因数的分布分为平面和锥面两部分，分别对两个面上的液动力因数 k_1 和 k_2 进行降阶和重构处理。阀芯实际受力可以表示为

$$F = \sum_i (1 - k_{1i}) p_\text{in} A_i + \cos\alpha \cdot \sum_j (1 - k_{2j}) p_\text{in} A_j \qquad (5.23)$$

式中，k_{1i}、k_{2i} 分别为两个面上微元的液动力因数；α 为锥面倾角。

将 k_1 与 k_2 作为流场分布参数，并利用压力场降阶与重构的方法对其进行处理后，方可计算阀芯实际受力。图 5-35 所示为两个面上的液动力因数的重构结果与原流场的对比，可见 10 阶模态的重构结果也能够对液动力因数的分布进行较好的重构还原。

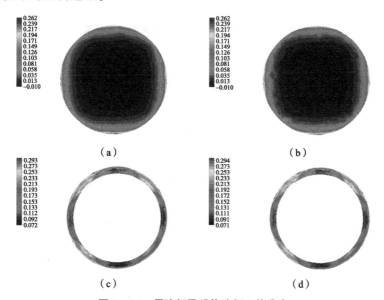

图 5-35　原流场及重构流场 k 值分布

（a）原流场 k_1；（b）10 阶重构 k_1；（c）原流场 k_2；（d）10 阶重构 k_2

图 5-36 所示为根据某一特定入口压力下的 CFD 仿真结果进行降阶与重构后的阀芯受力计算结果，结果表明，液动力因数的引入可以对阀芯实际受力进

行较好的预测，而且液动力因数的引入使在固定入口压力下流场的仿真结果可以用于入口压力改变时的阀芯受力预测，从而解除了对原流场仿真条件的限制，使得 POD 降阶与重构的方法能够对多种工况下的特性进行预测，这有利于在阀的建模中的实际运用。

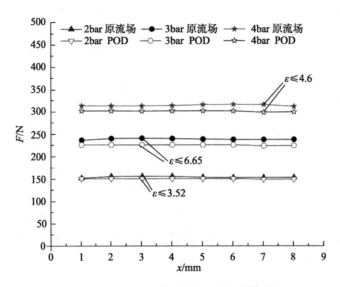

图 5-36　降阶与重构后的阀芯受力计算结果

与阀芯受力类似，可以通过对阀的出口面速度场降阶与重构，对阀的流量特性进行计算。假设已知某时刻出口面的速度场分布，其流量可以利用下式计算：

$$Q = \Sigma A_i \cdot V_{iy} \qquad (5.24)$$

式中，A_i 和 V_{iy} 分别为出口面微元面积与周向流速，均可从流场分布中提取。

利用与阀芯底面压力场相同的处理流程，对阀的出口速度场（轴向速度分量）的参数进行了 POD 降阶与重构处理，利用重构后的速度场，结合式（5.23）对面积微元进行积分计算阀的流量特性。流量计算结果以及 POD 方法与 CFD 结果的相对误差如图 5-37 所示。

由图 5-37 所示的结果可见，对阀的出口面轴向速度场的处理亦可以较好地实现对阀的流量特性的预测。而上述处理中所用到的流场仿真数据为给定入出口压差（Δp）时的仿真结果，对于其他未仿真的入出口压差工况需作进一步分析，以满足阀的建模中对预测不同入出口压差时的需求。

对于不同的入出口压差，尽管流量特性与以流动雷诺数为特征的流动状态存在一定的关联，但在绝大多数情况下，阀的节流口前后的流动均为高雷诺数

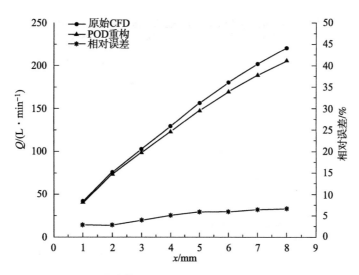

图 5-37　流量计算结果以及 POD 与 CFD 结果的相对误差

湍流，雷诺数对流量特性影响较小[29]，因此在阀的某一给定开度下，我们认为流量特性仅与入出口压差 Δp 有关。考虑到流量与入出口压差间的二次方关系[30]，在不同压差下的流量仅需用已知压差下的结果乘以压差因数 $\sqrt{\dfrac{\Delta p'}{\Delta p}}$ 即可。

　　为验证该推断，我们在不同的入出口压差工况下进行了阀的流场仿真，提取阀的流量特性，并将其与 POD 方法预测的结果进行对比，其结果如图 5-38 所示。由此可见通过压差因数 $\sqrt{\dfrac{\Delta p'}{\Delta p}}$ 的引入，在某一给定入出口压差下的出口速度场降阶与重构结果可以用来对在各种不同压差下的流量特性进行预测，从而保证了该方法能够在实际阀的建模中被运用。

3. 仿真计算与结果对比分析

　　通过 POD 方法对阀芯底面压力场及出口速度场的处理，可以得到重构后的流场分布，用其计算流量特性与阀芯受力特性，并且通过无因次化因数的引入保证该方法能够在各种工况下普遍适用。这里将 POD 方法得到的阀的流量特性与阀芯受力特性，以及考虑阀芯运动速度的瞬态液动力特性应用到阀的建模中，建立流量控制插装阀 AMEsim 仿真模型，并利用 AMEsim 液压元件库中的现有子模型建立阀的仿真模型，对该方法和传统方法所建立的模型在相同工况下进行仿真，从而对比分析两种建模方法的仿真结果。

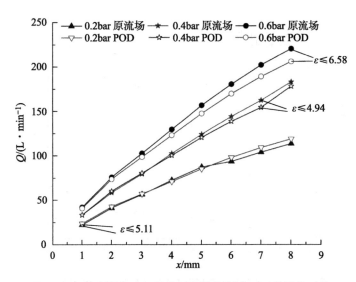

图 5-38　在不同入出口压差下流量特性与 POD 结果的对比

图 5-39（a）所示为利用 POD 流场重构结果计算阀的流量特性与受力特性的仿真模型；图 5-39（b）所示为利用传统的 BAP28 锥阀元件建立的仿真模型。传统方法所建立模型的流量系数以某一开度时的流场仿真结果为准进行标定，其他参数以实际阀的结构参数为准进行设定。

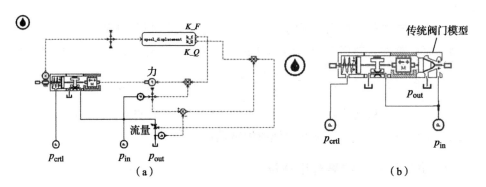

图 5-39　两种方法所建立的插装阀仿真模型

（a）采用 POD 仿真结果的仿真模型；（b）传统方法建立的插装阀仿真模型

图 5-40 所示为在不同阀芯开度下，两种模型对流量与阀芯受力的计算结果与 CFD 仿真结果的对比。可以发现以 CFD 仿真结果为准时，对于流量的计算结果，传统的 AMEsim 模型的计算误差可以达到 15.9%，而 POD 方法建立的模型最大相对误差为 6.58%；对于阀芯受力特性，POD 方法计算的结果在阀芯全行程内与 CFD 仿真结果具有较好的一致性和较高的精度，而传统模型计算

的阀芯受力在变化趋势及数值上会产生较大误差。这主要是由于传统模型所用公式的过流截面面积、流量系数、液动力系数等理想化推理所得公式难以适应在大流量插装阀阀芯开度变化时，过流截面等几何形状以及流动状态的变化。

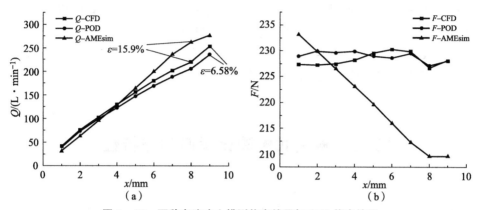

图 5-40　两种方法建立模型仿真结果与 CFD 仿真结果

（a）流量特性；（b）阀芯受力特性

为进一步对阀内流动降阶模型进行验证，利用插装阀基本特性试验系统进行了控制压力连续阶跃调节试验。试验过程中，先导控制阀的控制电流以25 mA 为间隔从 0 mA 增加到 300 mA，再逐渐减小为 0，从而使插装阀上腔控制油压产生相应的变化，记录该过程中控制压力及系统流量的变化。同样的控制压力被用作输入信号，分别输入图 5-39 所示的两种模型，得到两种模型的流量响应。图 5-41 所示为两种模型的仿真流量响应与试验结果的对

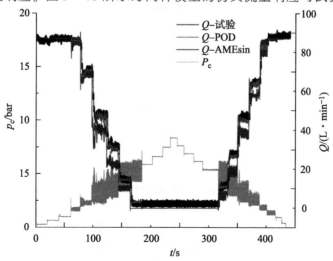

图 5-41　两种模型的试验流量响应与试验结果对比

比。可见传统方法建立的阀的模型当在特定开度下标定流量系数等参数后，在控制油压变化、阀芯处于不同位置时，对流量的预测出现较大偏差；而利用流场信息 POD 处理方法建立的插装阀仿真模型的流量响应则能够在控制压力调节范围内更好地与试验值相吻合，流量预测精度可提高 16.8%（流量稳态响应的最大相对误差由 23.5% 减小为 6.7%），证明了基于 POD 流场降阶与重构的插装阀建模方法能够避免不确定性因素对阀的特性计算带来的影响，提高阀的建模精度。

|5.3　插装式电液比例阀动态特性|

5.3.1　比例电磁阀原理与建模

充液率调节系统所采用的出口比例电磁阀是充放液控制主阀的先导阀，其结构原理如图 5-42 所示。

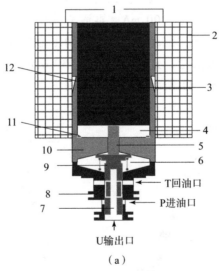

（a）

图 5-42　比例电磁阀结构原理

（a）结构

1—ECU 信号；2—电磁线圈；3—衔铁；4—工作气隙；5—推杆；

6—弹簧；7—阀芯回油孔；8—阀套；9—阀芯；10—导套；

11—限位片；12—隔磁环

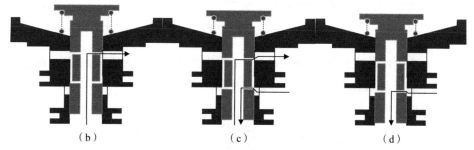

图 5 – 42　比例电磁阀结构原理（续）

（b）阀芯关闭；（c）阀芯中间位置调节压力；（d）阀芯最大开度

　　导套 10 前后两段用永磁材料制成，中间为隔磁环 12，隔磁环 12 前端斜面的角度及相对位置决定了比例电磁阀稳态控制特性曲线的形状[31]。当输入给定电流时，比例电磁阀对外输出近似于与电流成比例的电磁力，其工作原理为：当线圈通电后，线圈对衔铁产生向下的电磁力，通过推杆作用到阀芯上，当线圈电流增大到一定值时，阀芯克服弹簧预紧力向下运动，U 口与 T 口之间逐渐被关闭，U 口与 P 口之间逐渐被打开，对外输出流量，随着流量的增大输出压力增大，当输出压力对阀芯的反馈作用力和电磁力以及弹簧弹力平衡时，此时输出的压力即为该输入电流下对应的压力值[32]。

　　某比例电磁阀设计参数如表 5 – 2 所示。

表 5 – 2　比例电磁阀设计参数

变量	单位	名称	取值
Cu	/	电磁铁线圈材料	铜
d_{em}	mm	电磁铁线圈铜丝直径	0.3
N	/	电磁铁绕线匝数	1 405
R	Ω	电磁铁电阻	22
l_0	mm	电磁铁初始气隙	1.7
D_e	mm	衔铁直径	12.4
m_e	g	阀芯衔铁等效质量	16.5
z_{emax}	mm	阀芯最大行程	0.7
d_e	mm	阀芯直径	3.34
d_{e1}	mm	阀杆直径	2.6（$0.78 d_e$）
d_{e2}	mm	阀芯轴向过油孔直径	2.4（$0.74 d_e$）
F_{e0}	N	弹簧初始预紧力	0.6
K_e	N/mm	弹簧刚度	1.97

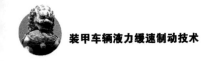

理想情况下，电磁阀线圈平衡方程为[33,34]

$$U = Ri + \frac{\mathrm{d}\psi}{\mathrm{d}t} \tag{5.25}$$

式中，U 为比例电磁阀线圈驱动电压；i 为比例电磁阀线圈驱动电流；ψ 为磁链，磁路磁链与通过绕组的电流和磁路中的气隙相关。

对应电压可以表示为

$$U = Ri + \left(L_e + \frac{\partial \phi}{\partial i}\right)\frac{\mathrm{d}i}{\mathrm{d}t} + \frac{\partial \phi(l,i)}{\partial i} \cdot \frac{\mathrm{d}i}{\mathrm{d}t} \tag{5.26}$$

式中，L_e 为感应系数；l 为气隙长度。

由于所选择的电磁阀磁滞现象较小，因此本文不考虑磁滞效应，根据电磁场麦克斯韦理论方程[35,36]有

$$\sigma \frac{\partial A}{\partial t} + \nabla\left(\frac{1}{\mu\mu_0}\nabla A\right) = j \tag{5.27}$$

式中，∇ 为微分算子；A 为磁位矢量；μ 为相对磁导率；μ_0 为真空磁导率；σ 为电导率；j 为电流密度矢量。当通电电流为 i 时，根据 N 匝线圈的能量密度为 $j = Ni/a$，线圈横截面积为 a，可得电磁力表达式为

$$F_{em} = \frac{\partial W(i,x)}{\partial x} = \frac{[i(t)N]^2}{2R_g l} \tag{5.28}$$

式中，$W(i,x)$ 为磁场能量；$R_g = l/\mu_0 S$ 为气隙磁阻，$l = l_0 - z_e(t)$ 为气隙长度，$z_e(t)$ 为阀芯位移，S 为气隙部位垂直于磁力线的面积。

根据比例电磁阀参数，通过式（5.27）可以确定不同输入电流、不同阀芯位移时的输出电磁力。图 5－43 所示为阀芯位移分别为 0.1 mm、0.5 mm、0.6 mm、0.7 mm 时比例电磁阀的输出电磁力随输入电流的变化情况，输出电磁力随输入电流的增大而增大。阀芯位移越大，输出电磁力越大，在阀芯位移较小时其对电磁力的影响较小；当阀芯位移较大时其对电磁力的影响很大。正是这种性质可以保证在阀芯有效行程内，比例电磁阀输出电磁力近似与输入电流成正比关系。

取阀芯的运动方向为正方向得到阀芯动力学方程

$$F_{em} - F_U - F_{ek} = m_e \ddot{z}_e + C_1 \dot{z}_e \tag{5.29}$$

式中，$F_{ek} = F_{e0} + K_e z_e$ 为弹簧弹力，其中 F_{e0} 为初始预紧力，K_e 为弹簧刚度；$F_U = p_U A_U$ 为出油口反馈作用力，p_U 为出口压力，A_U 为出口轴向面积；m_e 为阀芯衔铁推杆的等效质量；C_1 为黏性阻尼系数；z_e 为阀芯位移。

如果进油口 P 压力为 p_P，回油口 T 接油箱，那么从 P 到 U 的过流流量为

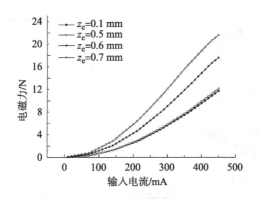

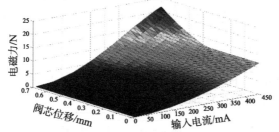

图 5 - 43　比例电磁阀电磁力与输入电流、阀芯位移之间的关系

$$Q_{P-U} = C_d A_{P-U}(z_e) \sqrt{\frac{2(p_P - p_U)}{\rho}} \qquad (5.30)$$

式中，C_d 为流量系数；$A_{P-U}(z_e) = \pi d_e z_e - S_{P-U}$ 为 P 口到 U 口的节流面积（S_{P-U} 为初始搭接面积，d_e 为阀芯直径）。

从 U 口到 T 口的过流流量为

$$Q_{U-T} = C_d A_{U-T}(z_e) \sqrt{\frac{2p_U}{\rho}} \qquad (5.31)$$

式中，$A_{U-T}(z_e) = S_{U-T} - \pi d_e z_e$（$S_{U-T}$ 为初始搭接面积）。

根据质量守恒得到

$$Q_{P-U} = Q_{U-T} + A_U \dot{z}_e + \Delta \qquad (5.32)$$

式中，Δ 为比例电磁阀油压输出腔的体积变化，针对本文所研究的插装式电液比例阀，其即为插装阀控制腔的体积变化率。

图 5 - 44 所示为本文所研究的比例电磁阀实物与拆解后的零件。根据各个零件的参数与比例电磁阀的实际工作原理，搭建的比例电磁阀模型如图 5 - 45 所示。

为了验证模型的准确性，本文对比例电磁阀进行相应的试验研究，图 5 - 46 所示为比例电磁阀的试验原理。

图 5 - 44　比例电磁阀的实物及拆解后的零件

1—导套；2—限位片；3—衔铁；4—铜帽；5—弹簧；6—推杆；7—阀芯；8—阀套

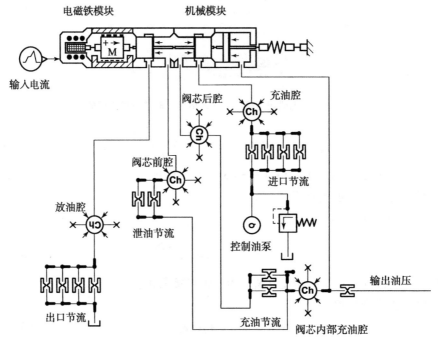

图 5 - 45　比例电磁阀模型

　　所用液压泵为定量泵 30 L/min，溢流阀开启压力为 15 bar，比例电磁阀输出油压至容积固定的控制腔，压力传感器采用 GEFRAN 压力传感器，采样频率为 10 ms。试验过程中通过 Meca 软件设置控制电流的大小，通过板卡实现上位机与快速原型控制器 Rapid ECU 之间的通信，进而将控制电流加载至比例电磁阀的输入端口。压力传感器输出电压在经板卡（NI USB - 6351）转化为数字信号后，通过计算机中的 Labview 模块被读取。

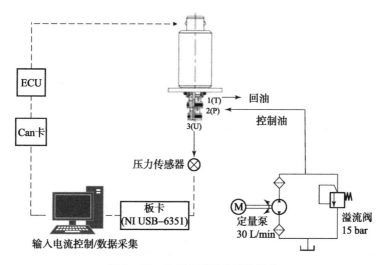

图 5 - 46　比例电磁阀的试验原理

　　为验证比例电磁阀在连续调节时的输出特性，对比例电磁阀加载图 5 - 47（a）所示的阶跃连续变化的输入电流和图 5 - 47（c）所示的连续递增的输入电流。我们将相应的仿真值与试验值进行对比得到图 5 - 47（b）、（d），从图中可知比例电磁阀模型可以表征在实际情况下的比例电磁阀的输出特性，该模型具有较高的准确性。

　　为了验证模型在瞬态响应方面的精度，在仿真时间 0.5 s 时给定控制电流由 0 阶跃至 250 mA，图 5 - 48 所示为比例电磁阀仿真输出油压和实验输出油压的对比，从图中可以看到实验比例电磁阀的起效时间为 30 ms，仿真的起效时间 24 ms 小于实验值，误差为 20%，这是由于仿真所设置的环境较为理想。实验压力超调 9%，仿真超调 10.7% 大于实验值，误差为 19%。仿真模型可以较为准确地表示油压的动态输出特性。

5.3.2　电液比例阀优化设计

　　比例电磁阀作为插装式电液比例阀的先导阀，其控制压力直接作用到插装阀阀芯，从而控制其位置调节过流流量，实现对制动转矩的调节。因此整个液压系统的调节精度在一定程度上取决于比例电磁阀的油压输出特性。在上述分析的基础上，将响应时间与压力超调作为优化目标，根据比例电磁阀的力学模型，选择阀芯直径等作为设计参数进行 DOE 分析，在此基础上对比例电磁阀进行优化设计。在液力缓速器液压系统中，当进口油路开启时，液力缓速器的充液率由插装式电液比例阀控制，该阀进口直接与液力缓速器出口相连，其进

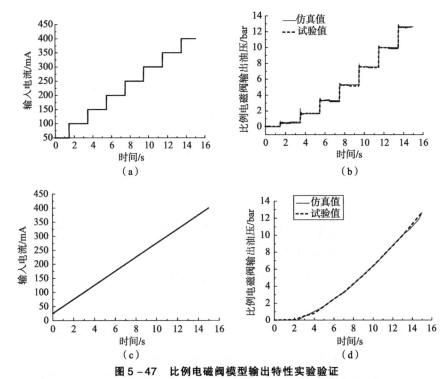

图 5 – 47　比例电磁阀模型输出特性实验验证

（a）阶跃连续调节输入电流；（b）阶跃连续调节信号下输出油压对比；
（c）连续递增调节输入电流；（d）连续递增调节信号下输出油压对比

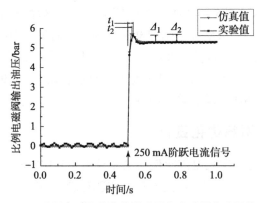

图 5 – 48　比例电磁阀仿真输出油压和实验输出油压的对比

口压力的特性将直接影响到缓速器的出口压力从而影响充液率，这里制定插装式电液比例阀响应时间与进口油压波动幅值为优化目标，分析前述插装式电液比例阀的力学模型，选择插装阀阀芯倒角等设计参数进行 DOE 分析，在此基础上对插装式电液比例阀进行优化设计。设计实验验证插装阀阀芯倒角对进口油压特性的影响规律，并进行对比实验验证优化效果。

1. 比例电磁阀设计参数 DOE 分析

实际工程优化问题大多属于多目标问题，具体表现为优化目标非单一且优化参数较多[37]。由比例电磁阀工作原理可知影响其输出特性的因素主要有：电磁铁线圈材料、电磁铁电阻 R、电磁铁初始气隙 l_0、电磁铁衔铁直径 D_e、电磁铁线圈匝数 N、阀芯直径 d_e、阀杆直径 d_{e1}、阀芯轴向过油口直径 d_{e2}、初始搭接面积 S_{P-U} 和 S_{U-T}、阀芯推杆衔铁等效质量 m_e、弹簧刚度 K_e 以及弹簧预紧力 F_{e0}。

在比例电磁阀设计过程中，由于磁路的非线性以及衔铁在运动过程中各个参数的相互影响，其动态特性十分复杂，需要综合考虑比例电磁阀的滞环、最大电磁力、磁路特性、隔磁环形状等因素，往往需要结合有限元的方法综合考虑[38,39]，此处不对电磁铁设计参数进行优化分析。初始搭接面积 S_{P-U} 和 S_{U-T} 取值较小，且在实际加工过程中较难被控制。阀杆直径与阀芯轴向过油口直径往往根据强度要求取为阀芯直径的倍数，所以在比例电磁阀的电磁铁部分确定后，比例电磁阀设计过程中最为关键的设计参数为：阀芯推杆衔铁等效质量 m_e、阀芯直径 d_e、弹簧刚度 K_e、弹簧初始预紧力 F_{e0}，故选择优化参数向量 $\boldsymbol{x}_e = [m_e, d_e, K_e, F_{e0}]^T$。

比例电磁阀对外以油压的形式进行输出，这里将优化目标定为比例电磁阀的响应时间与压力超调，该优化问题数学模型如下：

$$\begin{cases} \min j_t = \dfrac{t_{ex}}{t_{e0}}, \quad j_{ct} = \dfrac{\Delta p_{ex}}{\Delta p_{e0}} \\ \text{st. } \boldsymbol{x}_e \in \boldsymbol{\Omega}_e \end{cases} \tag{5.33}$$

式中，j_t 和 j_{ct} 表示归一化的响应时间函数和压力超调函数；t_{ex} 与 Δp_{ex} 为给定结构参数向量 $\boldsymbol{x}_e$ 时的响应时间与压力超调；t_{e0} 与 Δp_{e0} 为原有响应时间和原有压力超调；$\boldsymbol{\Omega}_e$ 为优化参数取值范围，本文中取为 $\boldsymbol{\Omega}_e = [0.5\boldsymbol{x}_e, 1.5\boldsymbol{x}_e]$。比例电磁阀优化参数向量各元素取值范围如表 5－3 所示。

表 5－3　比例电磁阀优化参数向量各元素取值范围

变量	单位	名称	取值范围
m_e	g	阀芯推杆衔铁等效质量	[8, 24]
d_e	mm	阀芯直径	[1.67, 5.01]
F_{e0}	N	初始预紧力	[0.3, 0.9]
K_e	N/mm	弹簧刚度	[1, 3]

分析比例电磁阀结构参数变化对输出油压特性的影响，在比例电磁阀的前期加工精度控制与后期实验校核过程有重要的意义，运用 Isight 与 AMEsim 软件进行联合仿真，在 Isight 平台下搭建图 5 – 49 所示的 DOE 分析模型，比例电磁阀模型如图 5 – 45，其对输出油压信号进行处理，得到归一化后的响应时间目标函数与压力超调目标函数，将其作为 AMEsim 模型的输出与 Isight DOE 分析模型的输入。在 Isight DOE 模型中运用最优拉丁超立方设计方法得到 200 组设计点作为模型的输出与 AMEsim 比例电磁阀模型的输入，分析优化参数对比例电磁阀的响应时间与压力超调的影响程度大小。

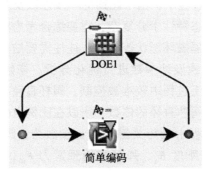

图 5 – 49   比例电磁阀 DOE 分析模型

图 5 – 50 所示为响应时间目标函数 j_t 与压力超调目标函数 j_{ct} 的主效应图与帕累托图。因素对目标函数的主效应是因素在某个水平时所有实验中响应的平均值，从概念上说，改变单个因素的水平，将每个水平和其他因素的所有可能组合对结果影响取平均值所得到的即为主效应图[40,41]。从图 5 – 50（a）中可以看到，四个设计参数对响应时间目标函数的影响均呈现非线性，阀芯直径变化在一定区间内对响应时间的影响最大，阀芯推杆衔铁等效质量次之，弹簧刚度的变化对响应时间的影响相对较小。从图 5 – 50（b）可以看到，阀芯直径二次效应对响应时间的影响最大且呈负效应，阀芯推杆衔铁等效质量对响应时间的影响次之且呈负效应[42]。

由图 5 – 50（c）可知，四个结构参数对压力超调的影响呈高度非线性，阀芯直径对压力超调的影响最大，弹簧刚度的变化对压力超调影响相对较小。从图 5 – 50（d）可以看到，阀芯直径二次效应对压力超调影响最大且呈正效应，阀芯直径和初始预紧力的交互效应对压力超调的影响次之，阀芯推杆衔铁等效质量和初始预紧力对于压力超调也有一定的影响。

比例电磁阀响应时间与压力超调目标函数的 DOE 分析结果对比例电磁阀设计后期的实验校核，以及制造过程中各元件的误差控制有一定指导意义。当比例电磁阀电磁铁部分确定后，为了使输出特性和设计值更加吻合，首先需要

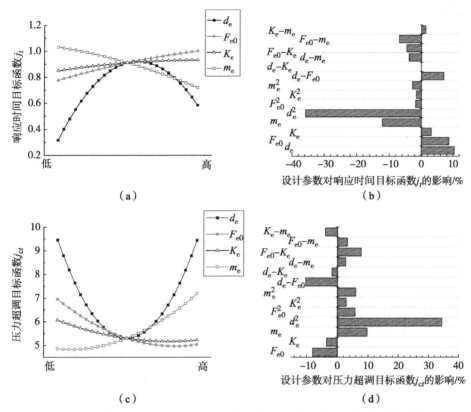

图 5-50　响应时间目标函数 j_t 与压力超调目标函数 j_{ct} 的主效应图和帕累托图

（a）设计参数对响应时间目标函数的主效应图；（b）设计参数对响应时间目标函数的帕累托图；
（c）设计参数对压力超调目标函数的主效应图；（d）设计参数对压力超调目标函数的帕累托图

控制阀芯直径的加工精度。若响应时间与设计值偏差较大，则在调节过程中优选调节阀芯推杆衔铁等效质量，响应时间过长可以首先在小幅度范围内增大阀芯或推杆质量；若压力超调过大，在调节过程中可适当减小阀芯或推杆质量，或者在小幅度范围内增大弹簧预紧力。

2. 基于多目标优化方法的比例电磁阀优化设计

带精英策略的非支配排序的遗传算法（NSGA-Ⅱ）是近几年来发展起来的一种多目标遗传算法。它采用了非劣分类算法以及精英策略，具有很多优点，特别适合多目标优化问题[43]。

NSGA-Ⅱ算法基本原则为：首先随机产生一定规模的初始种群，在非支配排序后通过遗传算法的选择、交叉、变异操作得到第一代种群；而后从第二代开始，将父代种群与子代种群合并，进行快速非支配排序，同时对每个非支配层中的个体进行拥挤度计算，根据快速非支配排序以及个体的拥挤度选取合适的个体组成新的父代种群；最终通过遗传算法的操作产生新的子代种群[44,45]。其流程如图 5 – 51 所示。

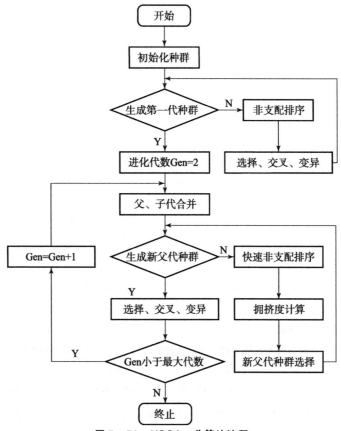

图 5 – 51　NSGA – Ⅱ算法流程

搭建图 5 – 52 所示的 Isight 优化模型，选择 NSGA – Ⅱ算法初始种群规模40、遗传代数60、畸变率0.9得到的解的分布如图 5 – 53 所示。

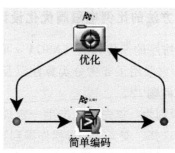

图 5 – 52　Isight 优化分析模型

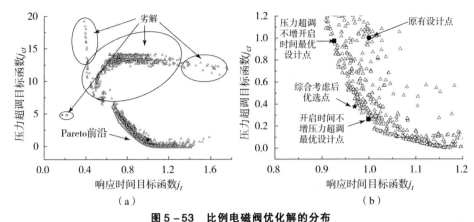

图 5 - 53　比例电磁阀优化解的分布

（a）解的整体分布；（b）可行解分析

从图 5 - 53（a）中可知，压力超调与响应时间为互相矛盾的两个优化量，紧邻图中曲线上方的点为 Pareto 前沿设计点，这里希望得到压力超调小并且响应时间小的优化结果，从图 5 - 53（b）解的分布来看，如需要使响应时间减小，则要以付出很大的压力超调为代价，因此在综合考虑选择设计点时保证响应时间略有减小，但压力超调大幅下降的优选点如图 5 - 53（b）所示，优化前、后参数值的对比如表 5 - 4 所示。

表 5 - 4　比例电磁阀优化前、后参数对比

结构参数	m_e/g	d_e/mm	K_e/(N · mm^{-1})	F_{e0}/N
优化前	16.5	3.34	2.0	0.60
优化后	15.5	3.27	1.4	0.52

为了验证优化效果，本文分析比例电磁阀优化前后稳定输出油压为 2 bar、3 bar、4 bar、5 bar、6 bar、7 bar 时的输出油压如图 5 - 54 所示。

由图 5 - 54 可知，比例电磁阀稳定输出油压越小，其压力超调显现越为明显。当稳定输出油压为 2 bar 时油压超调较大，且出现抖动现象，优化后比例电磁阀压力超调减小。

图 5 - 55（a）所示为不同稳定输出压力下比例电磁阀的响应时间，由图可知，随着比例电磁阀输出油压的增加，其响应时间呈现先增大后减小的趋势，这主要是由阀芯动力学特性造成的，并且可以看到优化后响应时间基本保持不变，变化量在原有值的正负 6% 以内；图 5 - 55（b）所示为不同稳定输出油压下比例电磁阀的压力超调，由图可知，随着比例电磁阀输出油压的增加，其压力超调逐渐减小，这主要是由于输出油压越小，阀芯位移越小，给定阶跃电流时越容易产生超调，但是优化后压力超调比明显下降，最大降幅达 72%。

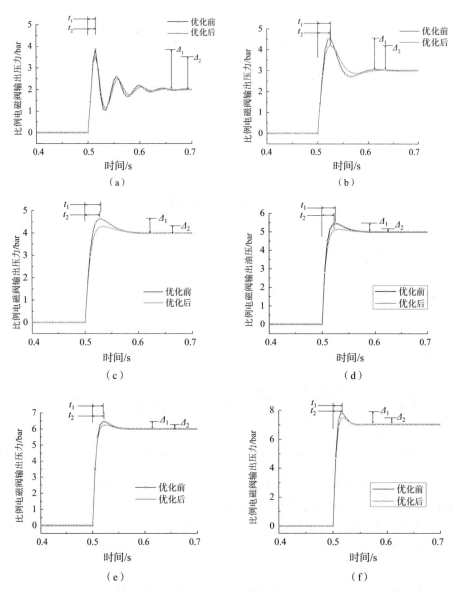

图 5 - 54 不同工况下比例电磁阀优化前后的输出油压

（a）比例电磁阀稳定输出油压 2 bar 时优化前后对比；（b）比例电磁阀稳定输出油压
3 bar 时优化前后对比；（c）比例电磁阀稳定输出油压 4 bar 时优化前后对比；
（d）比例电磁阀稳定输出油压 5 bar 时优化前后对比；（e）比例电磁阀稳定
输出油压 6 bar 时优化前后对比；（f）比例电磁阀稳定输出油压 7 bar 时优化前后对比

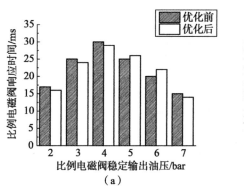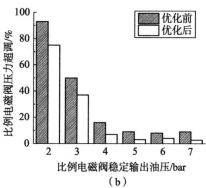

图 5 - 55 比例电磁阀优化效果分析

（a）优化前后响应时间对比；（b）优化前后压力超调特性对比

5.3.3 插装式电液比例阀优化设计

1. 插装式电液比例阀设计参数 DOE 分析

插装式电液比例阀由比例电磁阀先导插装阀构成，在对比例电磁阀进行了优化分析后，开展对插装式电液比例阀主阀部分的优化分析，此时将比例电磁阀的参数取为原有设计参数。

插装式电液比例阀的主阀设计参数中，主阀芯直径 d_0、阀套入口直径 D、阀芯端面倒角后小径 d_1、阀芯端面倒角 A、阀芯质量 m、控制腔弹簧预紧力 F_0、控制腔弹簧刚度 K 等会影响主阀芯动态特性，进而直接影响插装式电液比例阀的输出特性。插装阀在设计与选型时往往根据过流流量的大小大致确定阀芯直径与最大开度，阀套的入口处直径往往比阀芯直径小 2 ~ 4 mm 以保证结构的合理；为保证阀套与阀芯结合处的密封性，阀套的倒角往往大于阀芯端面倒角 3° ~ 5°；在某些情况下，为增加阀芯的稳定性，需要在插装阀的阀芯上增加图 5 - 56 所示的阻尼孔。增加阻尼孔后，在控制腔体积变大时由于比例电磁阀的流量较小，其会有部分油液从插装阀进口流至控制腔；当控制腔体积减小时会有部分油液经阻尼孔流至插装阀进口，使阀芯的力学特性产生变化。为不失一般性，这里选取的优化参数向量为：$X = [m, A, d_1, d_2, F_0, K]^{\mathrm{T}}$。

根据图 5 - 56 可知，插装式电液比例阀的主阀进口直接与液力缓速器出口相连，实际工作过程中液力缓速器动轮与轮腔充液量不断变化，其进出口压力也会不断变化，这势必会造成主阀进口处的压力波动更为剧烈，如果主阀参数选择不当，则势必会使制动转矩的控制十分困难。基于以上分析，并且兼顾液

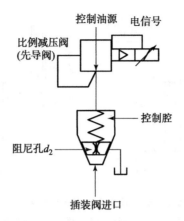

图5-56　阀芯含有阻尼孔的插装式电液比例阀的结构

压系统调节过程的响应时间，本文选择优化目标为进口压力波动幅值与相应时间，得到如下优化问题：

$$\begin{cases} \min J_t = \dfrac{t_X}{t_0}, J_{bd} = \dfrac{\Delta p_X}{\Delta p_0} \\ st.\ \boldsymbol{X} \in \Omega \end{cases} \tag{5.34}$$

式中，J_t 和 J_{bd} 为归一化的响应时间函数和进口油压波动函数；t_X 与 Δp_X 为给定结构参数向量 $\boldsymbol{X}$ 时的响应时间与进口油压波动幅值；t_0 与 Δp_0 为原有响应时间和进口油压波动幅值；Ω 为优化参数取值范围，如表5-5所示。

表5-5　主阀优化参数向量各元素取值范围

变量	单位	名称	取值范围
m	g	阀芯质量	[60, 300]
d_2	mm	阀芯阻尼孔直径	[0, 2.5]
F_0	N	初始预紧力	[0, 40]
K	N/mm	弹簧刚度	[0, 20]
A	m	阀芯端面倒角	[30°, 70°]
d_1	mm	阀芯端面倒角后小径	[0, 20]

对应设计参数 DOE 分析如图5-57（a）、（b）所示，可见插装阀阀芯阻尼孔直径对阀芯的响应时间影响最大且呈正效应，阻尼孔越大响应时间越长；阀芯端面倒角对响应时间的影响次之，呈负效应，阀芯端面倒角越大响应时间越小；其他三个参数对阀芯响应时间的影响相对较小。由图5-57（c）、（d）可知，阀芯端面倒角对进口压力的波动影响最大，呈正效应，即射流角越大进

口压力波动幅值越大；阻尼孔直径对进口压力影响次之，呈负效应，即阀芯阻尼孔越大，进口油压波动幅值越小。

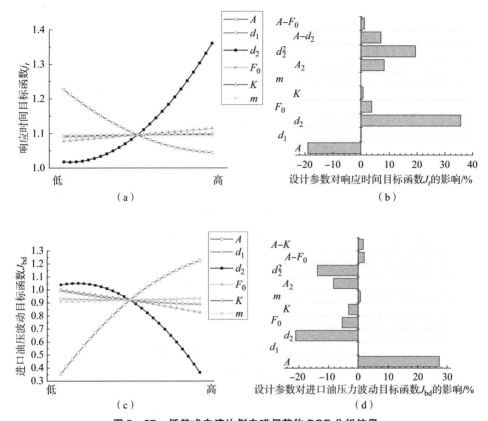

图 5 – 57　插装式电液比例电磁阀整体 DOE 分析结果

（a）设计参数对响应时间目标函数的主效应图；（b）设计参数对响应时间目标函数的主 Pareto 图；
（c）设计参数对进口油压波动目标函数的主效应图；（d）设计参数对进口
油压波动目标函数的主 Pareto 图

通过上述分析可见，阀芯端面倒角大小对阀芯的稳定性影响很大，随着插装阀阀芯倒角的增大，进口压力波动逐渐增大，响应时间逐渐减小。进口压力稳定的代价是响应时间的滞后，全锥阀阀芯的响应时间将远不及全平底锥阀，但是正如上述 DOE 分析结果，影响插装式电液比例阀的输出特性与阀芯稳定性的因素有很多，虽然各个因素之间存在主次，但是根据实际需要选择适宜的组合，才是设计与优化的关键所在。

2. 基于多目标优化方法的插装式电液比例阀优化设计

选择 NSGA – Ⅱ 算法初始种群规模 60，遗传代数 80，畸变率 0.7 得到的优化结果如图 5 - 58 所示。

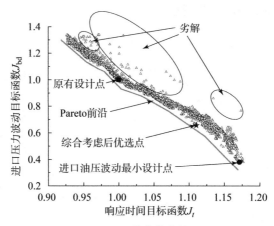

图 5 - 58 整体优化结果

由图 5 - 58 所示我们可以看到原有设计点在 Pareto 前沿上，这表明原有设计点较为合理，但是由于插装式电液比例阀在液力缓速器液压系统中与缓速器出口直接相连，为了减小缓速器出口处压力的波动情况，本文选择图中所示优选点，保证响应时间目标函数略有增大，但是压力波动幅值大幅下降。表 5 - 6 所示为优化前后设计参数的对比情况。

表 5 - 6 主阀优化前后设计参数的对比

设计参数	m/g	A	K/($N \cdot mm^{-1}$)	F_0/N	d_1/mm	d_2/mm
优化前	180	53°	0	0	27	0
优化后	100	37°	6.5	25	19	0

为了验证优化效果，本文分析了插装式电液比例阀优化前后进口平均油压分别为 4 bar、5 bar、6 bar、7 bar 时的情况，在仿真过程中不考虑进出口的油管长度且油液含气量设为 0，其他仿真参数设为理想状态，仿真对比结果如图 5 - 59 所示。

图 5 - 60（a）所示为不同平均进口油压下，插装式电液比例阀响应时间的变化情况，由图可知，随着进口油压平均值的增大，响应时间逐渐减小。这主要是由于进口油压越大，主阀芯的开启量越小，开启时间越小，但是优化后响应时间略有增加，增量在原有值的 10% 以内，这与根据图 5 - 58 在进行解的优选时，综合考虑后所选的优选点相符，但增量均为 ms 级，所以可以认为优化前后响应时间基本不变。

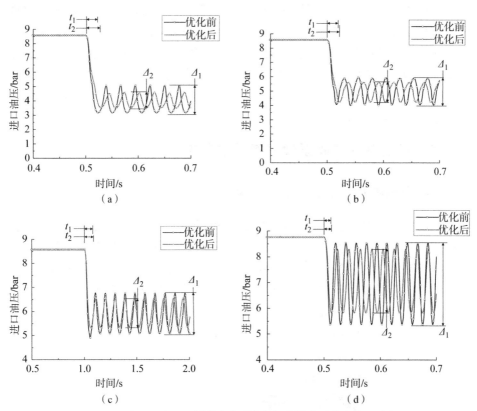

图 5-59　不同工况下插装式电液比例阀优化前后进口油压对比

（a）进口平均油压 4 bar 优化前后对比；（b）进口平均油压 5 bar 优化前后对比；

（c）进口平均油压 6 bar 优化前后对比；（d）进口平均油压 7 bar 优化前后对比

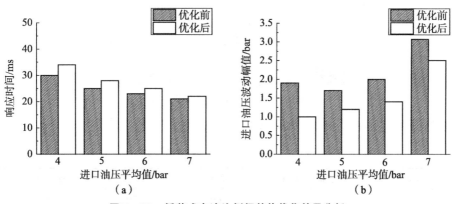

图 5-60　插装式电液比例阀整体优化效果分析

（a）优化前后响应时间对比；（b）优化前后进口油压波动幅值

图 5 – 60（b）所示为不同平均进口油压下，进口油压波动幅值的变化情况。由图可知，随着进口油压平均值的增大，进口油压波动幅值近似呈现增加的趋势，这主要由阀芯的动力学特性决定，但是优化后油压波动大幅下降，最大降幅达 49%，这使得缓速器出口处的压力更加稳定，在某一恒定工况下其对外输出制动转矩将更加平稳。下文将针对缓速器系统模型对优化前后输出特性的变化情况进行对比分析。

5.3.4　关键参数对阀系输出特性的影响

1. 插装阀阀芯倒角对输出特性的影响

插装式电液比例阀主阀的设计参数 DOE 分析结果显示：插装式电液比例阀响应时间、进口压力波动幅值的最主要影响因素是阀芯阻尼孔直径和阀芯端面倒角。考虑到液流经过节流口处的射流角近似可由插装阀阀芯端面的倒角大小表示[46]，而插装阀阀芯倒角在设计制造过程中可以很方便地被控制，因此分别设计了图 5 – 61 所示的三款端面不同倒角的阀芯，且在设计时保证阀芯小端直径、阀芯质量等参数不变，以验证 DOE 仿真结果中关于主阀芯倒角对插装式电液比例阀进口压力影响规律的准确性。

图 5 – 61　不同倒角的阀芯结构

阀芯 1、2、3 的具体结构参数如表 5 – 7 所示。

表 5 – 7　阀芯 1、2、3 结构参数

结构参数	阀芯直径/mm	质量/g	倒角/(°)	端面小径/mm
阀芯 1	32	180	70	20
阀芯 2	32	180	50	20
阀芯 3	32	180	30	20

实验过程中插装阀上腔弹簧无弹，分别对阀芯 1、2、3 进行实验操作，首先给定 400 mA 的控制电流保证阀芯完全关闭，在 $t = 10$ s 时减小控制电流，使在电流阶跃后进口压力均值在 6 bar 左右，实验结果如图 5 - 62 ~ 图 5 - 64 所示。

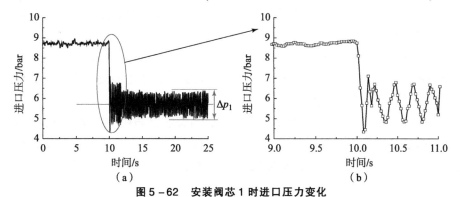

图 5 - 62　安装阀芯 1 时进口压力变化

（a）进口压力整体变化情况；（b）控制电流阶跃时进口压力的局部放大

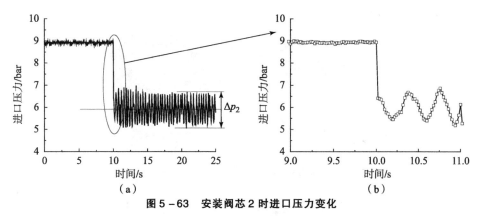

图 5 - 63　安装阀芯 2 时进口压力变化

（a）进口压力整体变化情况；（b）控制电流阶跃时进口压力的局部放大

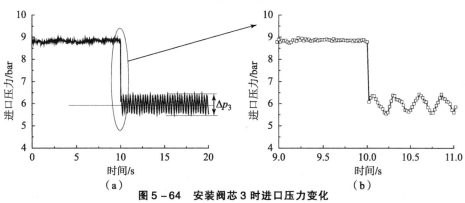

图 5 - 64　安装阀芯 3 时进口压力变化

（a）进口压力整体变化情况；（b）控制电流阶跃时进口压力的局部放大

由图 5 - 62 可知安装阀芯 1 时，当其进口压力均值为 6 bar 时，压力波动幅值 $\Delta p_1 = 1.6$ bar。电流阶跃时进口压力的响应时间为 80 ms，波动频率为 5 Hz。

由图 5 - 63 可知安装阀芯 2 时，当其进口压力均值为 6 bar 时，压力波动幅值 $\Delta p_2 = 1.5$ bar。电流阶跃时进口压力的响应时间为 100 ms，压力的波动频率约为 3 Hz。

由图 5 - 64 可知安装阀芯 3 时，当其进口压力均值为 6 bar 时，压力波动幅值 $\Delta p_3 = 1$ bar。电流阶跃时的响应时间为 180 ms，压力的波动频率 3.5 Hz。

实验结果表明在其他设计参数不变的情况下，在进口压力均值为 6 bar 时，随着阀芯倒角的减小其压力波动幅值减小，当阀芯倒角由 70° 减小为 50° 时压力波动幅值近似相等，这主要是由于实验过程中系统较大影响因素较多，当阀芯倒角为 30° 时的进口压力波动幅值较 70° 时有大幅下降，响应时间随阀芯倒角的减小而增大。

根据所得优化后设计参数加工制造的优化后插装式电液比例阀主阀芯与弹簧如图 5 - 65 所示。

图 5 - 65　优化前后实物对比

分别对优化前、后的插装式电液比例阀进行实验分析，在实验过程中先给定 400 mA 控制电流保证阀芯关闭，$t = 10$ s 时减小控制电流，使控制电流阶跃后进口压力近似维持在 6 bar、4 bar，对比优化前后的压力变化情况如图 5 - 66、图 5 - 67 所示。

由图 5 - 66 可知，控制电流为 400 mA 时阀芯完全关闭，进口压力近似恒定，当控制电流阶跃减小后，阀芯开启从而进口压力减小，但是由于阀芯难以稳定在中间位置，因此其进口压力不断变化。优化前在进口压力均值为 6 bar 时的压力波动幅值为 1.5 bar；优化后在进口压力均值为 6 bar 时压力波动出现衰减，稳定后波动幅值为 0.5 bar。

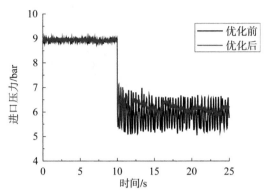

图 5 - 66　阶跃下降控制电流下进口压力均值为 6 bar 时优化前后对比

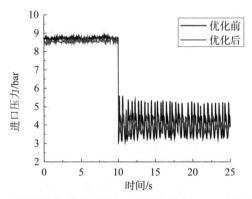

图 5 - 67　阶跃下降控制电流下进口压力均值为 4 bar 时优化前后对比

由图 5 - 67 可知，控制电流为 400 mA 时阀芯完全关闭，进口压力近似恒定，当控制电流阶跃减小后，其进口压力不断变化。优化前进口压力均值为 4 bar时的压力波动幅值为 2 bar；优化后进口油压均值为 6 bar 时的压力波动幅值为 0.8 bar。

为进一步验证优化效果，试验给定阶跃上升的控制电流，初始电流设置为 0 保证阀芯开度最大，在 $t = 10$ s 时给定阶跃上升的控制电流，主阀芯在控制油压的作用下开度减小，进口压力增大，优化前后对比效果如图 5 - 68 所示。

由图 5 - 68 可知，控制电流为 0 时阀芯完全开启，进口压力近似恒定，当控制电流阶跃增大后，阀芯开度减小进而进口压力增大，但是由于阀芯难以稳定在中间位置，因此其进口压力不断变化。优化前进口压力均值为 4 bar 时的压力波动幅值为 1.6 bar；优化后进口压力均值为 4 bar 时的压力波动出现衰减，稳定后压力波动幅值为 0.52 bar。

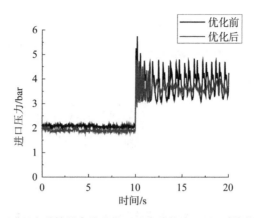

图 5 – 68　阶跃上升控制电流下进口压力均值为 4 bar 时优化前后对比

2. 插装阀阀芯阻尼孔直径对输出特性的影响

通过加工不同阻尼孔直径的阻尼挡片（图 5 – 69）对原液压回路控制阀加以优化改进并进行试验验证，不同阻尼孔直径时的试验结果如图 5 – 70 所示。

图 5 – 69　不同阻尼孔直径的阻尼挡片

由图 5 – 70 的结果可见，增加阻尼孔也能明显改善系统稳态调节时输出转矩的稳定性，阻尼孔直径越小，稳定性越好，但同时在不同的稳态状态切换时的响应时间也相应变长。通过合理设置阻尼孔直径，如本例中采用直径为 1 mm 的阻尼孔，可以实现在保证响应时间的基础上（< 0.5 s），系统稳态转矩波动减小 95% 以上，基本消除转矩波动，改善系统的稳定性，提升整体工作品质。阻尼孔直径为 0.5 mm 时虽然能够在更大程度上消除转矩波动，但响应时间有所延长（约 2 s）。

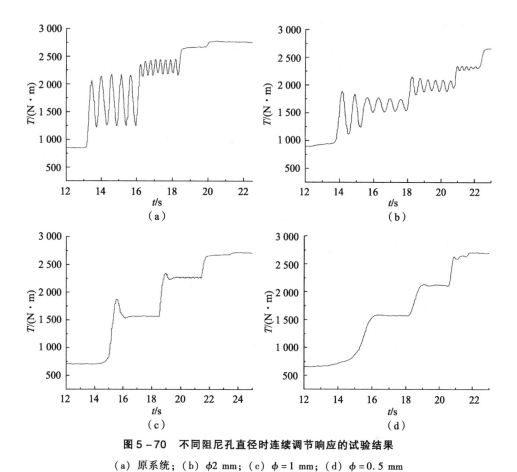

图 5-70　不同阻尼孔直径时连续调节响应的试验结果

（a）原系统；（b）φ2 mm；（c）φ=1 mm；（d）φ=0.5 mm

参 考 文 献

［1］ Liu Xi, Cheng Xiusheng. Research and development of integrative performance test bench of hydraulic retarder［C］. International Conference on Computer, Mechatronics, Control and Electronic Engineering, 2010.

［2］ 斯堪尼亚有限公司. 用于在下坡行驶过程中控制机动车制动的系统和方法：中国，200780019230. 0［P］. 2007-05-23.

［3］ Cooney Timothy J. The MT643R - An automatic transmission with retarder for the Latin American market［J］. SAE 973127.

［4］ Heimut Schreck, Heinz Kucher, Bernhard Reisch. ZF retarder in commercial vehicles［J］. SAE 922452.

[5] Mathew Burke, Robert Oaten. Midi – bus infinitely variable transmission retarder deletion study [J]. SAE2005 – 01 – 3546.

[6] Deierlein Bob. Retarders = better braking + longer brake life [J]. Fleet Equipment, 2000 (10): 31 – 33.

[7] 吴超，徐鸣，等. 车辆液力缓速器的特点分析及发展趋势 [J]. 车辆与动力技术，2011 (1): 51 – 55.

[8] 周洽. 车用大功率液力减速器电液比例充放液控制技术研究 [D]. 北京: 北京理工大学，2014.

[9] 迪特尔·劳克曼. 制动设备和调节这种制动设备的制动转矩的方法: 中国，201180003963. 1 [P]. 2011 – 05 – 10.

[10] Cooney T J. The new Allison HD4070 transmission – Design, development and applications [J]. SAE Technical Paper, 1999, 1: 3742.

[11] 宋建军. 重型载重汽车液力缓速器及其控制系统研究 [D]. 长春: 吉林大学，2013.

[12] 特尔佳公司. 液力缓速器的控制系统及其控制方法: 中国，200710074357. 4 [P]. 2007 – 11 – 14.

[13] 魏巍，孔令兴，穆洪斌，等. 一种带反馈的液力缓速器充液率电液比例控制系统: 中国，201611055493. 4 [P]. 2019 – 02 – 26.

[14] 魏巍，穆洪斌，闫清东，等. 快速起效且制动转矩精确控制的液力缓速器液压控制系统: 中国，201610857105. 8 [P]. 2019 – 09 – 10.

[15] 孔令兴. 液力缓速器及其充放油系统一体化建模与仿真研究 [D]. 北京: 北京理工大学，2019.

[16] 金朝铭. 液压流体力学 [M]. 北京: 国防工业出版社，1994.

[17] 褚亚旭，马文星，刘春宝，等. 越野车液力变矩器流场分析与实验研究 [J]. 哈尔滨工业大学学报，2009 (7): 212 – 214.

[18] 李晋，闫清东，王玉岭，等. 液力变矩器泵轮内流场非定常流动现象研究 [J]. 机械工程学报，2016, 52 (14): 188 – 195.

[19] 王德忠，许鹏. 二维 LDA 系统在液体流速测量中的修正及应用 [J]. 激光技术，2002, 26 (5): 341 – 343.

[20] Lumley J L. The structure of inhomogeneous turbulent flows [J]. Atmospheric turbulence and radio wave propagation, 1967, 11 (3): 166 – 178.

[21] Berkooz G, Holmes P, Lumley J L. The proper orthogonal decomposition in the analysis of turbulent flows [J]. Annual review of fluid mechanics, 1993, 25 (1): 539 – 575.

［22］魏巍，刘旭，韩雪永，等. 液力缓速器全充液工况下 POD 基对流场重构精度影响规律分析［J］. 吉林大学学报（工学版），2019（11）：1959－1968.

［23］Mu Hongbin, Wei Wei, Yan Qingdong, et al. Study on reconstruction and prediction methods of pressure field on blade surfaces for oil－filling process in a hydrodynamic retarder［J］. International Journal of Numerical Methods for Heat and Fluid Flow, 2016, 26（8）：1843－1870.

［24］Ly H V, Tran H T. Proper orthogonal decomposition for flow calculations and optimal control in a horizontal CVD reactor［J］. Quarterly of Applied Mathematics, 1998, 60（4）：631－656.

［25］Ebeida M S. Reduced order modeling of incompressible flow using proper orthogonal decomposition and Galerkin projection［D］. California：University of California, 2009.

［26］Keane A, Nair P. Computational approaches for aerospace design：the pursuit of excellence［M］. Manhattan：John Wiley & Sons, 2005.

［27］Volkwein S. Model reduction using proper orthogonal decomposition, lecture notes［D］. Graz：University of Graz, 2008.

［28］Kong Lingxing, Wei Wei, Yan Qingdong. Application of flow field decomposition and reconstruction in studying and modeling the characteristics of a cartridge valve［J］. Engineering Applications of Computational Fluid Mechanics, 2018, 12（1）：385－396.

［29］Wu D, Burton R, Schoenau G. An Empirical discharge coefficient model for orifice flow［J］. International Journal of Fluid Power, 2002, 3（3）：13－19.

［30］项昌乐，荆崇波，刘辉. 液压与液力传动［M］. 北京：高等教育出版社, 2008.

［31］徐益民. 电液比例控制系统分析与设计［M］. 北京：机械工业出版社, 2005.

［32］杨印阳. 液力缓速器插装式电液比例阀瞬态特性分析与优化［D］. 北京：北京理工大学, 2017.

［33］李其朋，丁凡. 比例电磁铁行程力特性仿真与实验研究［J］. 农业机械学报, 2005, 36（2）：104－107.

［34］方锦辉，孔晓武，魏建华. 伺服比例阀的非线性建模与实验验证［J］. 浙江大学学报, 2014, 48（5）：784－790.

［35］Vaughan N D, Gamble J B. The modeling and simulation of a proportional elec-

tromagnet valve [J]. ASME Journal of Dynamic Systems, Measure and Control, 1996, 118 (1): 120 – 125.

[36] Bayat F, Tehrani A F, Danesh M. Finite element analysis of proportional solenoid characteristics in hydraulic valves [J]. International Journal of Automotive Technology, 2012, 13 (1): 809 – 816.

[37] 周德云, 王鹏飞, 等. 基于多目标优化算法的多无人机协同航迹规划 [J]. 系统工程与电子技术, 2017 (4): 782 – 787.

[38] 申屠胜男, 徐龙稳, 孟彬, 等. 双向比例电磁铁的设计及仿真分析 [J]. 机械设计与研究, 2015 (31): 27 – 30.

[39] Dipl – Ing, Walter Lenz. Developments in high performance proportional valves with CANopen fieldbus interface [C]. The Sixth Scandinavian International Conference on Fluid Power, 1999, 35: 188 – 193.

[40] 沈愉如. 线性直流比例电磁铁 [J]. 低压电器, 1991, 2: 36 – 39.

[41] 赖宇阳. Isight 参数优化理论与实例详解 [M]. 北京: 北京航空航天大学出版社, 2012.

[42] 魏巍, 杨印阳, 孔令兴, 等. 液力缓速器放液支路先导比例电磁阀瞬态特性优化 [J]. 北京理工大学学报, 2019, 39 (1): 7 – 31.

[43] 孔民秀, 陈琳, 杜志江, 等. 基于 NSGA – Ⅱ 算法的平面并联机构动态性能多目标优化 [J]. 机器人, 2010, 32 (2): 271 – 277.

[44] Goldberg D. Genetic algorithm in search, optimization and machine learning, reading [M]. MA, USA: Addison – Wesley, 1989.

[45] Deb K, Pbatap A, Agarwal S. A fast and elitist multiobjective genetic algorithm: NSGA – Ⅱ [J]. IEEE Transactions on Evolutionary Computation, 2002, 6 (2): 182 – 197.

[46] 路甬祥. 两通插装阀的流量系数和液动力 [J]. 液压工业, 1983 (4): 14 – 21.

第 6 章

液力缓速制动性能评价与控制

目前液力缓速器制动转矩的调节技术手段主要通过控制缓速器轮腔内部的油液充液率来实现。这里针对车辆制动复杂工况需求提出对应制动特性的评价方法，在满足散热流量需求的前提下设计合理有效的缓速制动控制策略，通过充放油流量的调节来改变轮腔内部的充液率，进而实现对液力缓速制动转矩的快速而准确的控制，实现对车速和制动力的有效控制。

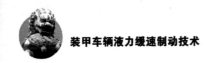

|6.1 液力缓速制动特性评价方法|

液力缓速器稳态制动特性的评价一般以不同动轮转速下的最大制动转矩 T_{max}（最大制动转矩系数 λ_{max}）、最大空转功率损失 P_{smax} 等为参数展开。对缓速器动态制动特性的研究表明，在轮腔与充放油系统结构确定的情况下，不同制动控制策略与方法可能产生不同的控制效果。一般而言，制动起效响应特性与控制调节精度应成为动态制动特性评价的重点。

以往对缓速器动态制动特性的评价基本上都是在得到制动转矩或车速曲线后，定性描述或比较变化趋势，缺乏量化的评价标准。而常用评价整车制动过程的指标分别为车辆制动转矩、减速度、制动距离与制动时间，采用这四个整车级制动参数对元件级的液力缓速器制动系统特性进行评价显然并不适用，因此需要提出适用于缓速器动态制动过程的关键特性参数。本研究针对缓速器制动响应与调节特性，提出动态制动特性指标体系和基于改进雷达图的动态制动特性定量评价方法[1]。

6.1.1 动态制动特性指标

以液力缓速器恒转矩制动过程为例，缓速器输出制动转矩的变化如图 6 - 1 所示，制动转矩经历起效区、有效制动区（调节区、目标稳定区）。本研究针对缓速器动态制动过程提出以下评价指标[2]。

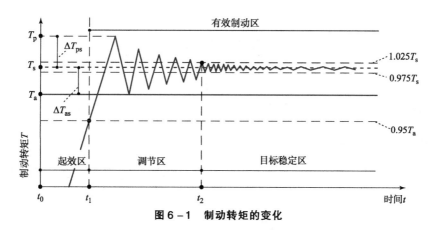

图 6 - 1　制动转矩的变化

1. 起效率 I_{up}

起效率 I_{up} 是起效时间 t_{up} 与单位时间 t_u 比值。起效时间 t_{up} 是指在驾驶员控制液力缓速器起效后，制动转矩首次达到 95% 的目标制动转矩 T_a 所用时间（此百分比可根据需求自行定义），即对应图 6 - 1 中的起效区时间。将制动过程中制动转矩大于 95% 的目标制动转矩的区域定义为有效制动区，对应的时间为有效制动时间 t_c，对应的制动转矩为有效制动转矩 T_c，且 $T_c \geqslant 0.95 T_a$。

$$\begin{cases} t_1 = \min\{t(T = 0.95 T_a)\} \\ t_{up} = t_1 - t_0 \end{cases} \qquad (6.1)$$

当 t_0 为 0 时有

$$t_{up} = t_1 \qquad (6.2)$$

单位时间 t_u 是以某一固定时间段作为一个单位，以得到无量纲的起效指标。由于不同制动工况的起效时间均需要除以同一单位时间得到起效率，因此单位时间大小不会对不同工况起效率的排序产生影响。所以，起效率 I_{up} 可以表示为

$$I_{up} = \frac{t_{up}}{t_u} = \frac{t_1 - t_0}{t_u} \qquad (6.3)$$

起效率 I_{up} 可以反映缓速器在动态工作过程中的制动起效快速性，其数值越小，代表缓速器起效越快速。

2. 超调率 $\Delta\varepsilon_{ps}$

超调率 $\Delta\varepsilon_{ps}$ 是指制动转矩的最大输出，即最高值 T_p 和稳定制动转矩（均值与波动幅值不变）均值 T_s 的差值与 T_s 的比值。若 T_p 等于 T_s，则不存在超

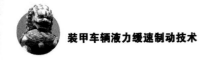

调率。

$$\begin{cases} \Delta T_{ps} = T_p - T_s \\ \Delta \varepsilon_{ps} = \dfrac{\Delta T_{ps}}{T_s} \end{cases} \tag{6.4}$$

$\Delta \varepsilon_{ps}$数值越小，证明缓速器输出转矩的超调量越低。

3. 调节误差 $\Delta \varepsilon_{as}$

调节误差 $\Delta \varepsilon_{as}$ 是稳定制动转矩均值 T_s 较目标转矩 T_a 差值的绝对值与 T_a 的比值。

$$\begin{cases} \Delta T_{as} = |T_a - T_s| \\ \Delta \varepsilon_{as} = \dfrac{\Delta T_{as}}{T_a} \end{cases} \tag{6.5}$$

可见，$\Delta \varepsilon_{as}$越小表示稳定后制动转矩越接近目标转矩，即调节精度越高。

4. 调节率 I_{ad}

调节率 I_{ad}是调节时间 t_{ad}与单位时间 t_u的比值。将制动转矩均值近似不变且波动小于5%的区域（此百分比可根据需求自行定义）定义为目标稳定区，达到此区域所需的调节时间 t_{ad}为

$$\begin{cases} \Delta T = |T - T_s| \\ t_2 = \max\left\{ t\left(\dfrac{\Delta T}{T_s} \geq 2.5\% \right) \right\} \\ t_{ad} = t_2 - t_1 \end{cases} \tag{6.6}$$

因此，调节率 I_{ad}可以表示为

$$I_{ad} = \frac{t_{ad}}{t_u} = \frac{t_2 - t_1}{t_u} \tag{6.7}$$

调节率 I_{ad}可以反映缓速器在动态工作过程中制动转矩达到目标稳定状态的快速性，I_{ad}越小表示缓速器转矩的调节速度越快。

对于某些工况，制动转矩始终处于周期波动状态，波动幅值与均值保持不变，但波动幅度超过所定义的目标稳定区域，我们也认为此工况达到稳定状态，并定义波动率 $\Delta \varepsilon_f$以替代调节率 I_{ad}，$\Delta \varepsilon_f$可以表示为

$$\Delta \varepsilon_f = \frac{T_{su} - T_{sl}}{T_s} > 5\% \tag{6.8}$$

式中，T_{su}为稳定后制动转矩波峰值；T_{sl}为稳定后制动转矩波谷值。

可见，以上提出的无量纲参数 I_{up}、$\Delta\varepsilon_{ps}$、$\Delta\varepsilon_{as}$ 与 $I_{ad}(\Delta\varepsilon_f)$ 均与缓速器动态制动特性密切相关，且其数值越小，表示缓速器的动态制动特性越好。对于其他制动工况，例如基于整车的恒减速度与恒速控制，亦可以采用无量纲参数 I_{up}、$\Delta\varepsilon_{ps}$、$\Delta\varepsilon_{as}$ 与 $I_{ad}(\Delta\varepsilon_f)$ 作为动态制动特性的评价指标。

6.1.2 改进雷达图法

雷达图法是典型的图形评价方法，直观、形象而且易于操作，具有广泛的工程应用价值。一般对于具有多个指标的综合特性评价常采用雷达图法，但传统的三角雷达图评价结果往往受指标顺序的影响，这导致雷达图的结果具有不唯一性。改进的扇形雷达图法则克服了这一缺点，且构成雷达图各指标的权重由定性指标模糊量化的层次分析法来确定[3,4]，这降低了主观评价的随意性。采用改进雷达图法，通过制定无量纲动态特性评价指标，并利用层次分析法确定其相对权重，以权重确定指标轴夹角，可对液力缓速器动态制动特性进行合理的定量评价。传统与改进雷达图如图6-2所示。

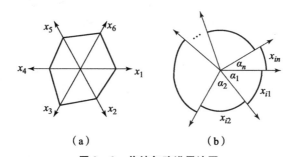

图6-2 传统与改进雷达图
（a）传统三角雷达图；（b）改进扇形雷达图

层次分析法[5]是一种强大的多目标决策与处理复杂问题的分析技术，被广泛应用于涉及层次系统多重标准的决策问题中。层次分析法将一个复杂的多目标决策问题作为一个系统，将目标分解为多个目标或准则，进而分解为多指标或准则的若干层次，通过定性指标模糊量化方法计算出层次单排序（权数）和总排序，最终实现多指标、多方案的优化决策。

这里以层次分析法来确定雷达图中各指标轴间的夹角，然后以各指标值作为半径画出扇形，提取各扇形面积之和作为特征向量与参数，进行综合评价。根据所提出的缓速器动态制动特性指标，这里可将无量纲指标起效率 I_{up}、超调率 $\Delta\varepsilon_{ps}$、调节误差 $\Delta\varepsilon_{as}$ 与调节率 I_{ad} 作为改进雷达图方法的指标。液力缓速器动态制动特性的层次如图6-3所示。

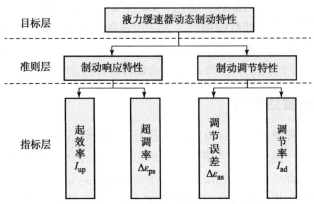

图 6 - 3　液力缓速器动态制动特性的层次

6.1.3　指标权重分配与定量评价

　　对 4 个指标进行两两比较，利用 9/9～9/1 标度法判断指标之间的相对重要性，得出各个指标组成的判断矩阵 $A = [A_{ij}]_{4\times4}$，各标度含义如表 6 - 1 所示。成立专家决策组，对上述评价参数的相对重要性进行合理的排序，专家组成员按照协商一致的原则给出上述 4 个指标两两间的相对重要性评估，按照表 6 - 1 所示的标度含义进行量化。由于各指标相对于车辆制动的重要性有所区别，例如驾驶员在使用缓速器时更加关注缓速器的起效率，另外超调率过大有可能对车辆驾驶舒适性与制动部件强度造成影响，因此超调率不能过大，而调节误差对缓速器控制精度有重要意义，因此也很重要。一组专家组建立的决策判断矩阵 $A^{[6]}$ 如表 6 - 2 所示。

表 6 - 1　判断矩阵标度及其含义

标度 A_{ij}	指标 i 比 j 重要性比较
9/9	相等 - E
9/8	E 和 M 中间
9/7	稍微 - M
9/6	M 和 S 中间
9/5	明显 - S
9/4	S 和 V 中间
9/3	强烈 - V
9/2	V 和 A 中间
9/1	极端 - A

表 6 - 2　决策判断矩阵表

A_{ij}	I_{up}	$\Delta\varepsilon_{ps}$	$\Delta\varepsilon_{as}$	I_{ad}
I_{up}	9/9	7/9	6/9	9/9
$\Delta\varepsilon_{ps}$	9/7	9/9	8/9	9/7
$\Delta\varepsilon_{as}$	9/6	9/8	9/9	9/6
I_{ad}	9/9	7/9	6/9	9/9

　　判断该决策判断矩阵 **A** 的合理性，需要进行一致性检验[7]。所谓一致性检验，就是要检验专家决策组对所有指标相对权重的判断是否一致，进一步降低主观评价带来的随意性，避免自相矛盾的权重评分。衡量判断矩阵一致性的参数为一致性指标 I_C 和一致性比率 R_C，其满足

$$\begin{cases} I_C = \dfrac{\lambda_{max} - k_c}{k_c - 1} \\ R_C = \dfrac{I_C}{I_R} \end{cases} \tag{6.9}$$

式中，λ_{max} 为最大特征值；k_c 为判断矩阵阶次；I_R 为平均随机一致性指标，其取值如表 6 - 3 所示。当 $R_C < 0.1$ 时，则认为判断矩阵具有可接受的不一致性，反之，则需要重新赋值与判断。

表 6 - 3　平均随机一致性指标

阶次 k_c	1	2	3	4	5	6	7	8
I_R	0.00	0.00	0.52	0.89	1.11	1.25	1.35	1.40

　　判断矩阵 **A** 的最大特征值 λ_{max} 为 4.000 8，其对应的特征向量为 **b** = [0.214 1　0.271 2　0.310 7　0.204 0]，将其代入式中，可得

$$\begin{cases} I_C = \dfrac{\lambda_{max} - k_c}{k_c - 1} = 2.706\ 1 \times 10^{-4} \\ R_C = \dfrac{I_C}{I_R} = 3.006\ 8 \times 10^{-4} \ll 0.1 \end{cases} \tag{6.10}$$

即判断矩阵 **A** 满足一致性要求，则最大特征值对应的特征向量 **b** 的各元素依次是起效率 I_{up}、超调率 $\Delta\varepsilon_{ps}$、调节误差 $\Delta\varepsilon_{as}$ 与调节率 I_{ad} 的相对权重，以此作为改进雷达图各部分的扇形夹角。

　　评价指标 **a** = [a_1　a_2　a_3　a_4] 如下：

$$\begin{cases} a_1 = I_{up} \\ a_2 = \Delta\varepsilon_{ps} \\ a_3 = \Delta\varepsilon_{as} \\ a_4 = I_{ad} \end{cases} \qquad (6.11)$$

指标 a_i 的扇形夹角 α_i 为 $\boldsymbol{\alpha} = 2\pi\boldsymbol{b} = [\alpha_1 \quad \alpha_2 \quad \alpha_3 \quad \alpha_4]$，即以 a_i 为第 i 个扇形半径，α_i 为该扇形的夹角，画出由 4 个指标扇形所组成的改进雷达图，如图 6 - 4 所示。

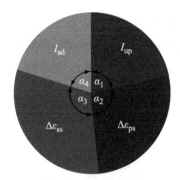

图 6 - 4　改进雷达图

可见在液力缓速器进行制动控制时，上述 4 个参数值越小表示缓速器动态制动特性越好，即制动特性的优劣与评价指标呈现负相关。但由于各评价指标取值特点和区域有所不同，且没有固定的取值范围，因此必须首先将其归一化，以便于使用统一的评分标准。对上述评价指标进行统一的定量评价，设共有 m 个缓速器动态制动过程，以每个评价指标的最大值对相应指标进行归一化处理，得到相应均一化后的评价指标 I'_{up}、$\Delta\varepsilon'_{ps}$、$\Delta\varepsilon'_{as}$ 与 I'_{ad}。

（1）提取特征向量。

求取特征向量 $\boldsymbol{u}_j = [S_j]$，$j = 1, 2, \cdots, m$。其中，S_j 分别为第 j 个制动过程的雷达图中各扇形面积之和，则

$$S_j = \sum_{i=1}^{4} \pi \left(\frac{a_{ij}}{\max(a_{ij})\big|_{j=1}^{m}} \right)^2 \frac{\alpha_i}{2\pi} \qquad (6.12)$$

式中，S_j 表示制动总体水平的高低，图形面积越小，表明该制动总体水平越高，反之越低，且 S_j 值并不会随着指标排列顺序的不同而变化。

（2）构造评价向量与评价参数。

构造评价向量 $\boldsymbol{v}_j = [v_{sj}]$，其中，$v_{sj}$ 为面积评价值。这里并不考虑各指标间的均衡程度，仅以表示面积的 v_{sj} 值构建评价向量。则

$$v_{sj} = S_j \qquad (6.13)$$

（3）进行综合评价。

根据计算结果对由 m 个制动过程组成的评价系统进行综合评价，制动评价参数 v_{ij} 值越小，则制动响应速度与控制调节精度越好，综合制动特性越好。

|6.2　集成流动缓速制动转矩预测与控制|

6.2.1　缓速器散热流量需求

在液力缓速器工作过程中，工作液是在缓速器轮腔、阀系和散热器之间循环流动的，其充放液流量必须达到一定数值，才能将轮腔内液流冲击产生的热能及时导入散热器中耗散掉，以保证工作液不会因温度过高而影响充液率电液比例控制系统工作，实现对缓速器轮腔内充液率的调节和制动转矩的控制。

对于中重型车辆，其液力缓速器制动功率大、工作液发热功率大，对散热循环流量的要求也较高，因此，在制定充放液控制策略之前，须首先对缓速器散热流量的需求加以考虑。应结合整车制动控制策略，分别考虑车辆单次制动与持续制动工况，针对高车速紧急制动、大坡度高车速恒速下坡的极限工作模式，分析缓速器的散热流量需求[8]。

1. 紧急制动工况散热流量需求分析

在各种单次制动工况中，车辆从最高车速紧急制动到静止的过程中，液力缓速器吸收的车辆动能最大，制动时间最短而散热功率最大，因此该工况是散热流量需求估算时须考虑的极限工况。

首先计算在紧急制动过程中液力缓速器吸收的车辆动能总量。设制动过程中不存在抱死拖滑现象，忽略地面运动阻力和风阻做功。制动采用液力 – 机械联合制动控制策略，整个制动过程分为两个阶段。

当车速大于临界值 v_1 时，只有液力缓速器单独制动，车辆所有动能均被液力缓速器腔内工作液吸收，此阶段为"液力制动"阶段。

此工况下，缓速器工作液吸收的动能为

$$E_{k1} = \frac{1}{2} M (v_{max}^2 - v_1^2) \tag{6.14}$$

式中，M 为车辆质量；v_{max} 为车辆最高车速；v_1 为"液力制动"与"联合制动"两阶段切换时的临界车速。

在车速从 v_1 降为零的阶段中，液力缓速器和摩擦式制动器均起效输出制动转矩，此阶段为"联合制动"阶段。此阶段中，为了尽量减少摩擦式制动器负荷，应使液力缓速器全充液（充液率约为100%）。

F_{z2} 为随动轮角速度 ω（rad/s）变化的制动转矩函数。则在车速由 v_1（换算为动轮角速度 ω_1）降为零的过程中，液力缓速器工作液吸收的能量为

$$E_{k2} = \int_0^{\omega_1} F_{z2}\mathrm{d}\omega \qquad (6.15)$$

由以上分析可得，在整个制动过程中液力缓速器工作液吸收的总能量为

$$E_k = E_{k1} + E_{k2} \qquad (6.16)$$

而后计算整个制动过程的消耗时间。

在"液力制动"阶段（车速高于 v_1 时），液力缓速器输出的制动转矩保持最高制动挡位对应值 T_{max} 恒定，车辆做匀减速运动。

以履带车辆为例，此阶段中，在履带上作用的制动力为

$$F_y = \frac{T_{max}i}{r\eta} \qquad (6.17)$$

式中，i 为变速箱输出轴到主动轮的传动比；r 为主动轮半径；η 为传动效率。

车辆制动减速度为

$$a_1 = \frac{F_y}{M} \qquad (6.18)$$

"液力制动"阶段耗时为

$$t_1 = \frac{v_{max} - v_1}{a_1} \qquad (6.19)$$

当液力缓速器与摩擦式机械主制动器在"联合制动"工况（车速低于 v_1）时，液力缓速器与摩擦式制动器配合工作，要求使车辆的减速度与"液力制动"工况时相同，即

$$a_2 = a_1 = \frac{F_y}{M} \qquad (6.20)$$

此阶段，车辆制动时间为

$$t_2 = \frac{v_1}{a_2} \qquad (6.21)$$

由以上计算可得，从车速 v_1 紧急制动到静止，总耗时为

$$t = t_1 + t_2 \qquad (6.22)$$

由上述制动过程中液力缓速器工作油吸收的总能量和制动耗时，可计算液力缓速器的平均制动功率

$$P_m = \frac{E_k}{t} \qquad (6.23)$$

当缓速器按此平均制动功率输出时，要求工作液温升不超过 Δt_{max}，对循环散热的流量需求为

$$Q_{s1} = \frac{P_m}{c\rho\Delta t_{max}} \qquad (6.24)$$

式中，c 为工作液比热；ρ 为工作液密度；Δt_{max} 为工作液最大允许温升。

当车辆以其他挡位制动时，"液力制动"阶段的制动转矩小于 T_{max}，且临界车速 v_1 较低，车辆制动时间较长、平均功率较小，对循环散热的流量需求不会超过上述 Q_{s1}。因此，在充放液系统控制策略的制定中，只要保证缓速器工作过程中，特别是"液力制动"区间内，排向散热器的工作液流量不小于 Q_{s1}，即可满足散热流量要求，可保证缓速器单次紧急制动散热良好。

2. 恒速下坡工况散热流量需求分析

长下坡道路是山区常见路况，在此类路况下，车辆须频繁或长时间制动以便控制车速，由于制动过程耗时较长，摩擦式制动器易热衰退，因此应使用液力缓速器单独承担制动任务，即采用"液力制动"模式。这种模式要求液力缓速器散热能力强、具有良好的持续制动能力，因此有必要计算这种常见工况下液力缓速器的散热流量需求。

设质量为 M 的车辆沿坡度为 α 的坡道完全使用液力缓速器进行制动，保持恒定车速 v 下坡行驶持续行驶时间 t，不考虑风阻以及地面阻力，则缓速器工作液吸收的动能为

$$E_{kh} = Mgvt\sin\alpha \qquad (6.25)$$

液力缓速器平均制动功率为

$$P_{mh} = \frac{E_{kh}}{t} \qquad (6.26)$$

取工作液最大允许温升 Δt_{max}，则可计算得循环散热流量为

$$Q_{s2} = \frac{P_{mh}}{c\rho\Delta t_{max}} \qquad (6.27)$$

通过对车辆实际制动工况的合理分析，确定计算散热流量对应的各参数，综合参考车辆在紧急制动和恒速下坡制动散热流量的计算结果，充分考虑液力制动给车辆冷却系统或缓速器自身冷却系统带来的热冲击，在系统热平衡计算的基础上可以合理确定液力缓速制动系统工作时的散热流量需求。

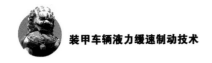

3. 考虑散热极限的可行工作区域

在获得系统散热流量和热平衡计算后，综合考虑液力缓速器制动转矩的最大值和最小可用值以及结构强度限制等因素，可获得液力缓速制动系统典型的可行工作区域，其可以表示为图 6 - 5 所示的曲线所封闭的区域。

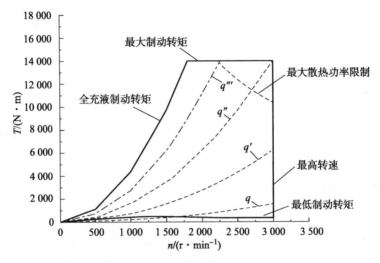

图 6 - 5   典型的缓速器可行工作区域

在图 6 - 5 所示的区域中，位于左上边界的曲线即缓速器全充液状态下转矩随转速变化的特性曲线，在低转速区域，此边界即为缓速器全充液时所能达到的最大制动转矩。当转速达到某一值时，全充液下制动转矩达到系统设计的最大制动转矩值，此时的转矩则变为以该许用最大值为边界，直至与右边界即缓速器的最高转速相交。如果散热功率不足，则随着转速的增大，制动转矩也会受到系统散热功率的限制，转矩可行边界将随转速按照双曲线规律逐渐降低，如图中右上虚线所示。下边界则对应着缓速器不同转速下的最低充液率所对应的转矩，即缓速器的最低可控转矩。在缓速器实际工作时，则可以在控制系统的作用下，以不同的轮腔充液率工作于上述曲线封闭形成的可行区域中，如图中虚线所示。同时，充放油控制系统的参数（如供油压力及弹簧参数等）以及缓速器相关工作参数（如工作转速等）也会对系统的可行工作区域及控制参数产生影响。

以一体化仿真所得的各转速下控制压力、轮腔充液率与制动转矩之间的关系，以及系统参数对工作特性的影响规律研究结果为依据，建立缓速器系统工作区域及工作参数计算程序。用户通过输入各元件的设定值给定系统配置参数，通过研究所得各变量之间的关系结果的插值，可以确定系统的工作区域以及区域内各工作点对应的目标充液率及控制油压等信息，在系统选型与设计初期提供一定的参考。

利用所建立的工作区域参数计算模型，可以确定在图 6-6 所示的区域内每一可行工作点的转矩对应的轮腔充液率及所需要的控制油压。图 6-7 和图 6-8 所示的 MAP 图描述了在缓速器可行工作区域（MAP 图中 $z=0$ 平面上的封闭区域）内每一工作点，即某转速下需要达到某一可行制动转矩时缓速器轮腔充液率的目标值和应该施加于放油阀的控制油压。全充液转矩边界对应着各转速充液率 $q=1$ 的状态，转速较低时可行区域较小，对应的充液率也只分布在 $q=1$ 附近较小的范围内；随着转速的增加，转矩可控区域增大，对应着充液率在最低充液率和全充液之间的较大范围内变化；当全充液转矩达到最大制动转矩时，转速升高则对应的最高充液率逐渐降低，保证转矩不超过最大值限制。每个可行工作点也对应着由充放油控制系统参数决定的控制油压的大小。该特性可以作为实际缓速器电控系统开发的依据，根据转矩需求确定控制电流的大小。

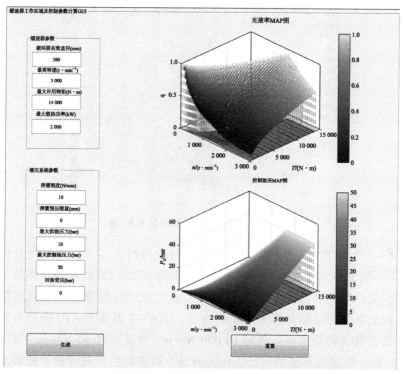

图 6-6　缓速器可行工作区域及控制参数计算 GUI 模型

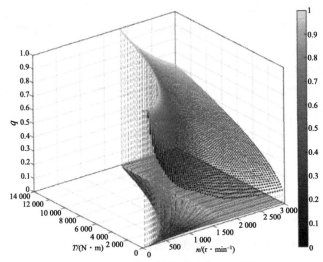

图 6 - 7　工作区域内充液率 MAP 图

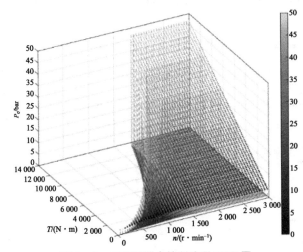

图 6 - 8　工作区域内控制油压 MAP 图

图 6 - 6 所示为某一特性系统参数配置时的可行工作区域，而当系统参数（包括但不限于最大许用转矩、缓速器工作转速范围、放油阀弹簧参数、供油压力等）变化时，缓速器可行工作区域将会产生相应的变化，模型重新确定对应参数配置下的目标充液率及控制油压。图 6 - 9 及图 6 - 10 所示为当某一示例参数设置（如最大许用转矩 10 000 N·m、弹簧刚度 30 N/mm、预压缩量 10 mm）时，缓速器系统的可行工作区域以及对应的目标充液率及控制油压的计算结果。

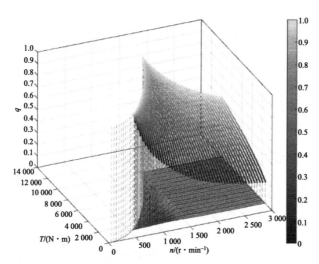

图 6-9　示例参数配置下工作域充液率 MAP 图

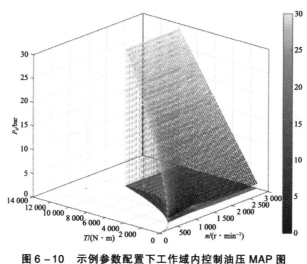

图 6-10　示例参数配置下工作域内控制油压 MAP 图

6.2.2　液力 – 液压集成流动制动转矩预测与控制模型

在对液力缓速制动系统的研究中，制动液体作为联系液力子系统轮腔内部流动和液压子系统充液率控制阀内流动的共同工作介质，往往被相对割裂地从液力叶栅子系统或从充液率控制液压子系统着手，难以准确反映制动过程复杂内部热流耦合作用下的缓速制动特性。实际液力缓速器系统在工作过程中，缓速器轮腔与其充放油控制回路是紧密联系、协同工作的整体，两部分之间通过油液的流动有机联系，相互影响。而单纯以缓速器轮腔或充放油控制系统为研

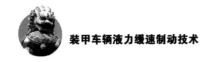

究对象，虽然可以对各个元件的基本特性进行研究，但各部件分离的研究无法体现在系统协同工作时的联系，也势必影响对系统整体工作状态与规律的准确预测[9]。

因此亟需建立液力－液压集成流动制动转矩预测和控制模型，实现缓速制动系统的动态设计，提升车辆制动系统设计能力，并为研制高效能缓速制动系统奠定技术基础。

6.2.2.1 集成流动制动转矩预测模型

多物理场的耦合以及多种求解方法的联合能够最大程度上体现所分析对象的真实工况，因此多场耦合、不同仿真方法的联合也体现了各主流 CAE 工具的发展方向。一维与三维一体化建模与仿真的方法早期在发动机相关研究领域得到关注，如进排气系统与燃烧室内部流动、消声系统等的特性研究中的实际需求催生了一些相关研究，并出现了以 GT － POWER 为代表的支持联合仿真的工具。但在其他领域，由于仿真软件的专业性和求解原理不同的限制，实现类似联合仿真研究的方法较为少见。随着工程应用对 CAE 技术要求的提高，其在流体传动与控制领域也得到了一些应用的探索。对于本文的研究对象而言，液力缓速器系统涉及液压充放油控制系统和轮腔液力流动两种特点不同的流动，且缓速器轮腔内部流动高度复杂，涉及三维强湍流流动、气液两相流动等，很难用数学或经验公式描述其工作特性，无法在系统级别的仿真中建立准确的模型，因此，对一维与三维一体化建模与仿真的需求尤为迫切。

通过对一维与三维一体化建模与仿真方法特点的归纳与整理，可以将多平台仿真的耦合方法在求解策略上分为直接耦合（也称同步耦合）与顺序耦合。直接耦合是指将多物理场的控制方程进行联立，在仿真时同时求解多物理场的控制方程组；而顺序耦合则是两个仿真软件仍然求解各自的控制方程（组），按照顺序交替传递求解结果进行顺序的迭代计算，从而体现两种仿真的联系。理论上直接耦合能够最大程度上体现多场的实际特征，求解更为精确，但同时求解多场的控制方程组的难度将大大增加，通常很难得到收敛结果，因此直接耦合的应用受到限制；而顺序耦合由于在每个仿真软件求解时的收敛难度低，同时又能体现多场的耦合效果，因此顺序耦合是在多场耦合联合仿真时较为常用的方法。

根据数据传递特点，耦合仿真方法又可以分为单向耦合、双向耦合。单向耦合即两种模型之间的数据单向传递，只用一个软件的仿真结果为另一个仿真提供边界条件输入，适用于一个物理场对另一个物理场有显著影响，而反向的影响较弱的场合（如单向流固耦合）；双向耦合则是两种仿真软件之间相互传递数据，每个软件均从对方的求解结果获取数据作为输入边界条件，又都将自身仿真结果传递给对方的仿真方式。此种方法能够在每个时间步之间交互考虑两个仿真之间的相互作用，适用于两物理场均对对方产生较强影响的场合。

通过以上分析，综合考虑实现难度与仿真求解效果，本文中一体化仿真模型所采取的耦合方法为双向顺序耦合。整体求解流程如图 6 - 11 所示。即 **AMEsim** 模型与 **CFD** 模型的求解交替进行，同时在两者之间的边界（缓速器轮腔入出口与流量控制阀的入出口）处进行双向的数据传递，最终收敛到整个系统的稳定状态，将其作为系统工作状态的仿真结果。

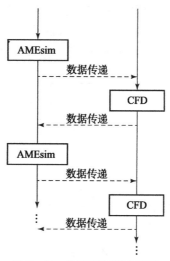

图 6 - 11　双向顺序耦合流程

对于不同仿真平台之间的数据传递方法，在已有文献涉及的研究方法中，通常需要通过自编接口程序[10]或者借助于专门的接口软件（如 **MPCCI** 等）[11]实现不同物理场的仿真模型在边界处数据的交互，进行联合仿真。前者需要比较复杂的编程操作，涉及不同软件平台、不同数据类型的编译及调试，以及数据文件的反复读写等工作，这大大增加了操作难度，耗时长且极易出错；后者利用专用的接口软件简化了编程操作，但支持的平台有限（如缺少对 **AMEsim** 等液压仿真平台的支持），这在一定程度上限制了其应用。

TCP/IP 协议族（**TCP/IP Protocols**）是实现网络通信的网络传输协议家族，作为互联网的基础协议得到了十分广泛的应用。**TCP/IP** 提供点对点的链接机制，将数据应该如何封装、定址、传输、路由以及在目的地如何接收，都加以标准化[12]。它将软件通信过程抽象化为四个抽象层，采取协议堆栈的方式，分别实现不同的通信协议。TCP 是面向连接的通信协议，通过三次握手建立连接，能提供可靠的数据流服务，采用"带重传的肯定确认"技术来实现传输的可靠性[13]。

在现今主流的 CAE 仿真平台，如 AMEsim、ANSYS FLUENT、STAR - CCM + 等软件中，均包含了对 TCP/IP 协议的支持，以增强与其他仿真软件的数据交互，拓展自身建模与仿真功能。利用仿真软件中提供的交互接口工具，可以方便地实现不同软件之间的数据交互，而免除了用编程或读写文本的方式进行数据交换时所需的复杂编程操作，大大简化了建模仿真流程。因此本文的研究利用 TCP/IP 协议实现 AMEsim 与 CFD 软件的数据通信。

图 6 - 12 所示为 AMEsim 中所提供的 TCP/IP 接口的示意。利用该元件，可以通过 TCP/IP 协议实现与外部程序的数据读取和发送。在 AMEsim 中可以利用该元件的参数设置选项选择仿真时 AMEsim 模型的角色为服务器（Server）或客户端（Client），同时可以选择接收与发送的参数数目。

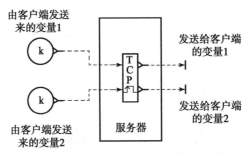

图 6 - 12　AMEsim 中 TCP/IP 接口的示意

利用该元件，通过 TCP/IP 协议通信进行数据的传递与交换可以实现 AMEsim 模型与其他第三方软件进行动态双向耦合的联合仿真。同时该元件基于网络协议进行数据传输的特性使联合仿真不仅能在同一台主机上进行，还可以通过网络地址的匹配与确认，在两台不同的远程主机上进行联合仿真，例如可以将计算消耗大的 CFD 在仿真服务器或工作站上运行以保证足够的计算能力，求解较快的 AMEsim 在常用计算机运行，方便随时控制仿真过程或查看仿真结果，这为仿真研究的工程应用提供了极大的便利。

在研究液力缓速器及其充放油控制系统组成的整体流动与控制系统的协同工作特性时，以插装阀特性模型为基础建立的充放油控制系统 AMEsim 模型与三维 CFD 仿真模型利用 TCP/IP 接口联系起来，二者在缓速器的入出口和流量控制插装阀的入口和出口交换工作介质（油液）的流量及压力数据形成联系，即可得到液力缓速器轮腔及充放油控制系统液力 - 液压流动一维与三维一体化仿真模型，整体模型组成如图 6 - 13 所示。

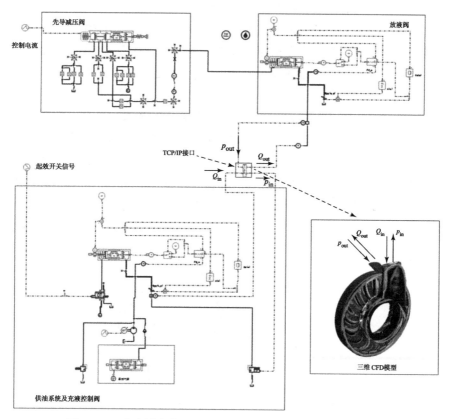

图 6-13 液力缓速器及充放油控制系统一体化仿真模型的组成

在一体化仿真模型中，充放油控制系统 AMEsim 模型与轮腔 CFD 模型在缓速器的入出口处进行数据的交互，交互的参数为缓速器的入口及出口处的油液流量及压力数据。AMEsim 模型由供油系统模型及充油控制阀模型计算得到充油流量，将其作为缓速器入口流量 Q_{in} 传递给 CFD 模型，CFD 模型以该数值设置入口边界的流量，同时获取入口面的压力平均值 p_{in} 反馈给 AMEsim 模型，该数值通过影响供油溢流阀的开启，可以根据缓速器的实际工作情况影响供油支路的供油流量，即当轮腔内接近全充液且压力较大时，较大的入口压力 p_{in} 会反馈给 AMEsim 模型，供油支路溢流阀开始溢流，供给缓速器轮腔的流量减小，符合系统实际工作规律；在缓速器出口处，由 CFD 轮腔仿真所得的出口压力 Q_{out} 输出到 AMEsim 中的放油阀模型，AMEsim 模型以此流量数值为流量源，通过与先导阀控制压力及弹簧力等其他参数的作用共同决定放油阀的开启状态，并计算得到放油阀的入口压力，亦即缓速器出口压力 p_{out}，将其传递给 CFD 轮腔模型，作为 CFD 模型的出口边界。在入口流量 Q_{in} 与出口流量 Q_{out} 的共同作用下，实现对缓速器轮腔内部变充液率工况的仿真。

仅利用 CFD 软件进行部分充液两相流动模拟时，由于 CFD 模型中的固定边界条件不能动态调节，边界条件的设置会造成轮腔内部充液率持续变化，无法收敛到稳定值，因此只能模拟封闭轮腔（不考虑入出口流动）的部分充液特性；而在一体化仿真模型中，由于入出口边界可以根据充放油控制系统的响应实时动态调整，因此其可以保证轮腔 CFD 模型与充放油控制系统模型同步更新入出口边界条件，共同收敛到稳定状态，即此时缓速器系统的实际工作状态。除此之外，模型还在定轮的排气孔处设置 Degas 边界条件（图 6 − 14），该边界条件允许环境气体根据内部的压力状态决定气体的流入、流出，从而与入出口的油液流量变化一起决定轮腔内部的充液率变化。

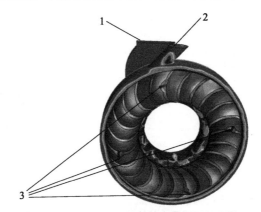

图 6 − 14　一体化仿真模型两相流动 CFD 边界设置

1—缓速器入口；2—缓速器出口；3—气孔边界

当 AMEsim 模型与 CFD 模型均达到收敛时，缓速器进口流量与出口流量达到平衡，轮腔充液率及控制阀开度稳定，系统达到稳定工作状态。

通过上述设置，可以在不同的充放油控制系统控制条件下对缓速器的实际工作状态进行仿真模拟，从而研究不同控制压力、不同充放油控制系统参数配置等条件下的系统工作特性，为明确缓速器工作特性、指导缓速器系统的参数设计与匹配、辅助缓速器试验及实际应用等提供依据。

在 AMEsim 中的参数设置模式下，在 TCP/IP 接口元件中将 AMEsim 仿真模型设置为以服务器模式运行，控制联合仿真模型主体进程，相应的 CFD 仿真模型作为客户端运行。仿真时，先启动 AMEsim 模型，待模型运行并初始化提供初始值后，启动 CFD 模型进行仿真，此时二者之间可以交替运行，相互传递数据，直至联合仿真达到收敛。

利用液力 − 液压集成流动仿真模型，形成轮腔三维 CFD 模型与一维液压回路模型的实时、双向动态交互边界，对缓速器系统的各种不同制动工况下的协同工作特性进行仿真研究，并研究不同参数对系统工作特性的影响，从而明确包含轮腔与充放油控制回路的系统整体工作特性、预测多种复杂工况下的工作过程，为缓速器的设计开发、电控策略的制定以及实际工程应用等提供一种实用的技术手段和研究工具。

利用这一模型，不仅对考虑充放油控制系统作用造成的可变边界条件时的缓速器动态制动过程进行仿真预测，还可以确定合理的控制参数，以保证动态制动转矩输出能够充分发挥的同时，不超过系统的强度限制。液力 – 液压集成流动系统的建模与仿真为缓速器系统内部流动与外在转矩预测与控制的研究提供一种有力的工具，为系统的设计开发、电控策略制定、参数优化等提供辅助。

6.2.2.2　充液率调节系统对制动特性的影响

1. 放油阀控制压力对系统工作特性影响的研究

根据液压控制回路的基本工作原理，控制缓速器轮腔充液率的直接方法是改变缓速器出口流量控制阀上腔的控制压力，从而调节放油阀的开度，改变放油流量。因此充放油控制系统中放油阀控制压力与缓速器轮腔充液率及制动转矩输出之间的关系是体现缓速器实际工作状态的最为基本的特性，也是进行电控系统开发时的基本依据。因而首先利用一体化仿真模型对出口流量控制阀上腔控制压力改变时的系统工作状态进行仿真模拟，研究上腔控制油压变化时系统的工作参数变化原理，摸清不同控制压力对应的缓速器特性，为缓速器的控制和应用提供依据。

在进行仿真时，首先使系统稳定到某一初始状态，然后从某一时间点改变放油先导阀的控制电流，从而改变控制压力，则放油阀将在控制压力与缓速器出口压力的作用下开始作用，继而改变出口流量，入出口的流量平衡状态被打破，使缓速器轮腔内部的充液率改变；充液率的改变导致入出口压力产生相应的变化，又会引起阀的受力状态的变化并随之导致流量的变化，直至入出口流量重新达到相等，即系统达到新的动态平衡状态。

以增加控制电流为例，控制电流增加后，先导阀输出的上腔控制压力增大，则放油阀阀芯原有稳态下的受力平衡被打破，阀芯向关闭方向移动，同时造成放油阀流量（即缓速器出口流量）的减小，而在缓速器入口流量不变的情况下，轮腔入口流量大于出口流量，缓速器内部油液体积增大，多余的气体由气孔排出，即轮腔内部充液率增加，制动转矩增加（转速恒定时），同时出口压力也相应增大。增大后的出口压力与弹簧力、上腔控制油压力达到新的平衡时，阀芯位置稳定，入出口流量重新达到一致，轮腔内部充液率保持不变，即系统达到了新的稳定工作状态。图 6 – 15 所示为一个典型的在充液率增加过程中各参数变化的仿真结果。

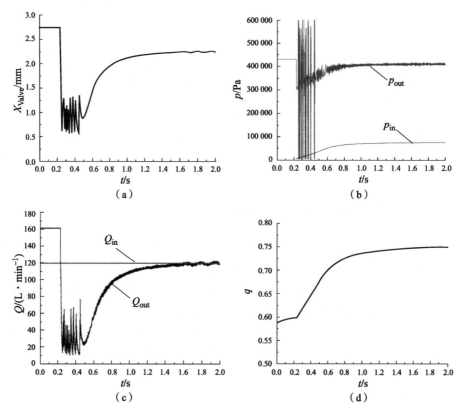

图 6 – 15　动态调节过程各参数变化的仿真结果

（a）阀芯位移曲线；（b）入、出口压力曲线；（c）入、出口流量曲线；（d）充液率变化曲线

　　利用集成流动模型，通过设定不同的控制油压，可以仿真得到控制油压变化时对应的缓速器轮腔充液率及制动转矩。在某一转速（如 800 r·min^{-1}）下系统工作参数随控制油压的变化规律如图 6 – 16 所示。不同控制油压下轮腔充液率的分布如图 6 – 17 所示。

　　由图 6 – 16 和图 6 – 17 可见，缓速器整体系统在液压回路的控制下实现了预期的控制效果，即通过连续调节放油阀上腔控制油压的大小，实现了对缓速器轮腔充液率及制动转矩的控制。将图 6 – 16 所示结果作为通过调整控制油压改变输出制动转矩的基本特性，亦可以作为在充放油控制系统选型设计以及电控系统开发时确定控制输出电流的依据。

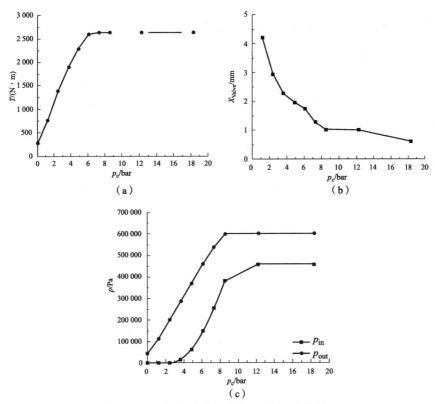

图 6 - 16　系统工作参数随控制油压的变化规律

（a）制动转矩；（b）阀芯开度；（c）入、出口压力

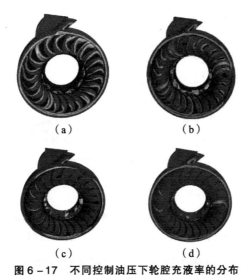

图 6 - 17　不同控制油压下轮腔充液率的分布

（a）$p_c = 2$ bar；（b）$p_c = 4$ bar；（c）$p_c = 6$ bar；（d）$p_c = 8$ bar

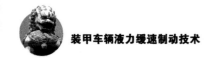

2. 放油阀弹簧参数对系统工作特性影响的研究

作为主要的控制参数，放油阀的参数，尤其是阀芯上腔弹簧的参数设置将对实际系统的工作特性产生较大影响，合理选择弹簧参数是充放油控制系统设计选型时需要考虑的问题。基于集成流动模型，通过改变 AMEsim 模型中弹簧子元件的刚度及预压缩量等参数，分别进行仿真，研究系统在不同的弹簧刚度及不同的弹簧预压缩量下的工作特性，从而明确各关键参数对系统的输出特性的影响，指导在系统的设计及选型匹配时根据实际需求选择合理的参数。

图 6 – 18 所示为放油阀上腔的弹簧在设定不同的弹簧刚度时系统特性的仿真结果。结果显示弹簧刚度增加，在转矩可调（部分充液）阶段相同的控制油压作用下，阀芯开度有所减小，相应的出口压力及输出的制动转矩有所增加，但是总体而言其增加的幅度有限，即弹簧的刚度对系统的调节特性影响不大。

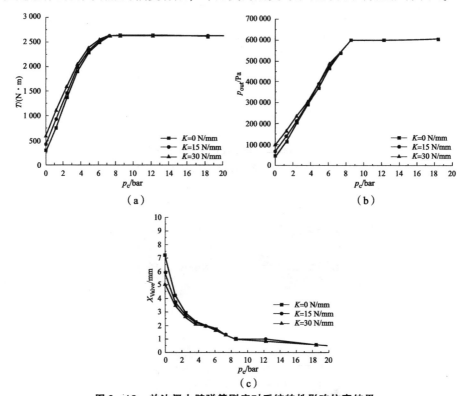

图 6 – 18　放油阀上腔弹簧刚度对系统特性影响仿真结果
（a）转矩特性；（b）出口压力特性；（c）放油控制阀开度特性

除弹簧刚度外，弹簧的预压缩量是在控制系统元件选型时较难被确定的参数。为研究预压缩量对系统整体性能的影响，本文仿真了在不同弹簧预压缩量时系统转矩随控制压力的变化关系，如图 6 – 19 所示。

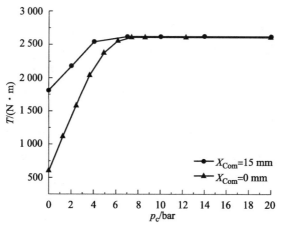

图 6 – 19　不同弹簧预压缩量时转矩随控制压力的变化关系

　　根据结果可见，预压缩量增大，在转矩可调（部分充液）阶段，系统的输出转矩也相应增大，即大的预压缩量对应阀芯平衡时出口压力的增加，也就造成了相同控制压力下充液率和制动转矩的增加。预压缩量改变时较为明显的是当控制压力为 0 时，系统的最低制动转矩的变化。为研究该变化特性，对不同预压缩量时对应的最低制动转矩进行仿真研究，其结果如图 6 – 20 所示。

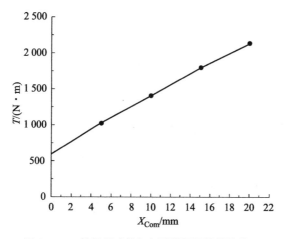

图 6 – 20　最低制动转矩与弹簧预压缩量的关系

　　根据图 6 – 20 所示的系统最低制动转矩与弹簧预压缩量的关系可见，大的预压缩量将提高系统的最低可控制动转矩，也相应减小了转矩的可调范围。比较图 6 – 19 与图 6 – 20 的结果，预压缩量的增加减小了制动转矩的可控范围，但同时也减小了达到最大转矩（全充液）时所需的控制油压。弹簧预压缩量的确定应根据对最低可控转矩的需求和系统能够提供的控制油压的大小综合考虑确定。

图 6-21 所示为根据一体化仿真结果，将各工况下仿真所得的数据进行整理得到的缓速器轮腔壁面反馈压力（p_{in}）与出口压力（p_{out}）随制动转矩的关系。可以发现根据一体化仿真结果，反馈压力与制动转矩之间仍然呈线性相关关系，但与封闭轮腔模型相比，集成流动模型存在油液的流入与流出，反馈油压的压力与封闭轮腔相比有所减小；封闭轮腔仿真时由于入出口之间没有流动损失，出口油压与反馈油压基本相等，而在一体化仿真中存在油液由轮腔至出口的流动，同时也伴随着沿流动方向产生的局部损失与沿程损失等，因此出口处油压小于轮腔壁面反馈油压。

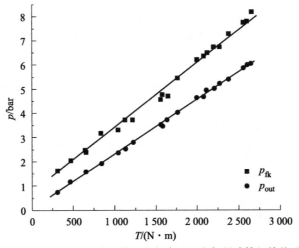

图 6-21　一体化仿真反馈压力与出口压力与制动转矩的关系

3. 供油压力对系统工作特性影响的研究

根据图 6-16 所示结果，当充液率大于某一值（约 0.7）时，入口压力即开始随着制动转矩的增加逐渐上升，而入口压力的升高会影响到系统供油流量的变化（图 6-22），因此也造成系统在调节时，轮腔内部能够达到的最大充液率受到影响，如果供油溢流阀的设定压力过小，会造成在较低充液率时供油流量就完全由溢流阀溢流，则此时缓速器轮腔能够达到的最大充液率较低。

当供油压力（指供油泵站溢流阀完全开启时的压力，即供油系统能够达到的最大压力）变化时，系统能够达到的最大转矩也会相应发生变化。图 6-23 所示为设置不同溢流阀最大开启压力时，缓速器轮腔所能产生的最大制动转矩与最高充液率的变化。

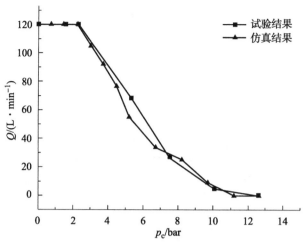

图 6 – 22　不同控制压力下系统供油流量的变化

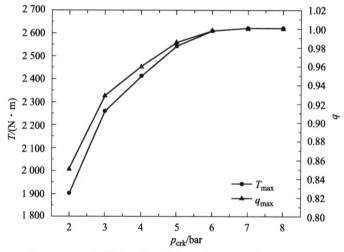

图 6 – 23　不同供油压力下最大制动转矩及最高充液率变化

可见当供油系统溢流压力较低时，系统在较低的充液率下，由于入口压力的升高导致溢流阀开启，造成系统停止向轮腔内部充油，无法使充液率和制动转矩继续增加。为保证系统性能要求，应使供油支路的溢流阀完全开启压力大于全充液时对应的入口压力，即保证缓速器轮腔能够达到全充液状态。

4. 缓速器动轮转速对系统工作特性影响的研究

缓速器轮腔的工作状态也会对充放油控制系统的工作产生影响，进而影响整个系统的工作特性，其中以转速对系统的影响最为显著。当缓速器动轮在不同转速时，制动转矩随控制油压的变化特性如图 6 – 24 所示。

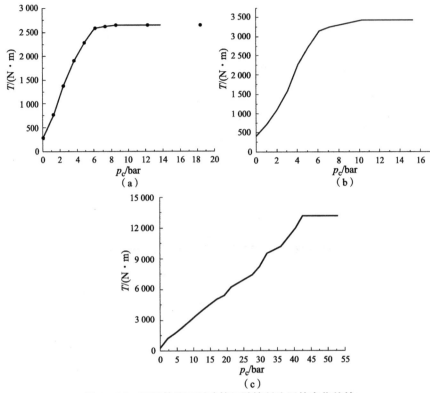

图 6 – 24　不同转速下制动转矩随控制油压的变化特性
（a）$n = 800$ r · min^{-1}；（b）$n = 1\ 000$ r · min^{-1}；（c）$n = 1\ 800$ r · min^{-1}

随着转速的升高，相同的控制油压对应的制动转矩增大，达到最大制动转矩（全充液）时的控制油压也相应增大。为达到系统设计指标规定的最大制动转矩，应根据最大转矩对应的所需油压，必要时综合考虑弹簧参数对系统工作特性的影响，确保控制油源为系统提供足够的控制油压。

除对控制性能的影响外，不同的缓速器动轮转速也对缓速器的实际工作范围产生影响。当接通油源时，不同转速下系统能够达到的最小充液率及对应的最低制动转矩也有差异。图 6 – 25 所示为当放油阀控制压力为 0，供油路开启时不同转速下系统稳定时的仿真结果，即系统在各转速下对应的最低充液率及最小制动转矩的分布规律。

可见当缓速器转速较低时，由于离心力较小，最低充液率较大，因此可调的充液率范围较小；随着转速的升高引起离心力的增大，无控制压力时对应最低充液率也随之减小，这意味着充液率及转矩控制范围的增大。该特性即缓速器的最低可控转矩，其限定了缓速器实际工作时的可控边界，在实际应用时应予以考虑。

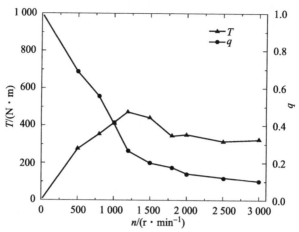

图 6-25　不同转速最低充液率及制动转矩

6.2.2.3　对可变边界条件动态制动过程的预测

在缓速器实际动态起效制动时，由于初始转速较高，在该转速全充液时的最大制动转矩往往会超过结构的强度约束，因此在高速起效制动时，需严格控制充液率，从而将制动转矩控制在合理的范围之内。这就需要通过根据放油阀实际参数，合理确定上腔控制油压，从而使放油阀在恰当的时间被开启，在保证能够达到所需制动转矩、充分发挥制动能力的同时，保证转矩不超过系统结构强度的限制。如果参数匹配不合理，则会影响系统的实际制动效果。如放油阀开启时间过早，则轮腔内部无法建立足够的充液率，从而无法提供足够的制动转矩，即不能充分发挥缓速器的减速制动效果；反之，若放油阀开启过迟，则高转速时轮腔内部充液率过高，制动转矩过大，造成机构的损坏。这是缓速器实际开发中进行参数匹配的一大难点，通常需要大量的试验进行研究和标定，产生较大的时间、成本耗费。

利用液力–液压集成流动制动转矩预测模型以及考虑惯量和供油流量的流场–转速耦合动态制动特性预测方法，可以对不同放油阀参数匹配下的缓速器瞬态起效制动过程进行仿真分析，得到缓速器动态制动过程的实际输出转矩的响应，为缓速器系统的参数匹配提供一定的指导。

由于单纯 CFD 模型中边界条件设置较为单一，又不能动态变化，在仿真时未考虑缓速器充放油控制系统的影响，利用集成流动模型，并将动轮转速动态模型应用到一体化仿真模型中，则可以考虑在受到充放油控制系统的控制作用下边界条件的实时动态变化，仿真缓速器起效制动的动态响应，更真实地模拟缓速器的实际动态减速制动效果。

图6-26所示为放油阀控制压力为10 bar时考虑边界变化的系统动态制动过程的仿真预测结果。

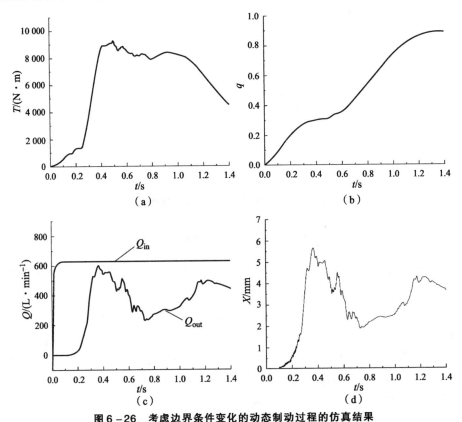

图6-26　考虑边界条件变化的动态制动过程的仿真结果

（a）制动转矩；（b）轮腔充液率；（c）充、放油流量；（d）放油阀开度

由图6-26所示的结果可见，系统在初始阶段由于轮腔出口压力较低，放油阀在控制油压的作用下完全关闭，放油流量为0，轮腔充液率及制动转矩增加（制动初始阶段）；随着制动转矩增大，出口油压也随之增大，当阀芯所受出口油压作用力大于控制腔作用力时，放油阀打开，此时有较大的放油流量流出，充液率的增加得到延缓，同时制动转矩亦不再增加（受控制动阶段）；在该制动转矩下，转速逐渐降低，出口压力变小，放油阀阀芯在控制油压的作用下趋于关闭，放油流量减小，充液率继续增加，但由于转速的降低，制动转矩在增大的充液率作用下也无法增加，而是随转速逐渐减小（减速制动阶段）。相较于不考虑放油阀作动的单纯流场仿真结果，集成流动模型能够考虑放油阀作动造成的边界条件的变化，对系统动态减速制动过程的模拟更加复杂，也更贴近系统的实际工作状态。

由上述工作过程分析可知，放油阀控制油压的设定对系统动态制动过程能够达到的最大制动转矩有着决定性影响。例如，在单纯利用 CFD 进行的动态制动过程仿真中，由于出口边界设置为封闭壁面，即没有油液的流出，在仿真过程中会出现充液率持续增加，导致动态制动过程实际达到的最大转矩为 19 500 N·m，其可能超出系统最大制动转矩限值，进而造成系统机械结构的损坏。而通过合理设置出口流量控制阀的控制油压等参数，可以使放油阀适时开启使轮腔放油，进入转矩受控制动阶段，限制高转速时的充液率，避免峰值转矩过大造成系统结构损坏，如设定最大转矩为 14 000 N·m 时，对应的放油阀控制油压约为 40 bar，此时系统的动态起效制动过程的仿真结果如图 6 – 27 所示。

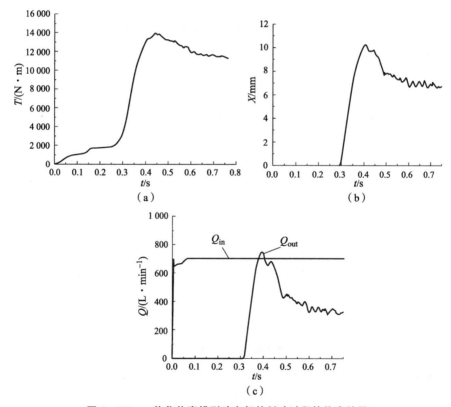

图 6 – 27　一体化仿真模型动态起效制动过程的仿真结果

（a）制动转矩响应；（b）放油阀开度响应；（c）充油、放油流量响应

根据图 6 – 27 所示的仿真结果可见，通过合理设定放油阀控制油压，可以使放油阀在系统达到设定最大转矩时开始放油，从而限制缓速器高转速时的轮腔充液率及最高制动转矩，保证系统在充分发挥制动作用的同时，不因转矩过

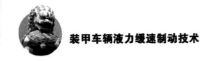

大而造成机构破坏。

6.2.2.4　动态制动过程试验研究

在构建液力缓速器及充放油控制系统组成的试验台架后，进行通过调节放油先导减压阀控制电流从而改变其输出控制油压，进而调节缓速器出口压力，引起缓速器内部充油状态变化及相应制动转矩变化，以分析在充放油回路的控制作用下处于不同出口设定压力时缓速器输出的制动转矩，以及在此过程中的流量及各处压力等参数的变化规律，这对于明确不同给定控制油压下缓速器的工作状态及相关参数的变化规律，探究控制参数对缓速器输出特性的影响，验证液力 – 液压集成流动模型的仿真结果，制定控制策略具有指导意义。

典型的开环连续调节试验过程中的控制油压、制动转矩以及出口压力的试验过程变化曲线如图 6 – 28 所示。

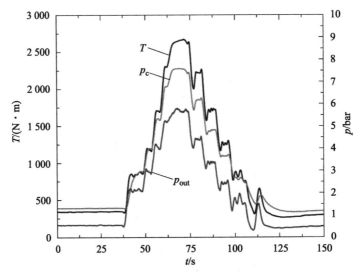

图 6 – 28　开环连续调节试验过程的变化曲线

图 6 – 24 中给出了缓速器在不同放油阀控制油压下的计算制动转矩的变化规律，其对应 800 r·min^{-1}和 1 000 r·min^{-1}时的试验与仿真结果对比如图 6 – 29 所示。由图 6 – 29 可见，仿真结果与实际试验结果的控制油压与制动转矩之间的关系具有较高的一致性，这表明一体化仿真模型对于预测充放油控制系统控制下的液力缓速器的实际工作特性具有较高的精度（相对误差在 5% 以内）。

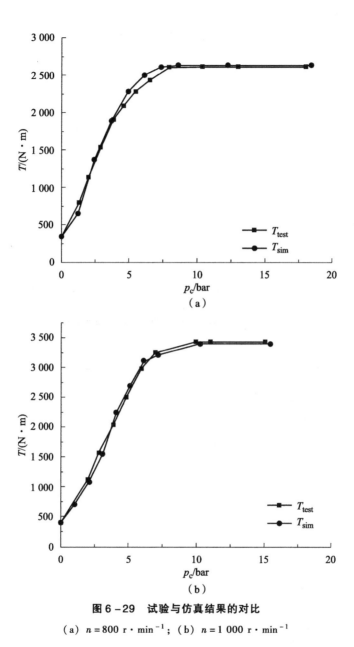

图 6 - 29　试验与仿真结果的对比

（a）$n = 800 \ \text{r} \cdot \text{min}^{-1}$；（b）$n = 1\ 000 \ \text{r} \cdot \text{min}^{-1}$

图 6 - 30 所示为根据试验数据记录整理所得的制动转矩与轮腔壁面控制油压及出口油压之间的关系。可以看出，壁面控制油压、出口油压与制动转矩之间存在明显的线性关系，且由于流动损失的存在，出口油压小于轮腔壁面控制油压，这符合图 6 - 21 所得规律，证明由于一体化仿真模型考虑了入出口流动控制阀对边界条件的作用，因此其能够提供比单独理想化 CFD 轮腔仿真更为

合理的边界条件，对系统的参数做出更为准确的预测。

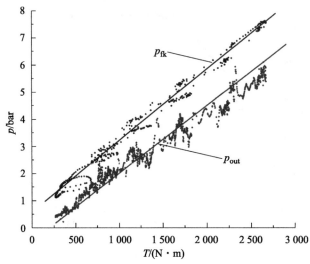

图 6 - 30　制动转矩与控制油压、出口油压关系

在试验中，通过调节供油泵溢流阀完全溢流时的设定压力，调整系统能够达到的最大供油压力，在不同的供油压力下进行上述连续试验，试验记录过程中的制动转矩与供油压力的关系如图 6 - 31 所示。

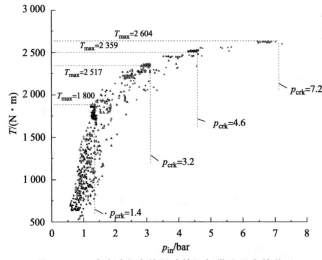

图 6 - 31　试验过程中的制动转矩与供油压力的关系

图 6 - 32 所示为最大供油压力（即溢流阀完全溢流压力）与最大制动转矩的变化关系的一体化仿真与试验结果曲线。试验结果验证了一体化仿真中的规律，并且在数值上具有较好的一致性（最大相对误差约为 3.77%）。

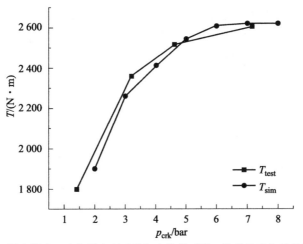

图 6 - 32　最大供油压力与最大制动转矩变化关系的一体化仿真与试验结果曲线

　　按照仿真时的参数设置，在不同转速、充油阀开启、放油阀处于最低控制压力下的工况进行了试验，获得了缓速器各转速的最低制动转矩，如图 6 - 33 所示。试验结果与仿真结果在变化趋势及数值上具有较好的一致性，相对误差小于 7.66%，试验结果验证了仿真研究的结论。

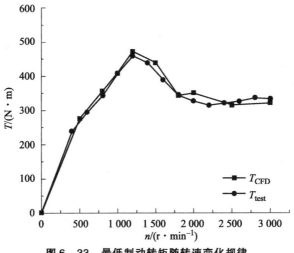

图 6 - 33　最低制动转矩随转速变化规律

　　为进一步验证本研究中的电控液压系统实现复杂控制功能的能力，为今后开发缓速器的复杂功能控制策略作初步探索，在试验中将试验测得转矩作为反馈变量，实现制动转矩的闭环控制。本研究进行了定转速分挡恒转矩以及变速恒转矩控制性能试验。定转速分挡恒转矩控制性能试验是指在转速恒定时，设定不同的目标转矩，在控制器的作用下使输出转矩达到目标转矩的试验；变转速恒转矩控制性能试验是指设定固定目标制动转矩，在不同的动轮转速下，通过控制器的调节作用使系统转矩维持在设定值的试验。两种控制功能的试验结果如图6-34和图6-35所示。

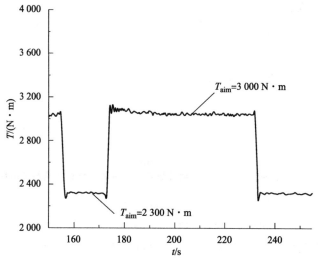

图6-34　定速分挡恒转矩控制性能试验的结果

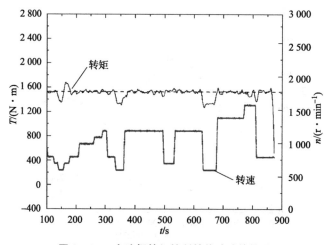

图6-35　变速恒转矩控制性能试验的结果

根据试验结果可见，缓速器在控制器的闭环控制之下，可以较好地实现分挡恒转矩及变转速输入下恒转矩控制的功能。缓速器在变转速条件下，除转速较低，即目标工作点在可行工作区域之外时（如图中的200 r·min⁻¹时）无法提供足够的制动转矩满足目标转矩需求外，在可行工作区域内均能够在电控系统的作用下输出相对恒定的目标制动转矩（转矩波动在±25 N·m范围内）。

通过该试验验证了本研究中所设计的电控液压系统实现闭环控制的基本功能，能够保证在后续的研究与应用中，从整车层面出发制定的高级控制策略以及对缓速器的复杂制动功能的要求能够得到实现。

根据图 6 - 26 的仿真结果，当考虑充放油系统作用时，放油阀在控制油压及随制动转矩增加的出口油压的作用下会开启放油，从而限制动态制动过程能够达到的最大制动转矩。由于现有试验条件下系统能够达到的制动转矩较小，对应的出口油压也较小，因此在上述动态制动过程中，放油阀均能在控制压力的作用下保持关闭，即实现达到该配置下的最大制动转矩，未出现制动转矩受限阶段。为验证放油阀工作造成的边界条件变化对动态制动的影响，试验时将控制油压设置为 1.5 bar，此时系统的动态制动响应如图 6 - 36 所示。

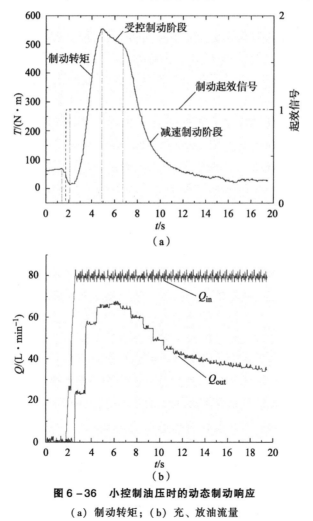

图 6 - 36　小控制油压时的动态制动响应

（a）制动转矩；（b）充、放油流量

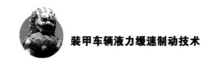

由图 6 - 36 所示的结果可见，在制动起效信号发出后，系统在充油流量的作用下制动转矩增加，当制动转矩增加到一定值时，放油阀在出口油压的作用下打开，开始放油，此时制动转矩的增加受到限制（受控制动阶段）；此后随着转速与制动转矩的减小，放油流量减小，充液率继续增加，系统趋于按照全充液时的转速减速制动到较低转速（减速制动阶段）。以上试验验证了液力 - 液压集成流动模型对动态制动转矩预测的正确性。

|6.3 缓速制动控制策略|

这里车用液力缓速器制动控制策略是基于上述研究对缓速制动转矩具有一定预测和控制精度的前提下[14]，主要考虑分挡恒矩制动与恒速制动而展开的。其中恒矩制动可应用于车辆处于水平路面制动工况，此时电控单元根据驾驶员选择的缓速器制动挡位调节工作腔内的充液量，产生相应恒定的制动转矩；而恒速制动更适用于重型车辆在下长坡工况使用，且坡度可存在一定变化，当驾驶员选择恒速挡制动时，缓速器根据车速变化输出相应的制动转矩，使车速稳定在驾驶员选择的目标车速附近。鉴于在车辆制动时，其制动转矩不易测得，而整车减速度与车速较为容易被获取，因此这里提出基于整车的恒减速度制动控制策略以代替原恒矩制动，另外亦对车辆常用的恒速制动开展深入研究。

目前国内学者设计的液力缓速器操作方式多依靠手动控制，缓速器在固定挡位制动时只能输出固定的制动转矩，不能根据驾驶意图进行适当调节。而驾驶员通常习惯于采用制动踏板控制机械主制动器进行减速停车，尤其是在较为紧急的制动工况下，而且目前国外液力缓速器生产厂商广泛采用制动踏板控制液力缓速器的快速起效，配合机械主制动器进行车辆减速制动。因此，有必要设计能够实现适应驾驶员主观驾驶意图的踏板制动控制策略，开发液力缓速器踏板制动控制模块，通过采集驾驶员对制动踏板的操作情况，控制车辆产生不同的减速度。基于驾驶员使用习惯设计的制动挡位布置，如图 6 - 37 所示。

由于液力缓速器轮腔与充放油集成系统比较复杂，难以建立精确的输入、输出数学方程（微分方程或传递函数）与状态空间方程，因此状态反馈控制、鲁棒控制等控制方法难以被应用于该系统。通过上文研究发现，控制参数对制动转矩的影响具有非线性，且参数间存在耦合与交互效应，并且在车辆实际制动时路面状态与车速存在多变性，车辆可能遇到超车、会车等情况。因此，系

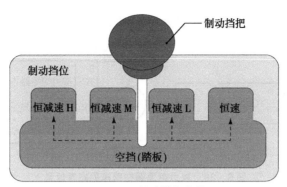

图6-37　制动挡位布置

统有必要应用适用于复杂非线性系统且具有自适应性的控制算法，以实现制动转矩快速响应且精确控制的整车制动目标。

PID控制是一种经典的线性控制方法，不依赖于控制对象精确的数学模型，具有一定的鲁棒性，且3个控制参数（比例、积分与微分）的物理意义很明确，易于被实现，有广泛的工程应用。但鉴于传统PID控制器对于时变系统的适应性较差，因此有必要引入适应性更强的控制方法。模糊控制（Fuzzy Logic Control）属于宏观智能控制方法，以控制规则描述专家知识与经验，特别适用于数学模型难以得到且复杂可变的非线性系统控制。在传统控制中，参数或控制输出的调节是通过对用以描述系统行为的微分方程组进行状态分析得来的，而模糊控制的输出调节则是根据由系统行为逻辑模型所产生的规则而进行的。与PID控制一样，模糊控制亦不依赖于被控制对象精确的数学模型，相对PID控制的优点在于其属于非线性控制方法，动态特性与适应性良好。常规的模糊控制方法一般将偏差与偏差变化率作为输入，相当于非线性比例与微分控制，并没有引入积分控制，理论上来说会存在静态误差，控制精度不佳。此外，模糊控制内部隶属度函数、模糊控制规则等参数众多，也不便于开展设计优化。这里考虑将PID控制与模糊控制相结合[15]，综合两者优点，以获得更好的控制效果。此外，本研究在常规模糊控制方法中引入积分环节与参数调节模块，提出带积分控制的自调节模糊控制方法，基于集成计算模型与评价方法，开展相应的整车制动控制研究。

6.3.1　车辆制动动力学建模

建立的整车制动动力学模型考虑了空气阻力和滚动阻力对整车制动的影响。假设车辆在制动时保持直线行驶，不考虑侧偏角与外倾角的影响，轮胎的左右悬架与轮胎受力状况相同，并不考虑滑移率对轮胎制动特性的影响。此外，车辆在液力制动工况下，不会出现车轮抱死（滑移率为100%）的危险情况。液力缓速器在整车的布置位置如图 6-38 所示。

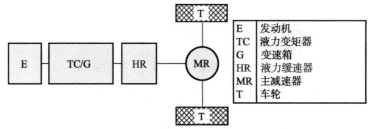

图 6-38　液力缓速器在整车的布置位置

车辆沿平直或具有一定坡度道路以某车速行驶时，液力缓速器单独制动下的车辆受力分析如图 6-39 所示。在此工况下，车辆除了受到液力缓速器输出的液力制动力 F_r，还受到空气阻力 F_w 与道路阻力 F_f。此外，车辆下坡还会受到重力向下的分力。因此，车辆制动受力关系如下：

$$G_x - F_r - F_w - F_f = \delta Ma \qquad (6.28)$$

式中，M 为车辆质量；a 为车辆减速度；δ 为车辆制动时质量增加系数。

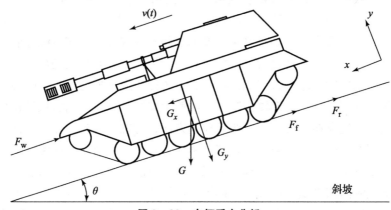

图 6-39　车辆受力分析

（1）作用在车轮上的液力制动力。

$$F_r = \frac{Ti\eta}{r_t} \qquad (6.29)$$

式中，T 为液力缓速器的制动转矩；i 为从液力缓速器到主动轮之间的传动比；η 为从液力缓速器输出轴到主动轮之间的传动效率；r_t 为车轮半径。

（2）车重沿道路分力。

$$\begin{cases} G_x = G\sin\theta \\ G = Mg \end{cases} \qquad (6.30)$$

式中，θ 为坡度角。公路道路坡度一般小于 10%，即应有

$$\theta \leqslant \arctan(10\%) = 0.099\ 7\ \text{rad} = 5.71° \tag{6.31}$$

（3）空气阻力。

$$F_w = \frac{C_D A v^2}{21.15} \tag{6.32}$$

式中，C_D 为空气阻力系数；A 为车辆迎风面积；v 为车辆与空气相对速度，即车速。

（4）道路阻力。

$$\begin{cases} F_f = f G_y \\ G_y = Mg\cos\theta \end{cases} \tag{6.33}$$

式中，G_y 为车重在路面的法向分力；f 为车轮滚动阻力系数，对于轮式车辆，$f = 0.000\ 76 + 0.000\ 056\ Av$。

某重型车辆制动参数如表 6 - 4 所示，本研究以此作为研究对象，开展对液力缓速器整车制动控制的研究。

表6 - 4　某重型车辆制动参数

参数	数值
M	24 000 kg
δ	1.16
i	5.938
η	0.913
r_t	0.59 m
C_D	0.6
A	5.9 m²

在此基础上，建立整车制动计算模型如图 6 - 40 所示，其包含了液力缓速器轮腔与充放油阀系模型、ECU 控制器模型与整车制动动力学模型。其中，轮腔与充放油系统间的连接油管按照车用液力缓速器的实际布置方式进行集成，以保证实际使用要求。

6.3.2　恒减速度制动控制策略

将恒减速 L（低）、恒减速 M（中）与恒减速 H（高）三种恒减速制动挡位对应目标制动减速度分别设为 0.6 m/s²，0.8 m/s² 以及 1 m/s² 作为研究案例。设定车辆在水平路面上行驶，仅依靠液力缓速器减速制动，且考虑空气阻力与道路阻力，此时三种制动挡位对应缓速器制动转矩约为 1 500 N · m，

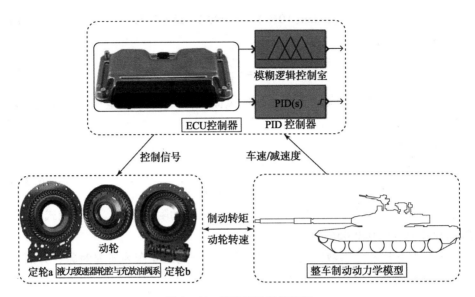

图 6 - 40   整车制动计算模型

2 100 N·m 与 2 700 N·m，其均处于缓速器制动转矩控制范围内。设定初始车速为 100 km/h，起动恒减速度制动使车速以恒定减速度不断下降。当车速到达 30 km/h 时，此时为低车速阶段，缓速器制动效能降低，停止液力制动。

采用 PID 控制方法建立恒减速度控制器，PID 控制系统如图 6 - 41 所示，以当前制动挡位对应的目标减速度 a_a 与当前减速度 $a(t)$ 差值为输入量，输出量为充液量调节阀的控制电流 I_c。试验与仿真研究表明，当充液量调节阀控制电流 I_c 为 400 mA 时，比例减压阀输出控制油压约为 12.5 bar，可将充液量调节阀在大部分工况下完全关闭，因此这里在 PID 控制输出端加入饱和模块，使输出控制电流被限制在 0 ~ 400 mA。此外，为了防止积分饱和，对积分项作出图 6 - 42 所示的限制。

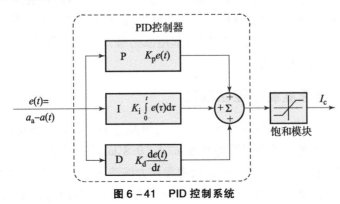

图 6 - 41   PID 控制系统

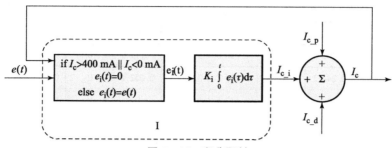

图 6 – 42 积分限制

利用上文提出的动态制动特性定量评价方法，针对恒减速 H 挡，以制动快速响应与精确控制为目标，对不同 PID 控制参数下的制动特性开展定量评价与参数优选。研究设定 7 组制动方案，并仿真计算出上文提出的动态特性指标，如表 6 – 5 所示。其中，a_p 与 a_s 分别为减速度的最高值与稳定均值。

表 6 – 5　PID 控制参数与动态特性指标

方案	P	I	D	t_1/s	a_p /(m·s^{-2})	t_2/s	a_s /(m·s^{-2})	I_{up}	$\Delta\varepsilon_{ps}$	$\Delta\varepsilon_{as}$	I_{ad}
1	1	0.8	0.1	0.720	1.000	0.720	1.000	0.036	0	0	0
2	1	0	0	0.642	1.207	4.330	0.965	0.032 1	0.250 8	0.035	0.184 4
3	10	0	0	0.648	1.234	12.050	0.995	0.032 4	0.240 2	0.005	0.570 1
4	1	0.8	0	0.642	1.208	5.440	1.000	0.032 1	0.208 0	0	0.239 9
5	1	8	0	0.642	1.113	15.170	1.000	0.032 1	0.113 0	0	0.726 4
6	1	0.8	0.01	0.642	1.062	0.870	1.000	0.032 1	0.062 0	0	0.011 4
7	1	0.8	1	1.758	1.000	3.750	1.000	0.087 9	0	0	0.099 6

对表 6 – 5 中各个动态制动特性参数进行归一化处理，利用获得的相对权重特征向量 $\boldsymbol{b} = [0.214\ 0\quad 0.271\ 2\quad 0.310\ 7\quad 0.204\ 0]$ 求取制动评价参数 v_s，并绘制改进雷达图，如表 6 – 6 与图 6 – 43 所示。

表 6 – 6　动态特性评价

方案	I_{up}	$\Delta\varepsilon_{ps}$	$\Delta\varepsilon_{as}$	I_{ad}	S_I_{up}	$S\_\Delta\varepsilon_{ps}$	$S\_\Delta\varepsilon_{as}$	S_I_{ad}	v_s
1	0.409 6	0	0	0	0.112 7	0	0	0	0.112 7
2	0.365 2	1.000 0	1.000 0	0.253 9	0.089 6	0.851 6	0.975 7	0.041 5	1.958 4
3	0.368 6	0.957 8	0.142 9	0.784 8	0.091 3	0.781 3	0.019 9	0.396 6	1.289 1
4	0.365 2	0.829 4	0	0.330 3	0.089 6	0.585 9	0	0.070 2	0.745 7

方案	I_{up}	$\Delta\varepsilon_{ps}$	$\Delta\varepsilon_{as}$	I_{ad}	S_I_{up}	$S\_\Delta\varepsilon_{ps}$	$S\_\Delta\varepsilon_{as}$	S_I_{ad}	v_s
5	0.365 2	0.450 6	0	1.000 0	0.089 6	0.172 9	0	0.643 8	0.906 3
6	0.365 2	0.247 2	0	0.015 7	0.089 6	0.052 1	0	0.000 2	0.141 8
7	1.000 0	0	0	0.137 1	0.672 1	0	0	0.012 1	0.684 2

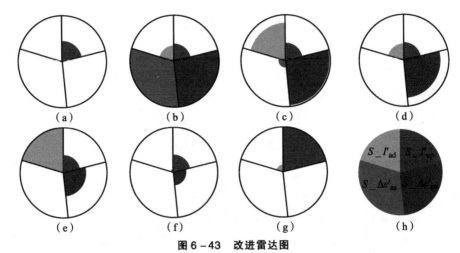

图 6 – 43　改进雷达图

（a）方案 1；（b）方案 2；（c）方案 3；（d）方案 4；（e）方案 5；

（f）方案 6；（g）方案 7；（h）指标权重

在改进雷达图中，制动过程的扇形面积之和越小，动态制动特性越好。由图 6 – 43 可见，显然方案 1 总面积最小，综合动态制动特性最优，方案 6 综合面积次之。而对于方案 2 而言，其扇形总面积最大，表示动态制动特性最差。

以表 6 – 6 中方案 1 的控制参数作为研究对象，开展不同恒减速挡位下基于整车的液力缓速器制动特性的仿真计算，如图 6 – 44 所示，其中车速由 100 km/h 制动到 30 km/h。由图 6 – 44（a）可见，利用方案 1 控制参数的 PID 控制可以良好地实现三种恒减速挡位的制动需求，使车辆减速度精确地达到设定值。对于恒减速 H、M 与 L 挡，达到有效减速度（大于 95% 的目标减速度）的响应时间分别为 0.72 s、0.66 s 与 0.59 s，即目标减速度值越高，所需时间越长，且其减速度起效速度一致。恒减速 H 挡的有效制动时间为 18.05 s；对于 M 与 L 挡，由于其目标输出的制动转矩较低，动轮转速下降较慢，因而缓速器有效制动作用时间更长，分别为 24.06 s 与 >32.54 s。各挡车速呈现线性递减变化，且在恒减速 H 挡作用下，车速降低最快，车速降至 30 km/h，用时 20.4 s；而对于 M 与 L 挡，此时间分别为 25.2 s 与 33.1 s，如图 6 – 44（b）

所示。对于缓速器制动转矩，如图 6 – 44（c）所示，制动转矩在恒减速度制动时间内呈现上升的趋势，这是由于随着车速下降，空气阻力与道路阻力均有所减小，因此为保持车辆减速度恒定，液力缓速器输出制动转矩应有所上升。由图 6 – 44（d）可见，恒减速 H 挡下，缓速器最高制动功率可达 730 kW，恒减速 M 挡可达 565 kW，而恒减速 L 挡可达 400 kW，但最高制动功率仅出现在动轮转速较高时，而后随着动轮转速快速下降，尽管制动转矩略有增加，但制动功率仍呈现快速下降的趋势。

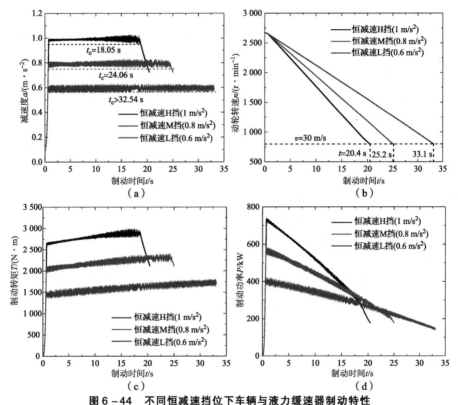

图 6 – 44　不同恒减速挡位下车辆与液力缓速器制动特性
（a）减速度；（b）动轮转速；（c）制动转矩；（d）制动功率

综上可见，利用 PID 控制方法，通过设定合理的控制参数，液力缓速器可以在规定挡位下实现车辆良好的恒减速制动效果。

6.3.3　恒速制动控制策略

当车辆处于下长坡路段行驶时，为保证行驶安全，液力缓速器可被设定在恒速制动控制策略下工作，即根据当前车速与目标车速，实时控制缓速器输出合适的制动转矩，以保证车辆以恒定车速行驶。在恒速控制过程中，驾驶员拨动制动手柄至恒速制动挡，控制器会记录当前车速作为目标车速，车辆开展恒速制动控制。而当驾驶员踩下加速踏板或制动踏板时，缓速器会退出恒速控制。当驾驶员放松加速或制动踏板后，控制器会再次记录当前车速作为目标车速，重新开始恒速控制过程。不同于上文提出的具有明确目标减速度值的恒减速制动策略，恒速制动可以在任意车速下起效，并没有固定的目标车速，可随着驾驶员的制动意图与路面状况灵活变化，因此需要采用更具适应性且高控制精度的控制方法。本研究考虑采用 PID 与模糊并联控制法建立恒速控制器，对不同目标车速与不同路面坡度的恒速制动过程开展控制研究。

PID 与模糊并联控制方法中模糊控制与 PID 控制的运行是实时并行的，这种控制方式可兼顾 PID 控制精度高与模糊控制响应速度快、适应力强的优点，通过施加合适的权重 w_{PID} 与 w_{fuzzy}，将模糊控制输出与 PID 控制输出进行线性叠加，以得到最终的输出控制电流，PID 与模糊并联控制系统如图 6-45 所示。对 PID 与模糊控制的权重作出如下规定：

$$w_{PID} + w_{fuzzy} = 1 \tag{6.34}$$

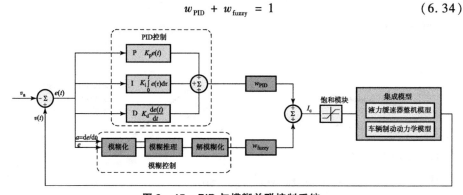

图 6-45　PID 与模糊并联控制系统

w_{PID} 的数值可以由 w_{fuzzy} 决定，因此当 w_{fuzzy} 为 0 时，恒速控制器仅采用 PID 控制方法；而当 w_{fuzzy} 取 1 时，仅采用模糊控制方法；而当 w_{fuzzy} 取值在 0 到 1 时，控制器采用 PID 与模糊并联控制方法。恒速控制器输入为当前车速 $v(t)$ 与目标车速 v_a 的差值 $e(t)$，此数值代表了下坡制动过程中的车速偏差，偏差变化率即为车辆减速度 $a(t)$，定义如下：

$$\begin{cases} e(t) = v(t) - v_a \\ a(t) = \dfrac{de(t)}{dt} \end{cases} \tag{6.35}$$

在 PID 控制部分中，将系数 k_p、k_i 与 k_d 分别设定为 150、70 与 80，这些参数通过调节与优化，已达到良好的控制效果。

对于模糊控制部分，偏差 e 的基本论域为 [-3, 3] km/h，偏差变化率 a

的基本论域为 [- 1 , 1] m/s²，控制器输出控制电流 I_c 的基本论域为 [0，400] mA。量化因子可以实现基本论域向模糊论域的转化，基本输入论域数值通过与模糊量化因子相乘即可得到模糊论域，将偏差 e 与偏差变化率 a 的模糊量化因子 k_e 与 k_a 设置为 2 与 6；而比例因子可将模糊论域清晰化，将其转化为实际控制输出量论域，将控制电流 I_c 的比例因子 k_I 设置为 400/6。偏差 e 与偏差变化率 a 的模糊论域 E 与 A 均为 {-6,6}，而控制电流 I_c 的模糊论域 I 为 {0,6}。根据模糊控制的基本理论以及液力缓速器的工作特点，将输入与输出模糊论域分为 7 个语言变量等级，均为 {NB，NM，NS，ZE，PS，PM，PB}。其中，NB 表示负大，NM 表示负中，NS 表示负小，ZE 表示零，PS 表示正小，PM 表示正中，PB 表示正大。

隶属度函数是模糊控制中最基本和最重要的概念，这是因为模糊集合是通过隶属度函数来描述的，模糊集合的各种运算也均是利用隶属度函数来进行的。在 [0，1] 闭区间取无穷多值，从而构成的连续逻辑函数即为隶属度函数，常用的隶属度函数有正态分布型、三角形和梯形。隶属度函数 μ 应满足

$$\begin{cases} 0 \leqslant \mu_E(x) \leqslant 1 \\ 0 \leqslant \mu_A(y) \leqslant 1 \\ 0 \leqslant \mu_I(z) \leqslant 1 \end{cases} \quad (6.36)$$

恒速制动研究的模糊控制方法采用三角形隶属度函数，如图 6 - 46 所示，其优点是易于实施、控制特性好以及适应性强[16,17]。

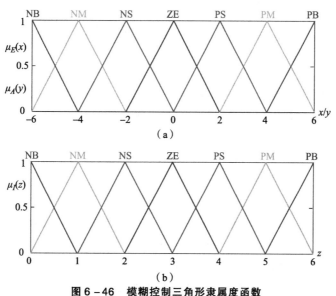

图 6 - 46 模糊控制三角形隶属度函数

(a) e 与 a 隶属度函数；(b) I_c 隶属度函数

模糊关系是模糊控制的重要概念，它反映了两个模糊集合之间的依赖程度。如果存在集合 A 与 B，则

$$A \times B = \{(x,y) \mid x \in A, y \in B\} \tag{6.37}$$

将其称之为集合 A 与 B 的直积，x 与 y 为相对应的模糊集合元素。以集合 A 与 B 的直积 $A \times B$ 为论域的一个模糊子集 R，称为集合 A 到 B 的关系。如果 $(x, y) \in A \times B$，则称 $\mu_R(x, y)$ 为 (x, y) 具有关系 R 的程度。若存在有限集 $A = \{a_1, a_2, \cdots, a_m\}$ 与 $B = \{b_1, b_2, \cdots, b_n\}$，则 $A \times B$ 中的模糊关系 R 可以表示为 $m \times n$ 阶矩阵，即模糊矩阵 $\boldsymbol{R}$ 为

$$\boldsymbol{R} = \begin{pmatrix} R(a_1,b_1) & R(a_1,b_2) & \cdots & R(a_1,b_n) \\ R(a_2,b_1) & R(a_2,b_2) & \cdots & R(a_2,b_n) \\ \vdots & \vdots & & \vdots \\ R(a_m,b_1) & R(a_m,b_2) & \cdots & R(a_m,b_n) \end{pmatrix} \tag{6.38}$$

在模糊控制中，通常采用"若 A 且 B，则 C"语句，这是因为在大量的模糊控制中，不但要考虑给定值和实际值所形成的误差，同时还要考虑误差的变化率。根据上文可知，偏差 e 论域用 E 表示，偏差变化率 a 论域用 A 表示，而控制量 I_c 论域用 I 表示。将 **Mamdani** 算法作为本研究模糊控制的推理法，其本质是一种近似推理合成方法，在模糊控制中被普遍使用。三元模糊关系 R 为

$$\begin{cases} R_i = (E_i \times A_i) \times I_i \\ R = \bigcup_{i=1}^n R_i \\ \mu_R(x,y,z) = \max\{\mu_{R1}(x,y,z), \cdots, \mu_{Rn}(x,y,z)\} \\ \mu_{Ri}(x,y,z) = \min\{\mu_{Ei}(x), \mu_{Ai}(y), \mu_{Ii}(z)\} \end{cases} \tag{6.39}$$

式中，R_i 为第 i 条规则的模糊关系；R 为 n 条规则全体构成的模糊关系，对于本研究，$n = 7 \times 7 = 49$。

据此，由输入模糊参数 E^* 与 A^*，可输出模糊参数 I^* 有

$$\begin{cases} I^* = (E^* \times A^*) \circ R \\ \mu_{I^*}(z) = \max\{\min[\mu_{E^* \times A^*}(x,y), \mu_R(x,y,z)]\} \end{cases} \tag{6.40}$$

式中，"$\circ$"表示模糊关系的合成运算。

根据专家经验设计得到模糊控制的控制规则，其模糊规则集如表 6 - 7 所示。例如当前车速与目标车速偏差 e 为正大（PB）时，且偏差变化率 a 也为正大（PB）时，实际车速较大，且继续升高的趋势也很明显，此时恒速制动控制器应输出最大的控制电流，关闭充液量调节阀以增加缓速器轮腔充液率，增加制动转矩输出以减小当前车速，即模糊关系为

$$R_1 = E_{PB} \times A_{PB} \times I_{PB} \tag{6.41}$$

式中，E_{PB}、A_{PB} 与 I_{PB} 分别为相应变量的模糊子集。

表 6 - 7　模糊规则集

I		A						
		PB	**PM**	**PS**	**ZE**	**NS**	**NM**	**NB**
E	PB	PB	PB	PB	PB	PM	PS	ZE
	PM	PB	PB	PB	PB	PS	ZE	NS
	PS	PB	PB	PM	PS	ZE	NS	NM
	ZE	PB	PM	PS	ZE	NS	NM	NM
	NS	PM	PS	ZE	NS	NM	NB	NB
	NM	PS	ZE	NS	NM	NM	NB	NB
	NB	ZE	NM	NM	NB	NB	NB	NB

模糊控制的输出是一个模糊集合，它能反映输出语言变量不同取值的一种组合，如果被控过程只能接受一个控制量，则需要从输出的模糊子集中判决出一个精确的控制量。本研究采用加权平均法来得到精确控制量 I_e，即为

$$I_e = k_I \frac{\int \mu_{I'}(z) z \mathrm{d}z}{\int \mu_{I'}(z) \mathrm{d}z} \tag{6.42}$$

为进一步证明开展 PID 与模糊并联控制的必要性，首先开展目标车速 v_a 为 40 km/h，恒定坡度 θ 为 5° 的恒速制动研究，设定模糊控制权重 w_{fuzzy} 分别为 0 与 1，即 PID 控制与模糊控制单独作用。PID 与模糊控制过程中的车速与液力缓速器制动转矩变化如图 6 - 47 所示，设定总制动时间 t_b 为 20 s。

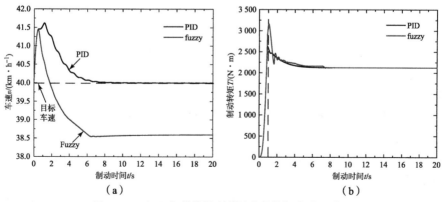

图 6 - 47　PID 与模糊控制单独作用的恒速过程对比

（a）车速；（b）制动转矩

如图 6 – 47 所示，在恒速制动过程中，开始阶段车速均有一定上升，采用模糊控制的最高车速与目标车速的偏差更低，且恢复到目标车速的起效时间更小，小于 2 s。恒速制动约 6 s 后，两车速曲线趋于稳定状态。对比 PID 与模糊控制过程可见，PID 控制方法的控制精度更高，稳定后的车速十分接近目标值，而对于模糊控制方法，其稳定车速较目标值存在约 1.5 km/h 的误差。由液力缓速器制动转矩对比可见，无论是 PID 控制还是模糊控制，制动转矩均在制动时间约 1 s 时达到最大值，且模糊控制的转矩数值更高，6 s 后两者数值均达到稳定。此外，模糊控制对应的制动转矩响应速度更快，但制动前期波动较为明显。

综上，考虑到模糊控制响应快速与 PID 控制精度良好，有必要将两者结合开展恒速制动控制研究，并利用上文提出的动态制动特性定量评价方法，展开车速评价参数（制动评价参数）v_s 的计算。作为恒速制动评价参数，v_s 可以评价制动过程的车速动态误差大小，即 v_s 越小，恒速控制效果越好。由于恒速工况初始车速即为目标车速，因此起效率计算方式与恒矩、恒减速度制动略有不同，这里将起效率 I_{up} 重新定义为车速趋近目标车速且达到较目标车速误差小于 1% 的时间（起效时间）与单位时间的比值，其余指标与上文一致。

1. 恒坡度路面

设定车辆在恒定坡度路面行驶，开展在不同驾驶工况与不同控制参数下的恒速制动研究。目标车速 v_a、路面坡度 θ 与模糊控制权重 w_{fuzzy} 取值如下，以此作为输入参数。

$$\begin{cases} 0 \leqslant w_{fuzzy} \leqslant 1 \\ 4° \leqslant \theta \leqslant 5.5° \\ 35 \text{ km/h} \leqslant v_a \leqslant 50 \text{ km/h} \end{cases} \tag{6.43}$$

将车速评价参数 v_s 作为因变量，由于输入系统的自变量只有三个，因此这里依然采用全因子试验设计方法，以获得各自变量对因变量的影响。设计变量的等级均设为 8，即产生共 512 组工况。图 6 – 48（a）、（b）与（c）为模糊控制权重、路面坡度与目标车速对车速评价参数的主效应分析，设定相同的纵坐标取值范围，以展示车速评价参数随自变量的变化程度。

由此可见，不同模糊控制权重 w_{fuzzy} 对车速评价参数作用明显，当 w_{fuzzy} 取值在 0.4 附近时，v_s 值最小；而路面坡度与目标车速则对 v_s 影响相对较小。图 6 – 48（d）为模糊控制权重、路面坡度与目标车速对车速评价参数 v_s 的 Pareto 图，其展现了各输入参数对车速评价参数 v_s 的影响程度。可见，权重 w_{fuzzy} 对车速评价参数 v_s 的影响最为明显，w_{fuzzy} 与 w_{fuzzy}^2 两贡献率之和可超过 77%；而路面坡度 θ 与目标车速 v_a 则对车速评价参数的影响并不明显。由此可见，恒速控制精度与模糊控制权重密切相关，因此 w_{fuzzy} 应被重点研究，以优化车速评价参数 v_{s}。

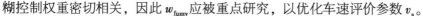

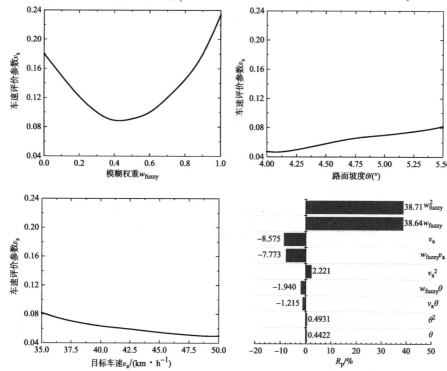

图 6－48　输入参数对车速评价参数的敏感性分析

（a）$w_{\text{fuzzy}}-v_{\text{s}}$ 主效应；（b）$\theta-v_{\text{s}}$ 主效应；（c）$v_{\text{a}}-v_{\text{s}}$ 主效应；（d）Pareto 图

　　为了进一步减小动态误差，选取不同驾驶工况用以优化 w_{fuzzy}。鉴于 w_{fuzzy} 设计空间具有单峰性和连续性，这里采用梯度优化算法[18,19]以获得优化模糊控制权重，如表 6－8 所示，相应的等值线分布如图 6－49 所示。可见，在不同驾驶工况（路面坡度 θ 与目标车速 v_{a}）下，优化权重 w_{fuzzy} 分布在 0.36～0.44，加权平均值约为 0.4。由此，考虑将 $w_{\text{fuzzy}}=0.4$ 作为不同驾驶工况下的固定权重。

表 6－8　不同驾驶工况下的优化模糊控制权重

优化权重 w_{fuzzy}		$\theta/(°)$			
		4.0	**4.5**	**5.0**	**5.5**
$v_{\text{a}}/(\text{km}\cdot\text{h}^{-1})$	35	0.417	0.390	0.368	0.365
	40	0.436	0.417	0.400	0.373
	45	0.439	0.430	0.422	0.405
	50	0.443	0.441	0.436	0.422

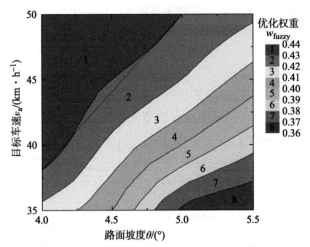

图 6-49　不同驾驶工况下优化模糊控制权重的等值线分布

为了验证优化后的 w_{fuzzy} 结果，这里对四个驾驶实例展开计算。其中，权重 w_{fuzzy} 取值为 0～1，间隔 0.1。选取的驾驶工况如下：

（1）工况 A：$\theta = 4.0°$，$v_a = 35$ km/h。

（2）工况 B：$\theta = 4.5°$，$v_a = 40$ km/h。

（3）工况 C：$\theta = 5.0°$，$v_a = 45$ km/h。

（4）工况 D：$\theta = 5.5°$，$v_a = 50$ km/h。

图 6-50 所示为不同驾驶工况与不同模糊控制权重下的车速评价参数变化曲线。在分析工况内，所有使车速动态误差最低的权重均分布在 0.4 附近，模糊控制权重 0.4 的综合制动特性较模糊控制平均提升 1.5 倍，较 PID 控制平均提升 1 倍。

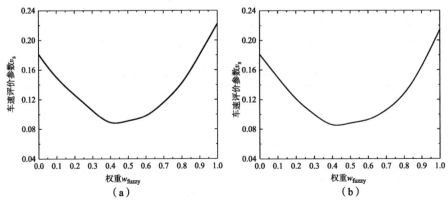

图 6-50　不同驾驶工况与不同模糊控制权重下的车速评价参数变化曲线
（a）工况 A：$\theta = 4.0°$，$v_a = 35$ km/h；（b）工况 B：$\theta = 4.5°$，$v_a = 40$ km/h

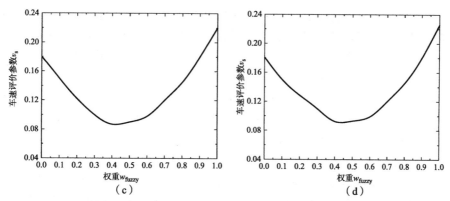

图 6-50　不同驾驶工况与不同模糊控制权重下的车速评价参数变化曲线（续）

（c）工况 C：$\theta = 5.0°$，$v_a = 45\ \text{km/h}$；（d）工况 D：$\theta = 5.5°$，$v_a = 50\ \text{km/h}$

图 6-51 所示为基于 PID 与模糊并联控制方法，不同驾驶工况与不同模糊控制权重下的车速变化，将权重 0、0.2、0.6、1.0 与优化权重 0.4 控制结果进行对比。

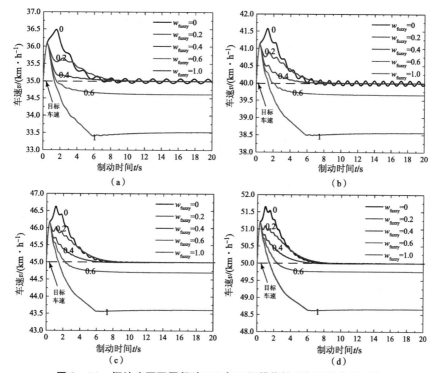

图 6-51　恒坡度下不同驾驶工况与不同模糊控制权重的车速对比

（a）工况 A：$\theta = 4°$，$v_a = 35\ \text{km/h}$；（b）工况 B：$\theta = 4.5°$，$v_a = 40\ \text{km/h}$；

（c）工况 C：$\theta = 5°$，$v_a = 45\ \text{km/h}$；（d）工况 D：$\theta = 5.5°$，$v_a = 50\ \text{km/h}$

由此可见，当 w_{fuzzy} 取值较小时（例如 0 与 0.2），制动稳定后的车速较为准确，且与目标车辆十分接近，但车速接近目标车速的起效时间约 4 s，其值远大于高权重控制结果。同时，在工况 A 与 B 中，低权重制动车速随制动时间存在微小的波动。随着权重值上升，制动车速动态响应速度提升，车速起效时间约 1 s，同时制动车速稳定性显著提高，当车速达到稳定后，控制精度存在一定下降，速度误差约为 1.5 km/h，调节误差为 3.6%，稍劣于 PID 控制结果。如图 6 – 51 所示，权重为 0.4 的车速曲线介于 0.2 与 0.6 之间，起效时间约 1.6 s，其响应迅速，具有良好的控制精度，稳定车速与目标车速一致。

尽管 PID 控制可在某些驾驶工况下获得良好的控制效果，例如工况 D，但固定的参数 k_p、k_i 与 k_d 并不能适合全部驾驶工况，且响应速度较慢。而对于模糊控制，其对不同的驾驶工况具有良好的适应性，但控制精度较差。PID 与模糊并联控制方法采用优化后的模糊控制权重，可以综合模糊控制响应快、适应性强与 PID 控制精度高的优点，获得更优的制动效果。

2. 变坡度路面

继续开展下长坡变坡度恒速制动的仿真研究，用以进一步验证 PID 与模糊并联控制方法的适用性。设置路面坡度为时变的正弦函数，θ 变化 4° ~ 6°，其函数如下：

$$\theta = \left[\sin(2\pi f_s t) + 5 \right]° \tag{6.44}$$

式中，f_s 为路面坡度变化频率，将 f_s 设置为 0.2 Hz。将目标车速 v_a 分别定为 35 km/h、40 km/h 与 45 km/h。

图 6 – 52 所示为采用 PID 与模糊并联控制下变坡度不同驾驶工况与不同模糊控制权重的车速对比，权重分别设定为 0、0.4 与 1.0，即在不同目标车速与时变路面坡度下，将优化模糊控制权重 0.4 的并联控制方法与 PID、模糊控制单独作用下的车速进行对比。

由此可见，由于路面坡度不断波动，无论采用何种制动控制方法，车辆的恒速制动特性均不及恒坡度工况，达到稳定状态的车速都随着周期变化的坡度而周期波动，且目标车速越小，车速波动幅值越大，如图 6 – 52 所示。模糊控制权重为 0.4 的并联控制车速更为准确，更接近目标车速，且与 PID、模糊控制单独作用相比，并联控制的车速更为平顺。由此可见，本研究提出的恒速控制方法针对变路面坡度工况也具有良好的适应性，制动特性可以得到明显的提升。

6.3.4 踏板制动控制策略

在车辆制动踏板处安装位移传感器与制动踏板联动，需要紧急制动时，驾

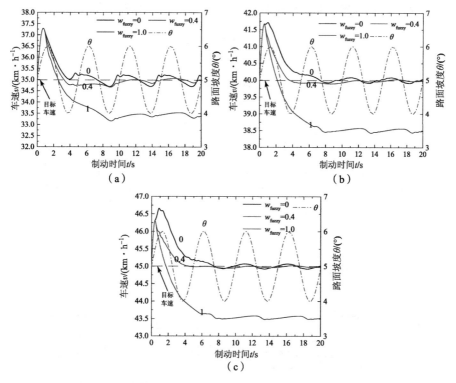

图 6-52 变坡度下不同驾驶工况与不同模糊控制权重的车速对比

(a) $v_a = 35$ km/h; (b) $v_a = 40$ km/h; (c) $v_a = 45$ km/h

驶员可直接踩下制动踏板，使液力缓速器和机械主制动器同时工作，实现有效的制动转矩输出。此外，对于非紧急一般制动工况，驾驶员也习惯踩下制动踏板进行减速制动，因此液力缓速器介入一般踏板制动可以有效分担机械主制动器的制动负担，减轻磨损，延长其使用寿命。为符合驾驶习惯，制动踏板行程应与车辆减速度呈线性递增的对应关系，即踏板位移越大，缓速器所产生的制动转矩越大，车辆减速度越大。一般而言，驾驶员采用踏板制动时，液力缓速器与机械主制动器应联合工作，共同输出所需的制动转矩，但本研究主要针对液力缓速器动态制动特性开展研究，因此这里排除机械制动器的制动影响，只考虑缓速器单独作用下的踏板制动控制。

建立踏板制动控制器模型，其内部包含踏板制动控制策略。建立踏板位移与目标车辆减速度的映射关系，踏板位移 s 从 $s_1 = 50\%$ 到 $s_2 = 100\%$，即在中高制动强度下液力缓速器开始工作，而在所需制动转矩较低时液力缓速器不参与工作。设定相应的车辆目标减速度从 $a_1 = 0.6$ m/s² 到 $a_2 = 1.2$ m/s²，而液力缓速器输出目标的制动转矩约从 1 500 N·m 到 3 300 N·m，处于制动转矩可控范围内。则车辆减速度 a 与踏板位移 s 有如下线性对应关系：

$$k = \frac{a}{s} = \frac{a_2 - a_1}{s_2 - s_1} = 1.2 \tag{6.45}$$

通过上文研究可知，模糊控制具有良好的适应性与快速的响应速度，这里直接采用模糊控制方法开展踏板制动研究。模糊控制以偏差 e 和偏差变化率 de 作为输入量，相当于非线性的比例微分 PD 控制方法，由于缺少积分环节，所以存在一定的稳态误差。为了改善模糊控制的控制精度并保证快速响应，本研究设计出一种适用于踏板制动的参数自动调节的模糊控制方法，通过对系统控制品质的辨识进而对控制参数进行自动调节，同时尝试引入积分环节。本研究将这种模糊控制称为带积分控制的自调节模糊控制方法，如图 6 - 53 所示。

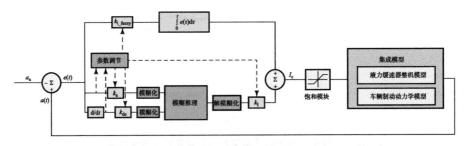

图 6 - 53　带积分控制的自调节模糊控制方法

由此可见，该控制方法在常规模糊控制的基础上添加了偏差积分计算单元，并通过对偏差及其变化率的实时观测，在线调整量化因子、比例因子与积分因子，用于保证系统动态响应特性与消除稳态误差，以提高控制器的自适应能力。

根据上文恒速控制研究成果，减速度偏差 e 与其变化率 de 的模糊论域 E 与 A 均为 $\{-6, 6\}$，而控制电流 I_c 的模糊论域 I 为 $\{0, 6\}$，将输入与输出模糊论域分为 7 个语言变量等级，均为 $\{NB, NM, NS, ZE, PS, PM, PB\}$。控制器输出控制电流 I_c 的基本论域为 $[0, 400]$ mA，而对于偏差 e 与偏差变化率 de，其参数研究范围与模糊量化因子 k_e 与 k_{de}、比例因子 k_I 以及积分因子 k_{i_fuzzy} 的取值情况如表 6 - 9 与图 6 - 54 所示。

将带积分控制的自调节模糊控制方法与常规模糊控制开展对比，对于常规模糊控制方法，偏差 e 的基本论域为 $[-0.2, 0.2]$ m/s^2，偏差变化率 de 的基本论域为 $[-20, 20]$ m/s^3，模糊量化因子 k_e 为 30，k_{de} 为 0.3，比例因子 k_I 为 400/6。

表 6 – 9　量化因子、比例因子及积分因子的取值

输入参数	$e/(\mathrm{m \cdot s^{-2}})$	$-0.05 < e$ < 0.05	$-0.1 < e < -0.05 \parallel$ $0.05 < e < 0.1$	$-0.2 < e < -0.1 \parallel$ $0.1 < e < 0.2$	$e < -0.2 \parallel$ $0.2 < e$
	$de/(\mathrm{m \cdot s^{-3}})$	$-5 < de$ < 5	$-10 < de < -5 \parallel$ $5 < de < 10$	$-20 < de < -10 \parallel$ $10 < de < 20$	$de < -20 \parallel$ $20 < de$
控制参数	k_e	120	60	30	30
	k_{de}	1.2	0.6	0.3	0.3
	k_I	400/6	400/6	400/6	400/6
	k_{i_fuzzy}	1	2	3	4

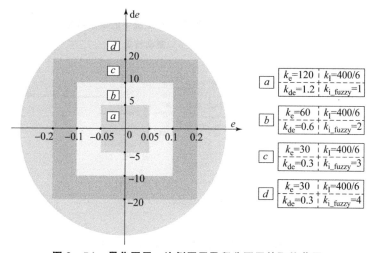

图 6 – 54　量化因子、比例因子及积分因子的取值范围

综上所述，基于所提出的踏板制动控制策略与方法，结合缓速器轮腔模型、充放油系统模型与整车制动动力学模型，本文开展不同踏板位移的制动控制仿真，并采用动态制动特性定量评价方法进行对比分析。

1. 恒坡度路面

与恒减速度制动工况相近，本文设定车辆在平直路面制动，初始车速为 100 km/h，且仅考虑液力缓速器单独作用，利用控制制动踏板进行固定调节，开度 s 分别为 50%（目标制动减速度 $a_a = 0.6 \mathrm{m/s^2}$）、75%（$a_a = 0.9 \mathrm{m/s^2}$）与 100%（$a_a = 1.2 \mathrm{m/s^2}$），进行踏板控制的液力制动响应特性计算，并进行定量评价。

车辆减速度与液力缓速器制动转矩的变化情况如图 6 – 55、图 6 – 56 与图 6 – 57 所示。对所研究的三种踏板制动工况对比可见，带积分控制的自调节模糊控制结果整体优于常规模糊控制结果，自调节模糊控制结果更加接近制动目标值，且自调节控制的制动评价参数 v_s 更优，综合制动特性平均提升 10%。

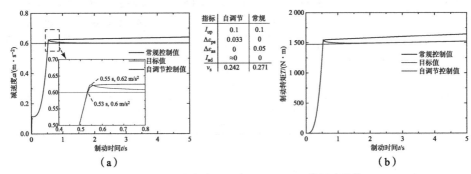

图 6 – 55　恒坡度路面开度 50% 工况下的制动特性

（a）减速度；（b）制动转矩

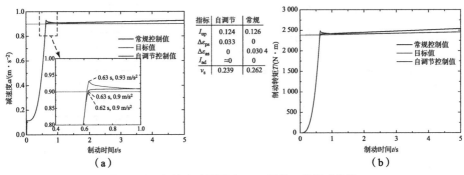

图 6 – 56　恒坡度路面开度 75% 下的工况制动特性

（a）减速度；（b）制动转矩

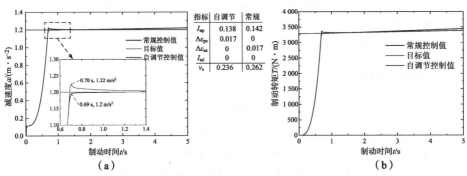

图 6 – 57　恒坡度路面开度 100% 工况下的制动特性

（a）减速度；（b）制动转矩

对于开度50%工况，常规控制与自调节控制均可在 0.53 s 后完全起效，起效率 I_{up} 相近。自调节控制存在一定超调（0.55 s，0.62 m/s²），超调率 $\Delta\varepsilon_{ps}$ 为 3.3%，而后仅经过 0.04 s 到达稳定区；而对于常规控制，其较目标值始终存在约 0.03 m/s² 的误差，调节误差 $\Delta\varepsilon_{as}$ 为 5%。对于开度75%工况，其较 50%工况有相似的结果，且自调节模糊控制响应时间（0.62 s）略快速于常规控制，即起效率更低。对于开度100%工况，自调节模糊控制响应时间约为 0.69 s，常规控制达到 1.19 m/s² 的用时为 0.71 s。

总体可见，目标制动减速度越高，制动起效时间越长。带积分控制的自调节模糊控制与常规控制均可使制动转矩快速起效，自调节控制响应速度略快。虽然自调节控制存在微小的超调，但其达到目标稳定区的时间极短，调节率 I_{ad} 基本可被忽略，且整体控制精度更高，这使制动评价参数 v_s 更低，控制特性更优。此外，由于本研究未考虑机械制动器制动特性，而其他阻力（空气阻力与道路阻力）较液力制动力的数值较小，因此在各个阶段内液力缓速器输出的制动转矩基本恒定。

2. 变坡度路面

针对变坡度工况，进一步对开度 s 分别为 50%、75% 与 100% 时的车辆情况开展对比研究。设置路面坡度为时变的正弦函数，θ 变化范围从 $-3°$ 到 $3°$，当 θ 为负值，车辆处于上坡工况。时变路面坡度函数如下：

$$\theta = [3\sin(2\pi f_s t)]° \tag{6.46}$$

式中，f_s 为路面坡度变化频率，Hz。将 f_s 设置为 0.8 Hz，即周期为 1.25 s。

在加入时变的路面坡度激励后，分析车辆减速度与液力缓速器制动转矩的变化情况如图 6-58、图 6-59 与图 6-60 所示，并进行定量评价。对比可见，与恒坡度工况一样，带积分控制的自调节模糊控制结果较常规模糊控制具有更高的精度与更良好的稳定性，制动评价参数 v_s 更低，两种控制的制动减速度响应速度基本一致。在踏板制动初期，路面坡度为正，此时液力缓速器尚未完全起效，因而车辆减速度为负值，车辆加速行驶。随着缓速器逐渐起效，制动转矩快速增加，车辆减速度上升，达到目标减速度值。

对于开度50%工况，自调节模糊控制方法与常规控制可用时 0.57 s 达到目标减速度，自调节控制存在一定超调（0.59 s，0.66 m/s²），超调率为 10%。当减速度稳定后，常规控制的调节误差为 5.8%，自调节模糊控制方法与常规控制均存在一定波动，幅值分别为 0.04 m/s² 与 0.07 m/s²，波动率分别为 6.7% 与 11%，超过前文所定义的目标稳定区范围（波动率小于5%），但依然处于稳定状态。显然自调节模糊控制方法更为稳定，且减速度均值更接

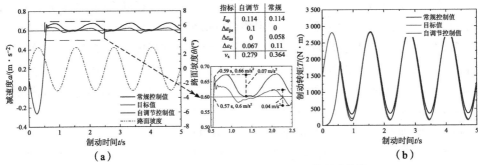

图 6 - 58　变坡度路面开度为 50% 工况的制动特性

（a）减速度；（b）制动转矩

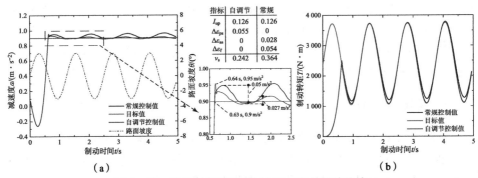

图 6 - 59　变坡度路面开度为 75% 工况的制动特性

（a）减速度；（b）制动转矩

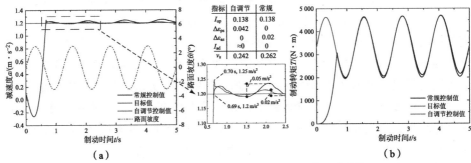

图 6 - 60　变坡度路面开度为 100% 工况的制动特性

（a）减速度；（b）制动转矩

近目标值。对于开度为 75% 与 100% 的工况，结果基本与开度为 50% 的工况相近，且目标减速度越大，制动起效时间越长。由此可见，自调节模糊控制方法可以有效调节缓速器的制动转矩，使其起效后的制动转矩与目标值基本保持一致，并有效过滤路面坡度变化对制动特性的影响，整车制动减速度可以保持恒定，综合制动特性平均提升近25%。

综上对比可见，无论对于恒坡度还是变坡度路面踏板制动，带积分控制的自调节模糊控制结果均优于常规模糊控制，自调节模糊控制可以使液力缓速器制动转矩快速起效，且控制精度更高。

参 考 文 献

［1］穆洪斌. 液力缓速器充放油系统特性与控制策略研究［D］. 北京：北京理工大学，2018.

［2］闫清东，魏巍，穆洪斌，等. 基于改进雷达图法的液力缓速器制动特性评价［C］//第十届全国流体传动与控制学术会议，中国北京，2018.

［3］陈勇，陈潇凯，林逸. 改进雷达图评价方法在汽车综合性能评价中的应用［J］. 吉林大学学报：工学版，2011，41（6）：1522 – 1526.

［4］刘树成，魏巍，闫清东，等. 基于复杂性测度的变矩器流场仿真模型可信度研究［J］. 农业机械学报，2012，43（10）：19 – 24.

［5］Banuelas R，Antony J. Modified analytic hierarchy process to incorporate uncertainty and managerial aspects［J］. International Journal of Production Research，2004，42（18）：3851 – 3872.

［6］刘树成. 车用柴油机与液力变矩器动态匹配技术研究［D］. 北京：北京理工大学，2015.

［7］Elif D K，Zülal G. The usability analysis with heuristic evaluation and analytic hierarchy process［J］. International Journal of Industrial Ergonomics，2009，39（6）：934 – 939.

［8］周洽. 车用大功率液力减速器电液比例充放液控制技术研究［D］. 北京：北京理工大学，2014.

［9］孔令兴. 液力缓速器及其充放油系统一体化建模与仿真研究［D］. 北京：北京理工大学，2019.

［10］杨帅. 基于MOC – CFD耦合方法的泵送系统瞬态特性研究［D］. 杭州：浙江大学，2015.

［11］赵天涛，李旭东. 某型重机枪身管的多物理场耦合分析［J］. 甘肃科学学报，2017，29（3）：92 – 98.

［12］王平，黄惟一. 测试仪器的发展方向——以TCP/IP作为通讯方式的虚拟仪器测试系统［J］. 工业仪表与自动化装置，2003（6）：66 – 68.

［13］张国清. TCP/IP的网络体系结构和协议机制［J］. 通信世界，1995

(4): 20 - 24.

[14] Mu Hongbin, Wei Wei, Kong Lingxing, et al. Braking characteristics integrating open working chamber model and hydraulic control system model in a hydrodynamic retarder [J]. Proc IMechE Part C: J Mechanical Engineering Science, 2019, 233 (6): 1952 - 1971.

[15] 杨印阳. 液力缓速器插装式电液比例阀瞬态特性分析与优化 [D]. 北京: 北京理工大学, 2017.

[16] Cao J T, Li P, Liu H H. An extended fuzzy controller for a vehicle active suspension system [J]. Proceedings of the Institution of Mechanical Engineers Part D Journal of Automobile Engineering, 2010, 224 (6): 717 - 733.

[17] Yu Q H, Shi Y, Cai M L, et al. Fuzzy logic speed control for the engine of an air - powered vehicle [J]. Advances in Mechanical Engineering, 2016, 8 (3): 1 - 11.

[18] Famulari A, Gianinetti E, Raimondi M, et al. Implementation of gradient - optimization algorithms and force constant computations in BSSE - free direct and conventional SCF approaches [J]. International Journal of Quantum Chemistry, 2015, 69 (2): 151 - 158.

[19] Hajela P. Nongradient methods in multidisciplinary design optimization - status and potential [J]. Journal of Aircraft, 1999, 36 (1): 255 - 265.

索　引

C

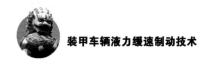

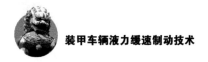